Jens Timmermann

Systemanalyse und Optimierung der Ultrabreitband-Übertragung

Karlsruher Forschungsberichte
aus dem Institut für Hochfrequenztechnik und Elektronik

Herausgeber: Prof. Dr.-Ing. Thomas Zwick

Band 58

Systemanalyse und Optimierung der Ultrabreitband-Übertragung

von
Jens Timmermann

Dissertation, Karlsruher Institut für Technologie
Fakultät für Elektrotechnik und Informationstechnik, 2009

Impressum

Karlsruher Institut für Technologie (KIT)
KIT Scientific Publishing
Straße am Forum 2
D-76131 Karlsruhe
www.uvka.de

KIT – Universität des Landes Baden-Württemberg und nationales
Forschungszentrum in der Helmholtz-Gemeinschaft

KIT Scientific Publishing 2010
Print on Demand

ISSN: 1868-4696
ISBN: 978-3-86644-460-7

Vorwort des Herausgebers

Die permanent steigende Nachfrage nach höheren Datenraten im Bereich der mobilen Kommunikation führt zu einer andauernden Suche nach neuen Standards, die eine bessere Ausnutzung des existierenden Frequenzspektrums ermöglichen. Eine vielversprechende neue Technologie ist die Ultrabreitband-Technik (UWB). Die Sendesignale werden hierbei über eine sehr große Bandbreite gespreizt, was zu einer sehr geringen spektralen Leistungsdichte und damit einem sehr geringen Störpotential für andere Funkdienste führt. Die vor kurzer Zeit in vielen Zonen der Erde freigegebenen Frequenzbänder ebnen den Weg für zukünftige kommerzielle UWB-Systeme. Für die Übertragungstechnik existieren zwei unterschiedliche Ansätze. Das Multiband-OFDM Verfahren erlaubt eine gute Anpassung des Sendesignals an die Spektralmaske, wogegen bei dem auf sehr kurzen Pulsen basierenden Impuls-Radio-Verfahrens (IR) die Spektralmaske nur näherungsweise ausgefüllt werden kann. Auf der anderen Seite ermöglicht das IR-Verfahren eine Hardware-Realisierung mit deutlich geringerer Komplexität. Insbesondere bei dem zuvor genannten IR-Verfahren ist zu erwarten, dass Nicht-Idealitäten der einzelnen Systemkomponenten eine wesentliche Rolle spielen, die bisher noch nicht ausreichend untersucht wurde.

An dieser Stelle setzt die Arbeit von Herrn Dr.-Ing. Jens Timmermann an. Die Basis seiner Arbeit ist die Konzeption eines Simulationsmodells für IR-UWB-Systeme, das die Berücksichtigung sämtlicher Nicht-Idealitäten erlaubt. Des Weiteren werden optimierte Pulsformen für IR-UWB-Systeme, insbesondere hoch-effiziente orthogonale Pulsformen, entwickelt sowie ein simulativer Nachweis der besseren Performanz bei Verwendung der neuen Orthogonal-Modulation gegenüber der üblichen Pulspositionsmodulation durchgeführt. Eine Strategie zur Kompensation senderseitiger Nicht-Idealitäten inklusive Antenne rundet die Arbeit ab.

Damit stellt die Arbeit von Herrn Timmermann eine wesentliche Grundlage für weitere Forschungen dar und wird weltweit sicher einige darauf aufbauende Arbeiten nach sich ziehen. Ich wünsche Herrn Timmermann viel Erfolg in seiner weiteren Laufbahn.

Prof. Dr.-Ing. Thomas Zwick
- Institutsleiter -

**Forschungsberichte aus dem
Institut für Höchstfrequenztechnik und Elektronik (IHE)
der Universität Karlsruhe (TH) (ISSN 0942-2935)**

Herausgeber: Prof. Dr.-Ing. Dr. h.c. Dr.-Ing. E.h. Werner Wiesbeck

Band 1   Daniel Kähny
Modellierung und meßtechnische Verifikation polarimetrischer, mono- und bistatischer Radarsignaturen und deren Klassifizierung (1992)

Band 2   Eberhardt Heidrich
Theoretische und experimentelle Charakterisierung der polarimetrischen Strahlungs- und Streueigenschaften von Antennen (1992)

Band 3   Thomas Kürner
Charakterisierung digitaler Funksysteme mit einem breitbandigen Wellenausbreitungsmodell (1993)

Band 4   Jürgen Kehrbeck
Mikrowellen-Doppler-Sensor zur Geschwindigkeits- und Wegmessung - System-Modellierung und Verifikation (1993)

Band 5   Christian Bornkessel
Analyse und Optimierung der elektrodynamischen Eigenschaften von EMV-Absorberkammern durch numerische Feldberechnung (1994)

Band 6   Rainer Speck
Hochempfindliche Impedanzmessungen an Supraleiter / Festelektrolyt-Kontakten (1994)

Band 7   Edward Pillai
Derivation of Equivalent Circuits for Multilayer PCB and Chip Package Discontinuities Using Full Wave Models (1995)

Band 8   Dieter J. Cichon
Strahlenoptische Modellierung der Wellenausbreitung in urbanen Mikro- und Pikofunkzellen (1994)

Band 9   Gerd Gottwald
Numerische Analyse konformer Streifenleitungsantennen in mehrlagigen Zylindern mittels der Spektralbereichsmethode (1995)

Forschungsberichte aus dem
Institut für Höchstfrequenztechnik und Elektronik (IHE)
der Universität Karlsruhe (TH) (ISSN 0942-2935)

Forschungsberichte aus dem
Institut für Höchstfrequenztechnik und Elektronik (IHE)
der Universität Karlsruhe (TH) (ISSN 0942-2935)

**Forschungsberichte aus dem
Institut für Höchstfrequenztechnik und Elektronik (IHE)
der Universität Karlsruhe (TH) (ISSN 0942-2935)**

Forschungsberichte aus dem
Institut für Höchstfrequenztechnik und Elektronik (IHE)
der Universität Karlsruhe (TH) (ISSN 0942-2935)

Fortführung als
"Karlsruher Forschungsberichte aus dem Institut für Hochfrequenz-
technik und Elektronik" bei KIT Scientific Publishing
(ISSN 1868-4696)

Karlsruher Forschungsberichte aus dem
Institut für Hochfrequenztechnik und Elektronik
(ISSN 1868-4696)

Herausgeber: Prof. Dr.-Ing. Thomas Zwick

Die Bände sind unter www.uvka.de als PDF frei verfügbar oder als Druckausgabe bestellbar.

Band 55 Sandra Knörzer
        Funkkanalmodellierung für OFDM-Kommunikationssysteme bei Hochgeschwindigkeitszügen (2009)
        ISBN 978-3-86644-361-7

Band 56 Fügen, Thomas
        Richtungsaufgelöste Kanalmodellierung und Systemstudien für Mehrantennensysteme in urbanen Gebieten (2009)
        ISBN 978-3-86644-420-1

Band 57 Pancera, Elena
        Strategies for Time Domain Characterization of UWB Components and Systems (2009)
        ISBN 978-3-86644-417-1

Band 58 Timmermann, Jens
        Systemanalyse und Optimierung der Ultrabreitband-Übertragung (2010)
        ISBN 978-3-86644-460-7

Systemanalyse und Optimierung der Ultrabreitband-Übertragung

Zur Erlangung des akademischen Grades eines

DOKTOR-INGENIEURS

von der Fakultät für
Elektrotechnik und Informationstechnik
am Karlsruher Institut für Technologie

genehmigte

DISSERTATION

von

Dipl.-Ing. Jens Timmermann

geb. in Heidelberg

Tag der mündlichen Prüfung: 01.12.2009
Hauptreferent: Prof. Dr.-Ing. Thomas Zwick
Korreferent: Prof. Dr.-Ing. Thomas Kürner

Vorwort

Diese Dissertation entstand während meiner Zeit als wissenschaftlicher Mitarbeiter am Institut für Hochfrequenztechnik und Elektronik (IHE) an der Universität Karlsruhe (TH), welche dem Karlsruher Institut für Technologie (KIT) angehört. Für die Betreuung der Dissertation und zahlreiche hilfreiche Anregungen möchte ich mich ganz herzlich bei Herrn Prof. Dr.-Ing. Thomas Zwick und Herrn Prof. Dr.-Ing. Dr. h.c. Dr.-Ing. E.h. Werner Wiesbeck bedanken, die wesentlich zum Gelingen dieser Arbeit beigetragen haben. Weiterhin danke ich Herrn Prof. Dr.-Ing. Thomas Kürner für die Übernahme des Korreferats und den Mitarbeitern am Institut für Hochfrequenztechnik und Elektronik für die stets anregenden wissenschaftlichen Diskussionen sowie für die Hilfe bei einigen praktischen Implementierungs- und Softwarefragen. In diesem Zusammenhang danke ich insbesondere Herrn Dipl.-Ing. Thorsten Kayser sowie Frau Dipl.-Ing. Malgorzata Janson. Den Mitgliedern des UWB-Teams gilt mein besonderer Dank, da im Team viele wichtige Fragestellungen erörtert und gelöst werden konnten. Insbesondere bedanke ich mich auch für die intensive Projekt-Zusammenarbeit mit Herrn Dipl.-phys. Philipp Walk von der Technischen Universität Berlin. Ferner danke ich allen Studenten, die im Rahmen von Hiwi-Jobs sowie Studien- und Masterarbeiten ihren Anteil an dieser Arbeit haben, insbesondere Herrn Mourad El Khabbaz, Herrn Chong Wang, Herrn Dipl.-Ing. Alireza Ajami Rashidi, Herrn Stefan Becker, Herrn Qazi Obaid ur Rehman, Herrn Omer Khayam und Herrn M. Sc. Saqib Kaleem. Ebenfalls danke ich Herrn Dipl.-Ing. Oliver Lauer, Herrn Dipl.-Ing. Andreas Lambrecht sowie Herrn Dr.-Ing. Werner Sörgel für die Korrektur des Manuskripts. Zuletzt gilt mein besonderer Dank meiner Frau Barbara, die mich während meiner Zeit als Doktorand in den zurückliegenden drei Jahren stets unterstützt und damit wesentlich zum Gelingen dieser Arbeit beigetragen hat.

Karlsruhe, 1. Dezember 2009

Jens Timmermann

Inhaltsverzeichnis

Symbol- und Abkürzungsverzeichnis

Symbole

Kleine lateinische Buchstaben

a_Pfad2	Amplitude des 2. Pfades im Zweistrahlmodell
$b(n)$	Diskrete Filterkoeffizienten
$b_\mathrm{BP}(n)$	Diskrete Filterkoeffizienten eines Bandpasses
$b_\mathrm{TP}(n)$	Diskrete Filterkoeffizienten eines Tiefpasses
c_0	Lichtgeschwindigkeit im Vakuum: $c_0 = 2{,}997925 \cdot 10^8\,\mathrm{m/s}$
$\mathbf{c}$	Vektor mit Einträgen c_n
$c_{1,2}$	Beliebige Konstanten zur Definition der Linearität
c_n	Integralgröße bei konvexer Optimierung
d	Abstand
d_n	Hilfsgröße bei konvexer Optimierung
$\vec{e}_x$	Einheitsvektor im kartesischen Koordinatensystem
$\vec{e}_y$	Einheitsvektor im kartesischen Koordinatensystem
f	Frequenz
f_A	Abtastfrequenz
f_c	Mittenfrequenz
f_g	Grenzfrequenz
$f_\mathrm{jitter}(t)$	Wahrscheinlichkeitsdichte des Jitters
f_h	Obere Frequenz der -10 dB Bandbreite
f_l	Untere Frequenz der -10 dB Bandbreite
f_max	Maximale Frequenz
f_start	Startfrequenz
f_stop	Stopfrequenz
f_Tem	Frequenz eines sinusförmigen Template-Signals
$g(t)$	Impulsantwort des FIR-Filters bei Verwendung von Basispulsen
g_k	FIR-Koeffizienten bei Verwendung von Basispulsen
h	Hilfsgröße bei analogem Filterdesign
h_d	Impulsantwort des gewünschten Frequenzgangs
h_l	Dicke der Leitung
$h(n)$	Diskrete Impulsantwort
h_n^k	Time Hopping Code des k. Nutzers
h_r	Höhe des Empfängers
h_sub	Substratdicke

h_t	Höhe des Senders
i	Zählindex
j	Komplexe Einheit
k	Boltzmannkonstante $= 1{,}38065024 \cdot 10^{-23}$ J/K
l	Koppellänge
l_i	Leitungslänge einer Stichleitung
$l_{i,j}$	Leitungslänge einer seriellen Leitung
l_max	Größte auflösbare Pfadlänge
m	Anzahl der Stufen eines Schieberegisters, Anzahl der Bits pro Symbol bei OPM
n	Zählindex
p	Pulsform
$\mathbf{p}$	Vektor mit Abtastwerten eines Pulses
p_0	Pulsform für Bit 0
p_1	Pulsform für Bit 1
$\mathbf{p}_i$	Vektor eines zeitlich verschobenen Pulses
$p_k(t)$	Zeitlich verschobener Puls
$\mathbf{p}_{\mathrm{ortho},k}$	Vektor mit Abtastwerten des k. Orthogonalpulses
$q(t)$	Basispuls
r	Entfernung (engl.: Range) im kartesischen Koordinatensystem
$r(t)$	Autokorrelationsfunktion, Empfangssignal
$\mathbf{r}$	Vektor der diskreten Autokorrelationsfunktion
r_k	Koeffizienten der diskreten Autokorrelationsfunktion
$r_\mathrm{KKF}(T_\mathrm{PPM})$	Kreuzkorrelationsfunktion der PPM-Pulsformen
r_{sp}	Kreuzkorrelation zwischen den Signalen s und p
$s(t)$	Signalanteil des Empfangssignals
s_i	Spaltbreite bei Filter mit gekoppelten Leitungen
s_UWB	allg. UWB-Signal im Zeitbereich
t	Zeit
t_gr	Gruppenlaufzeit
t_synch	Zeitpunkt perfekter Synchronisation
$t_\mathrm{synch,max}$	Maximaler Synchronisierungsfehler
w_i	Leitungsbreite einer Mikrostreifenleitung
x	Kartesische Koordinate
$x(n)$	Eingangsfolge eines zeitdiskreten Systems
$x_{i,j}$	Koeffizienten der Matrix $\mathbf{X}$
y	Kartesische Koordinate
$y(n)$	Ausgangsfolge eines zeitdiskreten Systems

Große lateinische Buchstaben

B	Bandbreite
BER	Bitfehlerrate
C	Richtcharakteristik, Kapazität
C_θ^{Rx}	kompl., vektor. Richtcharakteristik in Co-Pol. am Empfänger
C_ψ^{Rx}	kompl., vektor. Richtcharakteristik in Kreuz-Pol. am Empfänger
C_θ^{Tx}	kompl., vektor. Richtcharakteristik in Co-Pol. am Sender
C_ψ^{Tx}	kompl., vektor. Richtcharakteristik in Kreuz-Pol. am Sender
D	Dämpfung
D_{Freiraum}	Freiraum-Dämpfung
D_{max}	Maximale Dämpfung
D_{UWB}	Dämpfung eines UWB-Signals
$D_{\mathrm{UWB,diskret}}$	Dämpfung eines UWB-Signals bei diskretisiertem Kanal
$D_{\mathrm{Zweistrahl}}$	Dämpfung im Zweistrahlmodell
$E(f)$	Fehlerfunktion
E	Energie
E_{b}	Bitenergie
E_{s}	Symbolenergie
F	Rauschzahl
$\mathcal{F}$	Operator für Fourier-Transformation
$\mathbf{F}$	Hilfsmatrix zur Lösung eines konvexen Optimierungsproblems
$F_{i,j}$	Koeffizienten der Matrix $\mathbf{F}$
F_{p}	Frequenzintervall eines Pulses
F_{FCC}	Durchlassbereich der FCC-Maske
F_{Frontend}	Rauschzahl des Empfänger-Frontends
F_{ges}	Gesamtrauschzahl
F_{LNA}	Rauschzahl des LNA
FBW	Relative Bandbreite (fractional bandwidth)
$\mathbf{G}$	Hilfsmatrix zur Lösung eines konvexen Optimierungsproblems
G_{AUT}	Gewinn der zu vermessenden Antenne
$\mathbf{G}_{\mathrm{Gram}}$	Gram-Schmidt-Matrix
$G_{\mathrm{Gram}}(i,j)$	Eintrag der Gram-Schmidt-Matrix
$G(f)$	Spektrum von $g(t)$
G_{LNA}	Gewinn des LNA
G_{max}	Maximaler Gewinn
G_{r}	Gewinn der Empfangsantenne
G_{t}	Gewinn der Sendeantenne
H_{d}	Gewünschter Frequenzgang
$H(f)$	Periodische Fortsetzung des gewünschten Frequenzgangs
$H(z)$	z-Transformierte von $h(t)$

$H(k)$	Abgetastete z-Transformierte
H_{AUT}	Übertragungsfunktion der zu vermessenden Antenne
H_{Kabel}	Kabel-Übertragungsfunktion
H_{mod}	Modifizierter Transitionskoeffizient
H_{Ref}	Übertragungsfunktion der Referenzantenne
I	Intervall, Anzahl der Sektionen bei abschnittsweise definierter Funktion
$\Im$	Imaginärteil
$I(f)$	Interpolationsfunktion
$\mathbf{I}_{N_{\text{Filter}}}$	Einheitsmatrix der Dimension N_{Filter}
J	Admittanzinverter
$\mathbf{L}$	Untere Dreiecksmatrix bei LR-Zerlegung
$L(f)$	Einseitenband-Leistungsdichte
$\mathbf{M}$	Allgemeine Matrix
$M(f)$	Leistungsdichte einer modifizierten Zielmaske
M_{f}	Halbe Filterordnung
N	Rauschleistung
N_0	Rauschleistungsdichte
$N_{\text{A/D}}$	Anzahl paralleler A/D-Wandler
N_{av}	Anzahl von Mittelungen
N_{bit}	Anzahl der simulierten Bits
N_{f}	Filterordnung
N_{Filter}	Anzahl der Filterkoeffizienten
N_{fr}	Anzahl der Frequenzwerte
$N_{i,j}$	Hilfsgröße bei analogem Filterdesign
N_{int}	Anzahl paralleler Integratoren
N_{m}	Anzahl der Pfade bei Mehrwegeausbreitung
N_{ortho}	Anzahl der orthogonalen Pulse
N_{p}	Anzahl der Pulse pro Bit
N_{s}	Anzahl der Abtastwerte bei nicht-konvexer Optimierung
N_{Tem}	Anzahl sinusförmiger Template-Signale
N_{TH}	Anzahl der Time Hopping Schlitze pro Pulswiederholzeit
$\mathbf{0}_{i,j}$	Matrix mit Null-Einträgen der Dimension $i \times j$
PDP	Power Delay Profile
P_{dB}	Leistungsverhältnis (logarithmisch)
$P_{\text{Einzelpuls,dBm}}$	Leistung eines einzelnen Pulses
P_{FCC}	Leistung unter der FCC-Maske
$P_{\text{FCC,red}}$	Leistung unter einer abgesenkten FCC-Maske
P_{t}	Sendeleistung
P_{ges}	Gesamtleistung
P_{r}	Empfangsleistung

$P_{\mathrm{t,dB}}$	Leistungsverhältnis zweier Sendeleistungen in dB
Q	Fehlerfunktion
$Q(f)$	Spektrum eines Basispulses
R	Datenrate
$\mathbf{R}$	Obere Dreiecksmatrix bei LR-Zerlegung
$\Re$	Realteil
R_{b}	Bitrate
R_{s}	Symbolrate
$\mathbb{R}$	Menge der reellen Zahlen
S	Empfangene Signalleistung, S-Parameter
$S_{21,\mathrm{ECC,dB}}$	Transmission des ECC-Filters
$S_{21,\mathrm{FCC,dB}}$	Transmission des FCC-Filters
S_g	Leistungsdichtespektrum von $g(t)$
S_{min}	Minimale Empfangsleistung
SER	Symbolfehlerrate
SNR_{min}	Minimales Signal-zu-Rausch-Verhältnis
S	Zeitdiskretes System
S_p	Leistungsdichtespektrum eines Pulses $p(t)$
S_{FCC}	Leistungsdichtespektrum der FCC-Maske
S_q	Leistungsdichtespektrum eines Pulses $q(t)$
T	Pulswiederholzeit, absolute Temperatur
T_0	diskretisierter Zeitschritt
T_{b}	Bitdauer
T_{p}	Pulsdauer
$T_{\mathrm{p,max}}$	Max. Pulsdauer
T_{PPM}	Zeitverschiebung für PPM-Modulation
$T_{\mathrm{p,shift}}$	Pulsdauer bei OPM
T_{s}	Symboldauer
T_{TH}	Zeitdauer des Time Hopping Schlitzes
$T_{\mathrm{TH,1}}$	Zeitdauer des Time Hopping Schlitzes für 1. Code
$T_{\mathrm{TH,2}}$	Zeitdauer des Time Hopping Schlitzes für überlagerten 2. Code
U_{t}	Spannung am Sender
U_{r}	Spannung am Empfänger
$\mathbf{X}$	Positiv semidefinite Matrix
$X_{i,k}$	Koeffizienten der Matrix $\mathbf{X}$
Y_0	Bezugsadmittanz
Y_i	Admittanz einer Stichleitung
$Y_{i,j}$	Admittanz einer seriellen Leitung
$\mathbb{Z}$	Menge der ganzen Zahlen: $\mathbb{Z} = \{..., -2, -1, 0, 1, 2, ...\}$
$\mathbf{Z}$	Positiv semidefinite Matrix
Z_0	Bezugsimpedanz

$Z_{0,e}$	Gleichtakt-Wellenwiderstand
$Z_{0,o}$	Gegentakt-Wellenwiderstand
Z_i	Impedanz einer seriellen Leitung
Z_{image}	Image-Impedanz
$Z_{i,j}$	Impedanz einer Stichleitung

Kleine griechische Buchstaben

α	Faktor im Intervall $[0\ \ 1]$
$\alpha_{0,1}$	Gewichtungsfaktor der Pulse p_0 bzw. p_1
α_i	Untere Frequenz bei Optimierung
β	Wellenzahl
β_i	Obere Frequenz bei Optimierung
γ_i	Vektor der Fourierkoeffizienten
ϵ_r	Permittivität
$\epsilon_{r,eff}$	Effektive Permittivität
η	Zielfunktion eines Optimierungsproblems, Effizienz
η_{Korr}	Gewichtungsfaktor der maximalen Kreuzkorrelation
θ	Elevationswinkel
θ_0	Verkippungswinkel in der Elevation
λ	Wellenlänge
λ_{eff}	Effektive Wellenlänge
π	Kreiszahl
ρ	normierte Autokorrelation des Sendepulses
σ	Leitfähigkeit, Standardabweichung
σ_{jitter}	rms Standardabweichung des Jitters
σ_n	rms Standardabweichung des Rauschens
σ_{objekt}	Standardabweichung der Oberflächenrauhigkeit
τ	Zeitvariable
τ_{DS}	Delay Spread (Impulsverbreiterung)
τ_{Pfad2}	Eintreffzeitpunkt des 2. Pfades im Zweistrahlmodell
φ	Phase
ψ	Azimutwinkel
ω	Kreisfrequenz
ω_g	Grenzkreisfrequenz eines Tiefpasses

Große griechische Buchstaben

$\Gamma(f)$	Abschnittsweise definierte Funktion
$\Gamma_i(f)$	Abschnittsweise definierte Fourierreihe
Δf	Frequenzabstand
Δh	Höhenunterschied
Δt	Zeitdifferenz
$\Delta\varphi$	Phasendifferenz
Θ	Elektrische Länge
Θ_{Filter}	Hilfsgröße bei analogem Filterdesign
Φ	Reellwertiger Fourier-Vektor
Φ_{c}	Komplexwertiger Fourier-Vektor

Abkürzungen

Groß geschriebene Abkürzungen

A/D	Analog/Digital
AUT	Antenna Under Test
BER	Bit Error Rate
BPSK	Binary Phase Shift Keying
D/A	Digital/Analog
DFG	Deutsche Forschungsgemeinschaft
DS	Delay Spread
ECC	Electronic Communications Committee
EIRP	Effective Isotropic Radiated Power
FBW	Fractional Bandwidth
FCC	Federal Communications Commission
FDTD	Finite-Difference Time-Domain
FIR	Finite Impulse Response
HF	Hochfrequenz
IFFT	Inverse Fast Fourier Transformation
IHE	Institut für Hochfrequenztechnik und Elektronik
IIR	Infinite Impulse Response
LNA	Low Noise Amplifier
LTI	Linear Time Invariant
LR	Links-Rechts
LU	Lower-Upper
MIMO	Multiple Input, Multiple Output
ML	Maximum Length
NESP	Normalized Effective Signal Power

OFDM	Orthogonal Frequency Division Multiplex
OOK	On Off Keying
OPM	Orthogonal Pulse Modulation
PPM	Pulse Position Modulation
PDP	Power Delay Profile
PN	Pseudo Noise
PRF	Pulse Repetition Frequency
PSD	Power Spectral Density
Radar	Radio Detection and Ranging
Rx	Receiver (Empfänger)
SER	Symbolfehlerrate
SNR	Signal to Noise Ratio
SRD	Step Recovery Diode
TH	Time Hopping
Tx	Transmitter (Sender)
UWB	Ultra-Breitband (engl.: Ultra Wide Band)
VNWA	Vektorieller Netzwerkanalysator
WLAN	Wireless Local Area Network

Klein geschriebene Abkürzungen

rms	root mean square
s.t.	so that (sodass)

1 Einleitung

Bei ultrabreitbandiger (UWB[1]) Funkübertragung im kommerziellen Bereich werden gepulste Signale mit sehr hoher Bandbreite abgestrahlt, wobei die Sendeleistung extrem gering ist. Die hohe Bandbreite ermöglicht Übertragungen bei sehr hohen Datenraten sowie sehr störungsrobuste Übertragungen bei reduzierter Datenrate, da ultrabreitbandige Kanäle deutlich weniger Mehrwegeschwund (Fading) als schmalbandige Kanäle aufweisen. Hierbei wird angenommen, dass die Leistungsdichte über die gesamte Bandbreite integriert wird. Die geringe Sendeleistung beschränkt mögliche Anwendungen jedoch grundsätzlich auf den Nahbereich. In Zahlen ausgedrückt nutzen typische UWB-Anwendungen eine Bandbreite von mehreren GHz, d.h. die Pulsdauer liegt unterhalb einer Nanosekunde. Angestrebte Datenraten gehen bis in den zweistelligen Mbit/s und unteren Gbit/s-Bereich; Reichweiten sind aufgrund der geringen Sendeleistung meistens auf einige Meter beschränkt.

Die Anwendungen von UWB-Technologie sind sehr vielfältig und nutzen unterschiedliche Eigenschaften ultrabreitbandiger Kanäle aus. Die wichtigsten Einsatzgebiete sollen kurz dargestellt werden:

- Lokalisierung und Imaging
  Durch die kurze Pulsdauer ergibt sich eine feine Ortsauflösung, was vorteilhaft in bildgebenden Verfahren genutzt werden kann: Im humanitären Bereich erlaubt dies z.B. die Aufspürung von vergrabenen Minen. Anwendungen im medizinischen Bereich liegen z.B. in der Tumor-Detektion. Die feine Ortsauflösung kann auch zur Ortung von Personen eingesetzt werden: Wird eine ultrabreitbandige Welle an einem Menschen reflektiert, weist das Empfangssignal Fluktuationen auf. Diese resultieren von den minimalen Bewegungen der Körperoberfläche infolge des Herzschlags. Die UWB-Technologie lässt sich daher z.B. zur Aufspürung von Erdbebenopfern einsetzen, aber auch zur Ortung von Terroristen innerhalb von Gebäuden. Wenn die Signale Wände durchdringen sollen (Through-Wall-Imaging), ist eine erhöhte Sendeleistung nötig: Prinzipiell kann dann durch Auswertung der zurückreflektierten Wellen die Geometrie und Beschaffenheit des Bereiches hinter der Wand rekonstruiert und analysiert werden, was auch Anwendungen in der Archäologie zulässt.

- Sensornetzwerke
  Ein Sensornetzwerk besteht aus mehreren Sensoren, die eine Messgröße überwachen (Monitoring) und die gesammelten Daten z.B. an einen Zentralrechner zur weiteren Verarbeitung übertragen. Setzt man zur Übertragung funkbasierte UWB-Technologie ein, kann die Stromversorgung der Sensoren durch eine

---

[1]UWB= Ultra Wide Band

Batterie bereitgestellt werden, welche infolge der geringen Sendeleistung eine lange Lebensdauer aufweist. Gleichzeitig ist die UWB-Funkübertragung infolge der großen Bandbreite sehr robust gegen Signalauslöschungen, die bei konventionellen schmalbandigen Systemen auftreten können. Aus diesem Grund sind Anwendungen von ultrabreitbandigen Sensornetzwerken in sicherheitsrelevanten Szenarien denkbar. Sensornetzwerke können z.B. die Zusammensetzung der Luft an verschiedenen Orten einer explosionsgefährdeten Umgebung analysieren und die gesammelten Daten an einen Zentralrechner schicken. Anwendungen gibt es auch in der Medizintechnik: Wichtige Lebensfunktionen eines Patienten im Krankenhaus werden zukünftig durch ein sogenanntes 'Body Area Network' überwacht. Hierbei muss der Patient nicht mehr durch Kabel mit den Analysegeräten verbunden werden. Stattdessen übertragen Sensoren die auf der Körperoberfläche gesammelten Daten wie z.B. Herz- und Atemfrequenz per Funk, d.h. die Mobilität des Patienten wird nicht eingeschränkt.

- UWB-Kommunikation
  Kommunikationsanwendungen der Zukunft erfordern sehr hohe Datenraten im Bereich von einigen Mbit/s bis hin zu einigen Gbit/s. UWB-Systeme stellen aufgrund der enormen Bandbreite eine technische Möglichkeit dar, die erforderlichen Datenraten bereitzustellen. Da zusätzlich eine lizenzfreie Nutzung des UWB-Bandes erlaubt ist, birgt UWB-Technologie auch aus wirtschaftlichen Gründen ein enormes Potential, am Markt erfolgreich zu sein. Gedacht ist hier an Anwendungen innerhalb von Gebäuden, vor allem im Bereich der Unterhaltungselektronik, bei welchem z.B. zwei oder mehrere Geräte miteinander interagieren und Daten austauschen. Um dem Anwender eine komfortable Nutzung zu ermöglichen, wird die Datenübertragung nicht mehr durch Signalkabel, sondern durch eine Funkverbindung realisiert. Mögliche Anwendungen bestehen zum Beispiel in der Kommunikation zwischen einem DVD-Player und einem Handy, bei welcher Filmdaten in kurzer Zeit übertragen werden. Es ist auch denkbar, sämtliche Verkabelungen zwischen einem Computer und externen Peripheriegeräten (z.B. Drucker, Digitalkamera etc.) durch Funkverbindungen zu ersetzen. Bereits heute gibt es funkbasierte Technologien wie z.B. Bluetooth, welche Peripheriegeräte mit geringem Datenaufkommen (Maus, Tastatur) über Funk anbinden. Für die hohen Datenraten zukünftiger Anwendungen stoßen jedoch konventionelle Funktechnologien an ihre Grenzen. Eine vielversprechende Möglichkeit zur Übertragung der geforderten Datenraten ist der Einsatz von UWB-Technologien, da hier eine enorme Bandbreite zur Verfügung steht. Im kommerziellen Bereich wird das Ziel verfolgt, UWB-Konzepte mit moderater Komplexität einzusetzen, welche eine kostengünstige Fertigung und damit eine Produktdurchdringung auf dem Massenmarkt erreichen.

Die vorliegende Dissertation beschäftigt sich mit UWB-Kommunikation für hohe Datenraten. In Abschnitt 1.1 wird kurz erläutert, warum UWB-Technologie geeignet ist, hohe Datenraten zu übertragen. Dann werden die auftretenden Probleme und Herausforderungen bei der Realisierung eines Systems zur UWB-Kommunikation thematisiert, welche zugleich die Motivation zur Anfertigung der Dissertation darstellen. Abschnitt 1.2 zeigt schließlich die Zielsetzung und Gliederung der vorliegenden Arbeit.

1.1 UWB-Kommunikation

Kommunikation im technischen Sinn beschreibt das Übertragen und Austauschen von Daten bei einer bestimmten Datenrate. Shannon zeigte, dass sich jeder Übertragungskanal durch die Kanalkapazität C charakterisieren lässt. Diese beschreibt die theoretische Oberschranke der fehlerfrei übertragbaren Datenrate [Sha49]. Die Kanalkapazität berechnet sich bei einem Kanal mit additiver Weißer Gauß'scher Störung (Gauß'sche Amplitudenverteilung) wie folgt [Sha49]:

$$C = B \cdot \log_2 \frac{S}{N}. \tag{1.1}$$

Hierbei steht B für die Bandbreite des Systems, S für die Signal- und N für die Rauschleistung. Der Quotient S/N wird auch Signal-zu-Rausch-Verhältnis SNR genannt, und $\log_2$ bezeichnet den Logarithmus zur Basis 2. Um die Kapazität zu erhöhen, kann gemäß Gleichung 1.1 entweder die Bandbreite oder das Signal-zu-Rausch-Verhältnis erhöht werden, wobei die Kapazität linear mit der Bandbreite, aber nur logarithmisch mit dem Signal-zu-Rausch-Verhältnis steigt. Eine Erhöhung des Signal-zu-Rausch-Verhältnisses kann z.B. durch moderne MIMO[2]-Systeme erreicht werden. Bei MIMO-Systemen weisen sowohl Sender als auch Empfänger mehrere Antennen auf und nutzen die Prinzipien von Diversity und räumlichem Multiplexing. Die auf den ersten Blick effektivere Möglichkeit zur Steigerung der Datenrate, nämlich die Erhöhung der Bandbreite, erweist sich hingegen als kritisch: Da die Ressource Frequenz ein kostbares und knappes Gut ist, wurden in der Vergangenheit bevorzugt schmalbandige Funksysteme entwickelt. Durch das Hinzukommen immer neuer Funkdienste ist das zur Verfügung stehende Spektrum mittlerweile größtenteils belegt. Eine Vergrößerung der Bandbreite zur Steigerung der Datenrate würde somit zu Interferenzen auf den bereits belegten Bändern führen. Wenn ein System jedoch eine extrem geringe Sendeleistung besitzen würde, ließe sich die Interferenz mit den etablierten Diensten auf ein unkritisches Niveau reduzieren. Genau dies ist die Idee von Ultrabreitbandkommunikation: UWB-Systeme sind Overlay-Systeme, die ein ultrabreites Band von mindestens 500 MHz besitzen, aber aufgrund eines extrem geringen Leistungsdichtespektrums keine störenden Interferenzen mit bestehenden Funkdiensten verursachen sollen. Durch UWB-Technik verspricht man sich, die erforderlichen Datenraten für zukünftige Anwendungen erreichen zu können. Im

---

[2]MIMO = Multiple Input, Multiple Output

Jahre 2002 erließ die amerikanische Regulierungsbehörde FCC[3] Grenzwerte für das durch UWB-Systeme ausgesendete Leistungsdichtespektrum und gab ein Band von 3,1 bis 10,6 GHz zur Nutzung frei. Wenige Jahre später folgten ähnliche Regulierungen für Europa, Korea, Singapur, Japan und zuletzt auch für China. Seither arbeitet man weltweit intensiv an der Realisierung der UWB-Technologie.

Prinzipiell gibt es zwei Ansätze, das freigegebene UWB-Band im unteren GHz-Bereich zu nutzen. Der erste Ansatz beruht auf der Verwendung von ultra-kurzen Pulsen im Piko- bis Nanosekundenbereich, die eine Bandbreite von mehreren GHz aufweisen. Die Pulse werden direkt im Basisband auf die Sendeantenne gegeben, d.h. es gibt keine Trägerfrequenz. Diese Methode wird Impulse Radio Übertragung genannt. Der zweite Ansatz zerlegt das UWB-Band in mehrere Breitbandkanäle, und zur Übertragung wird eine (trägerbasierte) OFDM[4]-Modulation durchgeführt. Anzumerken ist, dass auch im unteren THz-Bereich (bei 0,3 THz) ein Band zur Nutzung von UWB-Technologie zur Verfügung steht. Zu dessen Nutzung muss stets eine Mischung auf die Trägerfrequenz stattfinden. Eine entsprechende UWB-Systemmodellierung wird in [KJP+07] durchgeführt.

In der vorliegenden Arbeit wird ausschließlich Impulse Radio Übertragung im unteren GHz-Bereich behandelt. Als Vorteil gegenüber OFDM-basierten Systemen wird klassischerweise der einfachere Hardware-Aufbau genannt, da keine Mischung auf Trägerfrequenzen erfolgt und bei analoger Realisierung keine aufwändige Signalprozessierung nötig ist. Impulse Radio Technologie hat daher das Potential, infolge der geringen Herstellungskosten den Markt zu durchdringen. Die erzielbare Performance wird in einem realen Impulse Radio System jedoch vor allem durch die nicht-ideale Hardware begrenzt. Eine verbesserte Performance ließe sich prinzipiell erreichen, wenn im Frontend Strategien zur Optimierung des SNR implementiert werden. Dies ist die Idee von performance-orientierten Impulse Radio Systemen, die bislang in der Literatur wenig Beachtung finden. Da Impulse Radio Signale auf Pulsen und nicht auf klassischen harmonischen Schwingungen beruhen, werden gänzlich andere Sender- und Empfängerarchitekturen als bei Schmalband-Systemen benötigt. Eine besondere Schwierigkeit besteht darin, die verwendete Hardware wie z.B. Antennen, Filter und Verstärker für einen ultrabreiten Frequenzbereich von mehreren GHz auszulegen. Hierbei darf sich z.B. der Antennengewinn über der Frequenz nicht ändern, da es sonst zu Signalverzerrungen kommt. Im Vergleich hierzu müssen Schmalbandsysteme nur auf die Mittenfrequenz abgestimmt werden, was ein wesentlich angenehmeres Designziel darstellt. Eine über dem gesamten Frequenzbereich von mehreren GHz ideal funktionierende Hardware ist jedoch nicht realisierbar; daher kann man höchstens versuchen, Nichtidealitäten zu begrenzen.

---

[3]FCC = Federal Communications Commission
[4]OFDM = Orthogonal Frequency Division Multiplex

Dies wirft jedoch sogleich die Frage auf, inwieweit die angestrebte Systemperformance durch Wechselwirkung vieler nicht-idealer Komponenten - d.h. durch sogenanntes Dirty RF (vgl. [FLP+04], [FLP+05]) - beeinträchtigt wird. Um beim Entwicklungsprozess Zeit und Kosten zu sparen, möchte man diese Frage idealerweise bereits vor dem Aufbau des Systems beantworten und benötigt daher eine realistische Systemsimulation. Weiterhin ist man daran interessiert, das System selbst bei Vorhandensein nicht-idealer Hardware so geschickt auszulegen, dass die Datenrate maximiert wird. An dieser Stelle setzt die vorliegende Dissertation an.

1.2 Zielsetzung und Gliederung der Arbeit

Die vorliegende Dissertation thematisiert UWB-Kommunikation und spiegelt die Ergebnisse des Forschungsprojekts 'Strategies for Highly Efficient UWB Impulse Radio Systems Architectures' (kurz: 'UltraEfficiency') wieder, welches durch die Deutsche Forschungsgemeinschaft (DFG) finanziert wird. Hierbei werden zwei Ziele verfolgt: Während bisherige wissenschaftliche Arbeiten zur Impulse Radio Technologie meist von idealer Hardware ausgehen oder nur wenige nicht-ideale Einflüsse berücksichtigen, sollen die kritischen UWB-Systemkomponenten ausfindig gemacht, geeignet modelliert und in einen Systemsimulator integriert werden, um eine realistische Aussage zur erreichbaren Performance zu erzielen. Ein weiteres Ziel besteht darin, die Performance durch geeignete Signalformung zu optimieren, d.h. trotz Präsenz nichtidealer Systemkomponenten wird eine hoch-effiziente Impulse Radio Übertragung, d.h. gutes SNR und damit eine hohe Datenrate erreicht. Das angestrebte Impulse Radio System ist somit performance-orientiert. Es ist ausdrücklich darauf hinzuweisen, dass es bei der Optimierung nicht primär darum geht, die Hardware zu optimieren: Die Hardware wird bewusst als nicht-ideal hingenommen. Vielmehr wird der Frage nachgegangen, wie man durch geeignete Strategien der Signalformung (z.B. Wahl von Pulsform und Modulation) die Performance optimieren kann. Hierbei sind keine Rahmenbedingungen an die Komplexität oder die Kosten des Systems gestellt. Insgesamt erfordern die dargelegten Zielsetzungen ein konsequentes Arbeiten an der Schnittstelle von Nachrichtentechnik und Hochfrequenztechnik.

Zum Einstieg in die Problematik wird zunächst die Frage betrachtet, wie man durch geschickte Wahl von Pulsform und Modulation eine optimierte Ausnutzung der vorgegebenen Zielmaske und damit ein gutes SNR erhält, wenn der nicht-ideale Einfluss von Systemkomponenten vernachlässigt wird. Dann wird ein komplettes Systemmodell für Impulse Radio Übertragung realisiert, wobei die einzelnen Komponenten größtenteils auf Messdaten physikalisch existenter Hardware beruhen. Somit wird es möglich, das nicht-ideale Übertragungsverhalten zu untersuchen. Die Beurteilung der Systemperformance erfolgt durch Auswerten von Bitfehlerraten bei variablen Designparametern, Pulsformen, Datenraten, Modulationen und Empfängerarchitekturen.

Die Dissertation zeigt zuletzt Möglichkeiten auf, nicht-ideale Effekte auf Signalebene zu kompensieren, um das SNR weiter zu steigern. Dies führt zu einer hocheffizienten UWB-Übertragung bei hohen Datenraten.

Im Einzelnen ist die Dissertation wie folgt aufgebaut:

- Kapitel 2 beleuchtet die Grundlagen zur UWB-Kommunikation.

- Kapitel 3 thematisiert zunächst die Optimierung der Pulsform, um die durch die Regulierung gegebene UWB-Zielmaske möglichst effizient auszunutzen. Verschiedene Methoden des digitalen FIR[5]-Filterentwurfs führen auf optimale Pulsformen, welche die UWB-Regulierung effizient ausnutzen und das Signal-zu-Rausch-Verhältnis steigern. Vergleichende Systemsimulationen zwischen konventionellen und optimalen Pulsformen zeigen im weiteren Verlauf der Arbeit den Verlust gegenüber der theoretisch erreichbaren Performance.
  Eine optimale Pulsform lässt sich entweder direkt als Rück-transformation einer Zielmaske in den Zeitbereich gewinnen; sie benötigt dann allerdings einen D/A-Wandler, der angesichts der enormen Bandbreite zu hohen Kosten führt. Um Kosten einzusparen, kann man aber auch einen konventionellen, physikalisch leicht erzeugbaren Puls heranziehen und diesen optimal bezüglich einer Zielmaske formen. Dies führt auf das Problem, eine nicht-konvexe Optimierung unter nicht-linearen Nebenbedingungen durchzuführen. Es werden verschiedene Methoden aufgezeigt, diese Optimierung bezüglich der UWB-Regulierung zu erreichen. Dies umfasst sowohl die Überführung in ein konvexes Optimierungsproblem und dessen Lösung als auch die direkte Lösung des nicht-konvexen Problems.
  Weiterhin zeigt Kapitel 2 eine Optimierung der Modulation. Zur Steigerung der Datenrate können Orthogonalpulse verwendet werden, welche sich im Zeitbereich überlappen. Das Problem ist jedoch, dass herkömmlich erzeugte Orthogonalpulse von Puls zu Puls eine nicht-konstante Effizienz bezüglich einer gesetzten Zielmaske aufweisen. Durch Anwendung der symmetrischen Löwdin-Orthogonalisierung werden erstmals hocheffiziente Orthogonalpulse erzeugt, welche im Vergleich zur bestehenden Fachliteratur bei gleicher Filterlänge eine wesentlich größere Leistungseffizienz aufweisen bei gleichzeitig minimierter Leistungsschwankung.

- Kapitel 4 stellt die kritischen Systemkomponenten und Designparameter in einem nicht-idealen UWB-System vor.

- Kapitel 5 enthält die komplette Modellierung des Systems, d.h. es werden alle relevanten Hardware-Komponenten, aber auch der Digitalteil sowohl am Sender als auch am Empfänger berücksichtigt. Hardwarekomponenten werden entworfen, gemessen und als Komponentenmodelle in das Systemmodell integriert. Das Systemmodell wird in der Simulationsumgebung Advanced Design

---

[5]FIR = Finite Impulse Response

System 2008 Update 1 aufgebaut. Zur Erzeugung der Komponentenmodelle wird weiterhin Matlab und Ray Tracing Software verwendet. Beim Entwurf von analogen Filtern kommt die Software CST Microwave Studio 2008 zum Einsatz, wobei die Modellierung im Systemsimulator auf Messdaten beruht. Modellierte Komponenten umfassen: Oszillator, Pulsgenerator, Modulator, Codierer, Sendefilter, Sendeantenne, UWB-Indoor-Kanal, thermisches Rauschen, Interferenz, Empfangsantenne, rauscharmer Verstärker (LNA[6]) sowie das Empfangsfilter.

- Kapitel 6 zeigt die Modellierung diverser Empfängerarchitekturen. Hierbei werden sowohl kohärente als auch inkohärente Strukturen - für PPM[7]-Modulation und orthogonale Pulsmodulation untersucht .

- Kapitel 7 geht auf Systemeffekte durch nicht-ideale Komponenten ein und visualisiert das UWB-Signal im Zeitbereich und im Frequenzbereich beim Durchgang durch die einzelnen Komponenten. Für den Fall eines kohärenten Empfängers mit PPM-Modulation wird weiterhin der Einfluss diverser Systemparameter auf die Performance untersucht. Dies betrifft den Einfluss der Datenrate, eines konstanten Synchronisierungsfehlers sowie den Einfluss von Jitter auf die Bitfehlerrate. Es wird weiterhin ein Vergleich angestellt, wie sich die Systemperformance bei Verwendung von konventionellen und optimalen Pulsformen unterscheidet und welche Unterschiede sich ergeben, wenn die europäische bzw. die FCC-Regulierung mit entsprechend entworfenen Filtern angesetzt wird.

- Kapitel 8 untersucht die Performance bei Präsenz nicht-idealer Systemkomponenten im Sinne von Bitfehlerraten für sämtliche in Kapitel 5 gezeigten Empfängerarchitekturen. Dies erfolgt für verschiedene Modulationen. Hierbei wird stets ein Vergleich zur Theorie vereinfachter, reiner AWGN-Kanäle gezeigt. Die in diesem Kapitel gewonnenen Ergebnisse erlauben eine Bewertung, welche Modulation und welche Empfängerstruktur bei Präsenz von nicht-idealen Komponenten geeignet ist.

- Kapitel 9 beschäftigt sich mit Kompensationsstrategien zur Verbesserung der Performance. Es werden zwei Methoden zur Kompensation der nicht-idealen Sendeantenne auf Signalebene vorgestellt und implementiert. Die Ergebnisse zeigen eine deutliche Verbesserung der Bitfehlerrate.

- Kapitel 10 beinhaltet eine Zusammenfassung sowie die Schlussfolgerungen der Arbeit. Die gesetzten Ziele werden ausnahmslos erreicht.

---

[6]LNA = Low Noise Amplifier
[7]PPM = Pulse Position Modulation

Zur Betrachtung von UWB-Systemaspekten thematisiert diese Dissertation folglich die Schnittstelle folgender Bereiche

- Optimierung von Signalform und Modulation

- Design, Aufbau und Messung von ultrabreitbandiger HF-Hardware

- Systemmodellierung und -simulation durch Einsatz einschlägiger HF-Simulatoren

- Systembewertung, Optimierung und Entwicklung von Kompensationsstrategien

2 Grundlagen zur Ultrabreitband-Kommunikation

Dieses Kapitel stellt kurz die Grundlagen zur Ultrabreitband-Kommunikation vor. Hierzu gehört die Definition ultrabreitbandiger Signale, ein Überblick über Modulations- und Codierverfahren sowie die Vorstellung eines zugehörigen prinzipiellen UWB-Senders. Zuletzt werden die wichtigsten Begriffe eingeführt, welche der Erstellung und Beurteilung eines Link Budgets dienen.

Grundlagen zur UWB-Kommunikation werden gut in [FZM02] und [Sch08] dargestellt. Thematisch geeignete Bücher umfassen z.B. [OHI04], [Ree05], [ACB06] und [BKM+06].

2.1 Definition ultrabreitbandiger Signale

Man spricht von einem ultrabreitbandigen Signal, wenn für dessen absolute Bandbreite B gilt

$$B \geq 500 \text{ MHz.} \tag{2.1}$$

Zusätzlich spricht man auch dann von einem ultrabreitbandigen Signal, wenn die relativen Bandbreite f_r größer als 20 Prozent ist ([FCC02], Abschnitt 15.503), wobei gilt

$$f_r = \frac{f_h - f_l}{f_c}. \tag{2.2}$$

Hierbei stellt f_h bzw. f_l die obere bzw. untere Frequenz dar, an welcher das Leistungsdichtespektrum um 10 dB abgefallen ist. f_c kennzeichnet die Mittenfrequenz, für welche gilt:

$$f_c = \frac{f_h + f_l}{2}. \tag{2.3}$$

2.2 Regulatorische Rahmenbedingungen

Die Nutzung von UWB-Technologie ist regulatorischen Bestimmungen unterworfen. Das Regelwerk umfasst dabei folgende Punkte

- Art der Anwendung (im Gebäude, außerhalb von Gebäuden, portabel, fest installiert etc.)

- Nutzbarer Frequenzbereich

- Grenzwerte des Leistungsdichtespektrums

- Messvorschriften zur Bestimmung des Leistungsdichtespektrums

- Schutzmaßnahmen zur Vermeidung von Interferenzen (mitigation techniques)

Es ist wichtig anzumerken, dass keine einheitliche weltweite Regulierung existiert. Vielmehr gibt es verschiedene nationale Regulierungen, welche den spezifischen Frequenzbelegungsplan der bereits bestehenden Dienste berücksichtigen. Bisher haben nur folgende Staaten und Regionen eine UWB-Regulierung erlassen: USA, Europa, Japan, Korea, Singapur und China.

Die weltweit erste Regulierung erfolgte durch die Federal Communications Commission (FCC) im Jahr 2002 für die Vereinigten Staaten [FCC02]. Für Indoor-Anwendungen wird dabei ein technisch nutzbarer Frequenzbereich von 3,1 GHz bis 10,6 GHz festgelegt bei einem EIRP[1] der Leistungsdichte von -41,3 dBm/MHz. Die genauen EIRP-Grenzwerte für die FCC-Regulierung sind Tabelle 2.1 zu entnehmen. Für

Frequenzbereich in GHz	PSD in dBm/MHz
0 - 0,96	-41,3
0,96 - 1,61	-75,3
1,61 - 1,99	-53,3
1,99 - 3,1	-51,3
3,1 - 10,6	-41,3
> 10,6	-51,3

Tabelle 2.1: EIRP-Grenzwerte gemäß FCC-Regulierung für Indoor-Anwendungen

Outdoor-Anwendungen hat die FCC ebenfalls eine Frequenzmaske definiert [FCC02]. Diese ist im nutzbaren Frequenzbereich mit der Indoor-Maske identisch; jedoch sind die Grenzwerte außerhalb dieses Bandes strenger als bei der Indoor-Maske.
Seit März 2006 besitzt auch Europa eine UWB-Regulierung [ECC06]. Die Regulierung in [ECC06] (ECC/DEC/(06)04) sieht zwei Bänder vor, wobei die Nutzung des ersten Bandes ab dem Jahr 2011 Maßnahmen zur Vermeidung von Interferenz erfordert. Diese erste Version der Regulierung schließt im Unterschied zur FCC-Regulierung Installationen in Zügen und Fahrzeugen aus und verbietet Outdoor-Installationen. Nach Abschluss von Interferenzstudien und der Erarbeitung eines UWB-Standards durch die ETSI (ETSI EN 302 065 V1.1.1) werden nun auch Zug- und Fahrzeuginstallationen zugelassen. Abbildung 2.1 (links) vergleicht den Frequenzbereich sowie die Grenzwerte des Leistungsdichtespektrums (PSD[2]) für die FCC- und die europäische Regulierung. Der auch nach Ende 2010 ohne 'mitigation techniques' nutzbare Frequenzbereich liegt bei der Europäischen Regulierung zwischen 6 GHz und 8,5 GHz. Eine Übersicht über die Entwicklung der UWB-Regulierung in Europa findet sich in [Fau08].

---

[1]EIRP= Equivalent Isotropic Radiated Power = isotrop abgestrahlte Leistung
[2]PSD = Power Spectral Density

Eine übersichtliche Darstellung der UWB-Regulierungen in Japan, Korea und Singapur kann man [Apt07] entnehmen. China besitzt seit Januar 2009 eine UWB-Regulierung [Cai09] und nutzt die gleichen 2 Bänder wie in Singapur. In allen Regulierungen ist im Gegensatz zur FCC-Maske der nutzbare Frequenzbereich auf 2 Teilbänder aufgeteilt, und die maximale Bandbreite beträgt statt 7,5 GHz nur ca. 2 bis 3 GHz. Tabelle 2.2 stellt die technisch nutzbaren Frequenzbereiche für alle Länder mit gültiger UWB-Regulierung dar. In diesen Frequenzbereichen steht eine Leistungsdichte von -41,3 dBm/MHz zur Verfügung. Eine Visualisierung der Indoor-Regulierungen

Land	Erstes Frequenzband in GHz	Zweites Frequenzband in GHz
USA	[3,1 10,6]	-
Europa	[4,2 4,8]	[6,0 8,5]
Japan	[3,4 4,8]	[7,25 10,25]
Korea	[3,1 4,8]	[7,2 10,2]
Singapur	[4,2 4,8]	[6,0 9,0]
China	[4,2 4,8]	[6,0 9,0]

Tabelle 2.2: Nutzbare Frequenzbereiche im unteren GHz-Bereich für UWB-Kommunikation in verschiedenen Ländern

für die erwähnten Länder findet sich in der Abbildung 2.1 und in der Abbildung 2.2. Zu den regulatorischen Rahmenbedingungen lässt sich zusammenfassend sa-

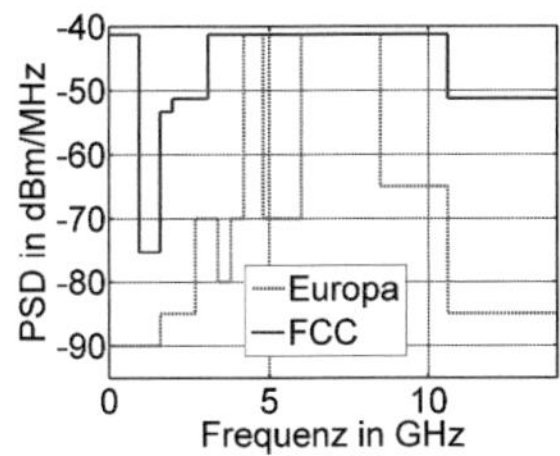

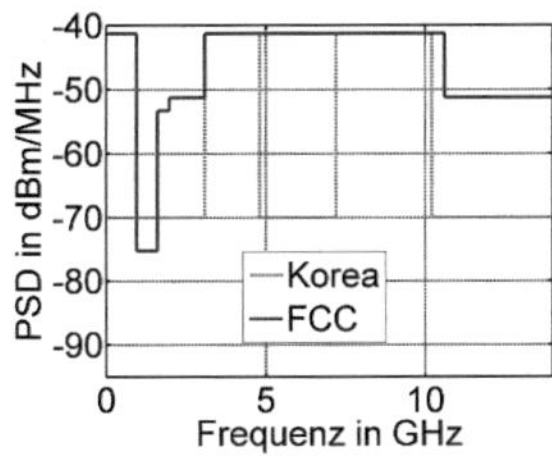

Abbildung 2.1: UWB Regulierung in Europa und Korea im Vergleich zur FCC-Maske

gen, dass noch ein Großteil der Weltbevölkerung in Ländern ohne bestehende Regulierung für UWB-Anwendungen lebt. In dieser Dissertation wird sowohl mit der FCC-Regulierung als auch mit der europäischen Regulierung gearbeitet, wobei der Schwerpunkt der Auswertung auf der FCC-Regulierung liegt. Dies ermöglicht einen guten Vergleich der Ergebnisse zu bisherigen Publikationen, welche zumeist von der FCC-Regulierung ausgehen, aber im Gegensatz zur vorgelegten Arbeit mit einem vereinfachten Systemmodell arbeiten.

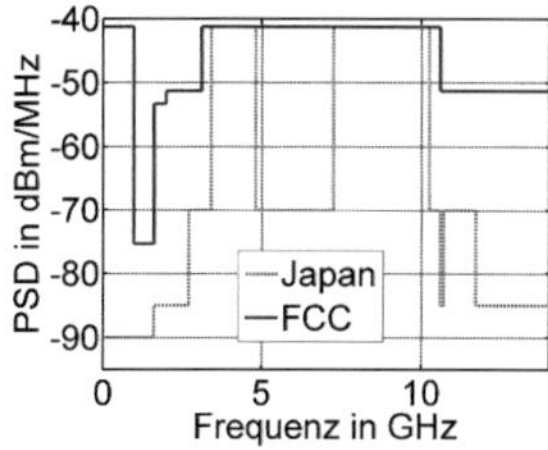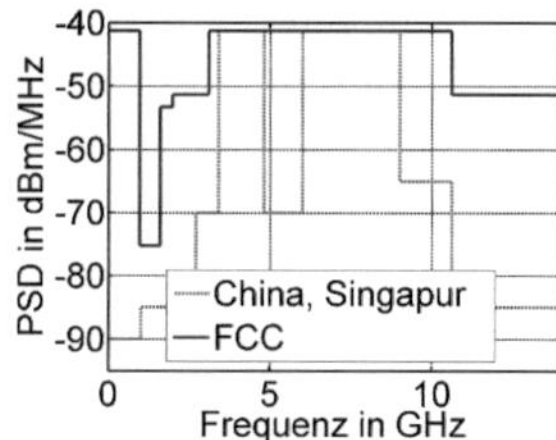

Abbildung 2.2: UWB Regulierung in Japan und China/Singapur im Vergleich zur FCC-Maske

2.3 Ultrabreitbandige Pulsformen und deren Erzeugung

2.3.1 Konventionelle Pulsformen

Da beim Impulse Radio Prinzip die Pulsform unmittelbar der Sendeantenne zugeführt wird, d.h. keine Modulation auf einen Träger stattfindet, muss die Pulsform einen Frequenzbereich von mehreren GHz abdecken. Das abgestrahlte Spektrum sollte idealerweise die Regulierung einhalten und diese gleichzeitig optimal nutzen. Die Effizienz eines UWB-Signals (bzw. Pulses) bezüglich einer Regulierung wird berechnet, indem das Leistungsdichtespektrum des Signals (bzw. Pulses) im relevanten Frequenzbereich integriert und durch die maximal erlaubte Leistung im relevanten Frequenzbereich geteilt wird. Für die FCC-Regulierung ergibt sich

$$\eta = \frac{\int\limits_{3,1\,\text{GHz}}^{10,6\,\text{GHz}} PSD(f)df}{\int\limits_{3,1\,\text{GHz}}^{10,6\,\text{GHz}} PSD_{\text{Regulierung}}(f)df} = \frac{\int\limits_{3,1\,\text{GHz}}^{10,6\,\text{GHz}} PSD(f)df}{10^{\frac{-41,3}{10}}\,\frac{\text{mW}}{\text{MHz}}7,5\,\text{GHz}} = \frac{\int\limits_{3,1\,\text{GHz}}^{10,6\,\text{GHz}} PSD(f)df}{0,555\,\text{mW}}. \quad (2.4)$$

Die Effizienz wird auch als NESP-Wert bezeichnet, wobei NESP für 'Normalized Effective Signal Power' steht. Da ultrabreitbandige Pulse im Zeitbereich extrem schmal sind, besteht das Ziel darin, Signale mit extrem schnellen Anstiegs- und Abfallzeiten zu erzeugen. Dies kann durch den Aufbau analoger Schaltungen erfolgen, in welchen nicht-lineare Bauelemente wie z.B. Avalanche Transistoren, Step Recovery Dioden, Tunneldioden, nicht-lineare Leitungen etc. eingesetzt werden [Ree05], [Rei03]. Ein vollintegrierter Pulsgenerator in CMOS-Technologie findet sich z.B. in [AT07]. Im Folgenden soll die Pulserzeugung beispielhaft anhand zweier ausgewählter nicht-idealer Bauelemente erläutert werden:

- Avalanche Transistoren: Bei Verwendung von Avalanche Transistoren macht man sich den Lawineneffekt zunutze. Hierbei werden Ladungsträger durch eine angelegte Spannung über der Raumladungszone beschleunigt und schlagen

Valenzelektronen frei, die ins Leitungsband angehoben werden. Dadurch entstehen Elektron-Loch-Paare. Die beschleunigten Ladungsträger rekombinieren jedoch nicht, sondern bleiben im Leitungsband und schlagen weitere Valenzelektronen frei, wodurch die Anzahl an Ladungsträgern im Leitungsband lawinenartig ansteigt. Hierdurch kann eine sehr steile Anstiegsflanke des Pulses erreicht werden [Mit68].

- Step Recovery Dioden (SRD): Step Recovery Dioden weisen eine Dotierung auf, bei welcher die Lebensdauer der Minoritätsträger im Vergleich zu herkömmlichen Dioden größer ist. Dies führt zur Speicherung von Ladungen. Wird die Spannung über einer SRD von positiv nach negativ umgepolt, existiert eine kurze Zeit, in welcher die Diode in der Sperrrichtung genauso leitend ist wie in der Durchlassrichtung. Da die Diode leitet, ist die Ausgangsspannung zunächst negativ. Sind nach einer kurzen Zeit alle gespeicherten Ladungsträger abgebaut, geht die Diode schlagartig in den Sperrzustand über, d.h. die Spannung am Ausgang der Diode steigt schlagartig auf 0 V an. Insgesamt beobachtet man am Ausgang der Diode also einen kurzen, negativ polarisierten Puls. Die Breite und Polarität des erzeugten Pulses kann anschließend durch eine nachgeschaltete kurzgeschlossene Leitung gesteuert werden [Ree05], [Due05], [KBV+04].

Vorteilhaft bei analoger Pulserzeugung ist die einfache und kostengünstige Realisierung [WJ06]. Die auf diese Weise erzeugten Pulsformen weisen im Zeitbereich approximativ den Charakter einer Gauß-Funktion (oder einer ihrer Ableitungen) auf [Eis06]. Da durch Anwendung der Fourier-Transformation auch im Frequenzbereich eine Gauß-Funktion auftritt und keine glatte, d.h. konstante Funktion, wird der technisch relevante Bereich der FCC-Maske nicht optimal genutzt. Abbildung 2.3 zeigt

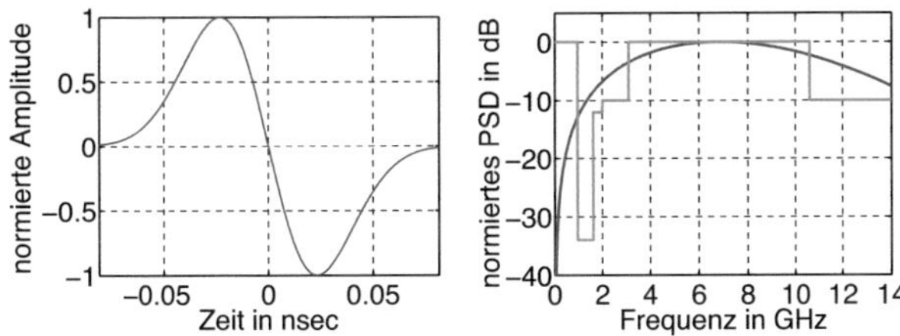

Abbildung 2.3: Gauß'scher Monocycle als Basispuls im Zeit- und Frequenzbereich zusammen mit der FCC-Regulierung

die erste Ableitung des Gauß-Pulses - auch Gauß'scher Monocycle genannt - im Zeitbereich als auch das zugehörige Leistungsdichtespektrum, wobei die Mittenfrequenz in der Bandmitte des technisch nutzbaren UWB-Bandes liegt (6,85 GHz bei der FCC-Maske). Wie der Abbildung zu entnehmen ist, tritt zusätzlich zur ineffizienten Nutzung eine Verletzung der normierten Maske auf. Um die Verletzung der Maske zu verhindern, gibt es mehrere Möglichkeiten:

- Man kann die Leistung so weit absenken, bis das gesamte Spektrum unterhalb der Maske liegt. Beim Gauß'schen Monocycle müsste man das Spektrum (und damit auch die Sendeleistung) um ca. 25 dB absenken. Dies ist nicht sinnvoll.

- Man generiert einen Gauß'schen Monocycle, schaltet jedoch ein Sendefilter nach, welches die Signalanteile jenseits des technisch nutzbaren Bereiches abschneidet. Die Effizienz im technisch relevanten Bereich ist gut.

- Man generiert einen Puls hoher Ableitung. Es zeigt sich, dass erst die 5. Ableitung des Gauß-Pulses zur Einhaltung der FCC-Maske führt und folglich kein Sendefilter nachgeschaltet werden muss. Der Aufbau eines Pulsgenerators, welcher die 5. Ableitung erzeugt, wird in [Cha06] und [Cha05] gezeigt. Die hierdurch erzeugte Effizienz ist allerdings noch schlechter als beim gefilterten Gauß'schen Monocycle.

Eine Approximation eines Gauß'schen Pulses 6. Ableitung (6 Nullstellen) ist in Abbildung 2.4 gezeigt. Die Abbildung enthält auch Abtastwerte im Abstand von 17,86 ps. Vereinfachend wird in der Abbildung der Begriff 'norm. Gauß-Puls' verwendet.

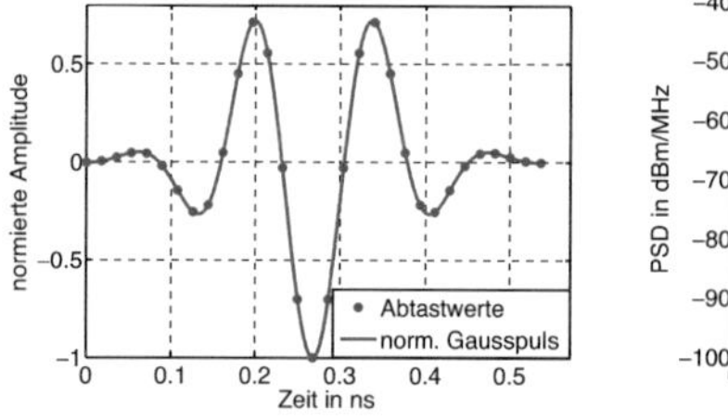

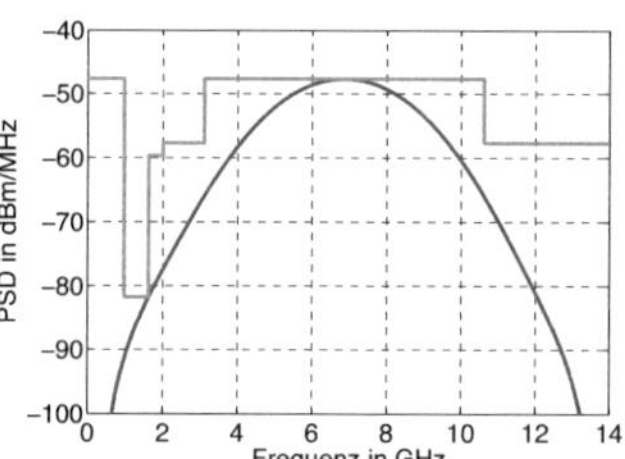

Abbildung 2.4: links: Approximation eines Gauß-Pulses 6. Ordnung im Zeitbereich; rechts: zugehöriges Leistungsdichtespektrum

Der Puls ergibt sich durch Multiplikation eines Gauß-Pulses Nullter Ableitung mit einem Sinussignal. Der erzeugte Puls weist im relevanten Frequenzbereich von 3,1 GHz bis 10,6 GHz eine Effizienz von nur 43,3 Prozent auf.

2.3.2 Optimierte Pulsformen

Zur Verbesserung der Effizienz können Kombinationen von Gauß-Pulsen unterschiedlicher Ordnung verwendet werden [Zha07]. Hierzu müssen die entsprechenden Pulse analog erzeugt und geeignet zusammengeführt werden, was insgesamt zu einer erhöhten Komplexität und damit höheren Kosten führt. Eine weitere Möglichkeit besteht darin, eine optimale Pulsform digital zu erzeugen und mittels eines D/A[3]-

---

[3]D/A = Digital/Analog

Wandlers auf die Antenne zu geben. Mathematisch gesehen ist diese Vorgehensweise einfacher als die Formung eines Basispulses, da nur die Zielmaske in den Zeitbereich rücktransformiert werden muss und dadurch bereits der optimale Puls bestimmt ist. Bei diskretisierter Betrachtung ergeben sich hierbei mehrere Möglichkeiten der Rücktransformation, die in Kapitel 3.2 gezeigt werden. In jedem Fall muss zur D/A-Wandlung aufgrund der großen Bandbreite eine Abtastzeit im Bereich von Pikosekunden verwendet werden. Solche D/A-Wandler sind zur Zeit sehr teuer und haben einen hohen Leistungsverbrauch. Dennoch wird in diesem Bereich intensiv geforscht, was z.B. in [Wen07] zum Ausdruck kommt.

Zuletzt ist es auch denkbar, einen konventionellen, analog erzeugten Basispuls durch ein optimal entworfenes FIR-Filter dergestalt zu formen, dass er die Regulierung optimal nutzt. Zur Bestimmung der optimalen FIR-Koeffizienten werden zwar Methoden des digitalen Filterentwurfs angewendet; allerdings erfolgt die Umsetzung des FIR-Filters in analoger Weise, d.h. es ist kein A/D-Wandler im Gbit/s-Bereich nötig: Das FIR-Filter selbst kann durch programmierbare Verzögerungen mithilfe eines Mikroprozessors und Amplitudenbeaufschlagung des Basispulses realisiert werden, vgl. z.B. [AM07], wobei die minimal auflösbare Verzögerung bis in den unteren ps-Bereich realisiert werden kann. Der praktische Aufbau eines programmierbaren Verzögerungsglieds wird in der vorliegenden Arbeit nicht vertieft. Stattdessen beschäftigt sich Kapitel 3.3 intensiv mit der Optimierung der FIR-Koeffizienten bei Präsenz eines Basispulses, wobei die Implementierung aus den genannten Gründen analog erfolgen kann.

2.4 Modulationstechniken

Bisher wurde nur der Einzelpuls betrachtet. Soll hingegen ein (binärer) Datenstrom über Impulse Radio übertragen werden, so wird eine reelle Pulsfolge mit Pulswiederholzeit T erzeugt, anschließend moduliert und dann im Basisband direkt auf die Sendeantenne gegeben. Ein Bit lässt sich dabei durch N_p Pulse repräsentieren. Ausgewählte Modulationsverfahren zur Aufprägung (binärer) Information sind Pulse Position Modulation (PPM), Pulse Amplitude Modulation (PAM) mit Sonderfall On Off Keying (OOK), Binary Phase Shift Keying (BPSK) und Orthogonale Pulsmodulation (OPM). Im Folgenden wird auf PPM, OOK und OPM näher eingegangen. Diese Entscheidung wird durch die spezifischen Vorteile der Modulationsverfahren motiviert: PPM-Signale weisen gute Spektraleigenschaften auf; OOK ist besonders einfach zu realisieren; OPM eröffnet die Möglichkeit, bei konstanter Pulswiederholzeit die Datenrate zu erhöhen.

2.4.1 On Off Keying (OOK)

Bei OOK Modulation werden der Pulsfolge Informationen aufgeprägt, indem die Pulse bei einer binären '1' eingeschaltet und bei einer binären '0' ausgeschaltet werden. Dies bedeutet, dass im Fall einer binären '1' N_p Pulse und im Fall einer binären '0' keine Pulse gesendet werden.

2.4.2 Pulse Position Modulation (PPM)

Bei PPM Modulation werden der Pulsfolge Informationen aufgeprägt, indem die zeitliche Lage der Pulse relativ zum Systemtakt verändert wird. Bei einer binären '0' bleibt die zeitliche Lage des Pulses unverändert, während bei einer binären '1' der Puls um eine konstante Zeit T_PPM, genannt PPM-Offset, verzögert wird. Abbildung

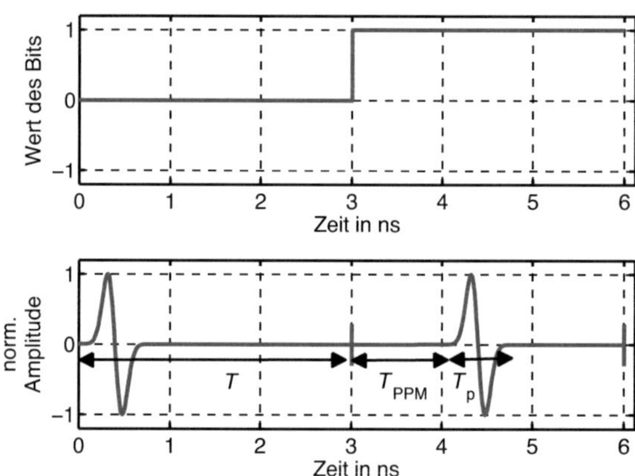

Abbildung 2.5: Prinzip der PPM-Modulation

2.5 visualisiert das Prinzip der PPM Modulation für $N_\mathrm{p} = 1$. Hierbei steht T_p für die Pulsdauer. Um Intersymbolinterferenzen zu vermeiden, muss notwendigerweise gelten:

$$T_\mathrm{PPM} < T \tag{2.5}$$

Zur Erzielung einer hohen Datenrate muss die Pulswiederholzeit T klein sein. Allerdings sollte sie in einem realen System nicht zu klein gewählt werden, da sich aufgrund von Mehrwegeausbreitung Intersymbolinterferenzen ergeben können. Diese treten besonders stark auf, wenn T wesentlich kleiner als die Impulsverbreiterung des Mehrwegekanals τ_DS[4] ist. Typische Werte für τ_DS liegen für Indoor-Kanäle im Bereich bis ca. 10 ns.

---

[4]DS = Delay Spread = Impulsverbreiterung

Optimierung des PPM-Offsets

Der PPM-Offset hat einen Einfluss auf die Performance. Bezeichnet BER die Bitfehlerrate und E_b/N_0 das Verhältnis von Bitenergie zu Rauschleistungsdichte, so hängt die BER versus E_b/N_0 Kurve vom PPM-Offset ab. Der PPM-Offset ist daher eine Größe, die optimiert werden muss. Um dies zu tun, muss bei einem reinen AWGN-Kanal und kohärentem Empfang die Kreuzkorrelationsfunktion zwischen den Pulsen für Bit '0' und Bit '1' minimiert werden. Wenn die Pulsform ohne PPM-Offset als $p(t)$ bezeichnet wird, lautet damit die Kreuzkorrelationsfunktion $r_{\mathrm{KKF}}(T_{\mathrm{PPM}})$:

$$r_{\mathrm{KKF}}(T_{\mathrm{PPM}}) = \int\limits_{-T/2}^{T/2} p(t) \cdot p(t - T_{\mathrm{PPM}})dt \tag{2.6}$$

Um das Minimum zu finden, wird $r_{\mathrm{KKF}}(T_{\mathrm{PPM}})$ nach T_{PPM} abgeleitet und Null gesetzt [Onu06], d.h. es wird gefordert:

$$\frac{dr_{\mathrm{KKF}}(T_{\mathrm{PPM}})}{dT_{\mathrm{PPM}}} = 0 \tag{2.7}$$

Setzt man für $p(t)$ den klassischen Gauß'schen Monopuls an mit

$$p(t) = -\frac{At}{\sigma^2}e^{-\frac{t^2}{2\sigma^2}} \tag{2.8}$$

so ergibt sich bei Anwendung mehrerer Approximationen $T_{\mathrm{PPM}} = 0,38985 \cdot T_p$ [Onu06], wobei T_p die Pulsdauer ist. Der optimale PPM-Offset für AWGN-Kanäle ist somit eine Funktion der Pulsform. Auch in [Eis06] wird gezeigt, dass der optimale PPM-Offset von der verwendeten Pulsform abhängt, und es wird ebenfalls eine Optimierung für den Gauß'schen Monopuls durchgeführt. Dies erfolgt jedoch durch eine genauere Berechnung als in [Onu06] und führt zu einem optimalen Offset von $0,5408 \cdot T_p$.

2.4.3 Orthogonale Pulsmodulation (OPM)

Eine weitere Möglichkeit zur Modulation besteht darin, verschiedene zueinander orthogonale Pulsformen zu verwenden. In klassischen Modulationen wie einfacher Pulspositionsmodulation oder On-Off-Keying kann pro Pulswiederholzeit nur 1 Bit übertragen werden, und die Pulsform ist identisch. Wenn man allerdings pro Pulswiederholzeit eine Pulsform aus einem Ensemble von N_{ortho} verschiedenen Pulsformen zur Modulation verwendet, können $\log_2 N_{\mathrm{ortho}}$ Bits pro Pulsform übertragen werden, d.h. die Datenrate erhöht sich um den Faktor $\log_2 N_{\mathrm{ortho}}$. N_{ortho} sollte sinnvollerweise eine Zweierpotenz sein. Zur fehlerfreien Rekonstruktion müssen die Pulsformen zueinander orthogonal sein, d.h. die Integration des Produktes zweier verschiedener reeller Pulsformen über die Dauer der Pulswiederholzeit ergibt Null.

2.5 Time Hopping (TH) Codierung

Die in Abschnitt 2.4 verwendeten Modulationsverfahren führen dazu, dass aus einer periodischen Pulsfolge im Zeitbereich mit Pulswiederholzeit T ein Signal mit aufgeprägten Informationen entsteht. Allgemein weist ein im Zeitbereich periodisches Signal mit Periodizität T diskrete Anteile im Frequenzbereich auf, wobei die diskreten Anteile im Abstand $\triangle f = 1/T$ auftreten. Ohne Modulation weist ein UWB-Signal daher hohe Energiespitzen auf, welche die UWB-Maske verletzen können. Mit Modulation werden diese Energiespitzen abhängig vom eingesetzten Modulationsverfahren unterschiedlich stark gedämpft. Da die angesprochenen Modulationsverfahren von Abschnitt 2.4.1 bis 2.4.2 jedoch eine starre Vorschrift aufweisen, wird die Periodizität des Zeitsignals nur unzureichend aufgebrochen. Abhilfe schafft hier die Verwendung zusätzlicher pseudozufälliger Verschiebungswerte, z.B. durch einen sogenannten Time Hopping (TH) Code. Hierbei wird die Pulswiederholzeit in N_{TH} Zeitschlitze unterteilt und durch einen Code festgelegt, in welchem Zeitschlitz der modulierte Puls gesetzt wird. Für die Breite des TH-Schlitzes T_{TH} gilt dann:

$$T_{\mathrm{TH}} = \frac{T}{N_{\mathrm{TH}}} \tag{2.9}$$

N_{TH} ist i.d.R. eine Zweierpotenz. Je größer die Anzahl der Zeitschlitze pro Pulswiederholzeit ist, desto besser lassen sich die Energiespitzen im Spektrum reduzieren. Wenn eine TH-Codierung bei PPM-Modulation eingesetzt wird, muss weiterhin gelten:

$$T_{\mathrm{TH}} < T_{\mathrm{PPM}} + T_{\mathrm{p}} \tag{2.10}$$

Eine detaillierte Berechnung des resultierenden Leistunsdichtespektrums in Abhängigkeit von Modulation und TH-Codierung findet sich in [PKT03] und in [WJ06].

2.5.1 Generierung von TH-Codes

Ziel ist es, einen Code zu verwenden, der einen guten Kompromiss zwischen Implementierungsaufwand und Glättung des Spektrums aufweist. In der Literatur werden u.a. Gold-Codes und Maximum Length Codes (= 'm-Sequenz') im Zusammenhang mit TH-Codierung genannt [MZS+02]. Als geeignet hat sich die Verwendung von m-Sequenzen erwiesen, die auf einem primitiven Polynom beruhen. Zur Generierung des Codes wird dabei ein m-stufiges rückgekoppeltes Schieberegister verwendet, vgl. Abbildung 2.6. Ein m-stufiges Schieberegister erzeugt nacheinander $2^m - 1$ verschiedene Codes der Länge m, die nicht das Null-Wort (m Nullen) enthalten. Das Null-Wort wird ausgeschlossen, da sich hieraus kein anderer Zustand erzeugen lässt. Zum Beispiel bedeutet bei einem 3-stufigen Schieberegister der binäre Code 010, dass ein modulierter Puls um $0 \cdot 2^0 + 1 \cdot 2^1 + 0 \cdot 2^2 = 2$ Zeitschlitze verschoben wird, wobei für die Anzahl aller TH-Zeitschlitze pro Pulswiederholzeit N_{TH} gilt.

$$N_{\mathrm{TH}} = 2^m \tag{2.11}$$

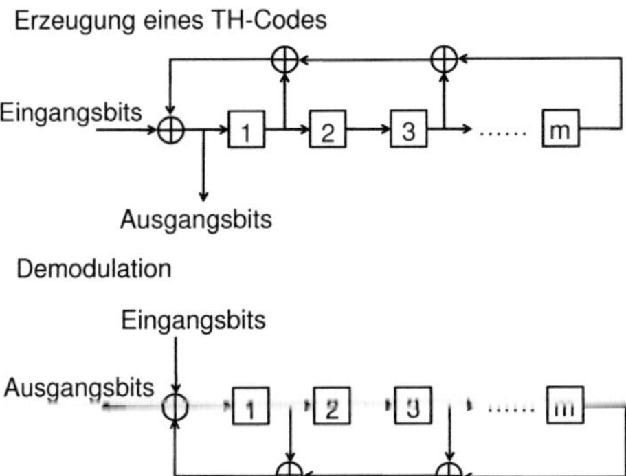

Abbildung 2.6: oben: Erzeugung eines TH-Codes durch ein Schieberegister am Sender; unten: Demodulation am Empfänger

Abbildung 2.7 zeigt für diesen Fall das Zeitsignal, wobei das aktuelle Bit den Wert 1 besitzt und PPM-Modulation vorliegt. Durch den Startzustand des Schieberegi-

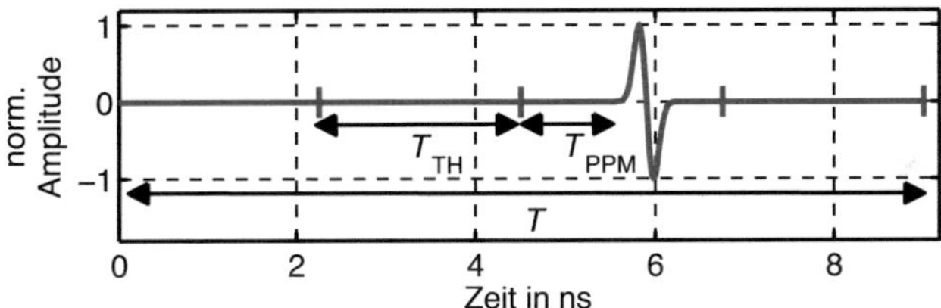

Abbildung 2.7: UWB-Puls mit TH-Codierung, dargestellt für ein Bit mit Wert 1 und den TH-Code 010

sters wird festgelegt, welcher Code für die i-te Pulswiederholzeit erzeugt wird. Wird empfängerseitig das gleiche Schieberegister mit gleichem Startzustand eingesetzt, können die Daten zurückgewonnen werden. Die TH-Codierung eignet sich nicht nur zur Glättung des Spektrums, sondern auch zur Trennung von Nutzern bei einem Mehrnutzer-Szenario. Hierbei wird jedem Nutzer ein anderer Startzustand des Schieberegisters zugewiesen. Das allgemeine modulierte und TH-codierte UWB-Signal s_{UWB} des k-ten Nutzers lässt sich wie folgt darstellen:

$$s_{\text{UWB}} = \sum_{n=-\infty}^{\infty} \alpha_0 p_0(t - nT - h_n^{(k)} T_{\text{TH}}) + \alpha_1 p_1(t - nT - h_n^{(k)} T_{\text{TH}}) \tag{2.12}$$

In Gleichung 2.12 stellen α_0 bzw. α_1 Gewichtungsfaktoren für die Pulse p_0 bzw. p_1 dar. Die Gewichtungsfaktoren können nur den Wert '0' oder '1' annehmen und sind stets unterschiedlich groß, da entweder ein Bit '1' oder ein Bit '0' vorliegt. $p_0(t)$ und $p_1(t)$ repräsentieren den zeitlichen Verlauf der Pulsform für Bit '0' bzw. Bit '1'. Im Fall von OOK-Modulation gilt $p_0(t) = 0$. Bei PPM-Modulation gilt $p_1(t) = p_0(t - T_{\mathrm{PPM}})$. Weiterhin steht in Gleichung 2.12 $h_n^{(k)}$ für den Time Hopping Code des k-ten Nutzers.

2.6 Synchronisierung

Die zeitliche Synchronisierung des Empfängers ist bei Impulse Radio Übertragung von großer Bedeutung, da Pulse mit einer extrem kurzen Pulsdauer eingesetzt werden. Bereits geringe zeitliche Abweichungen vom idealen Zeitpunkt der Synchronisierung können dazu führen, dass die aufgeprägte Information nicht mehr fehlerfrei rekonstruiert werden kann. Die Auswirkung eines Synchronisierungsfehlers auf die Performance hängt dabei z.B. von der Pulsdauer, der eingesetzten Modulation und der Demodulationsmethode ab.

- Pulsform: Mit sinkender Pulsdauer steigen die Anforderungen an die Synchronisierung, da immer kleinere Zeitfehler ausreichen, den Puls nicht mehr zu sehen.

- Modulation: Da die aufgeprägte Information bei PPM-Modulation im Gegensatz zu OOK in der Zeit liegt, spielt die Synchronisierung bei PPM eine besonders große Rolle.

- Demodulation: Kohärente Demodulation benötigt ein synchronisiertes Referenzsignal, bei welchem ein Referenzpuls zum gleichen Zeitpunkt erscheint wie der Empfangspuls. Bei inkohärenter Demodulation hingegen sind die Anforderungen an die Synchronisation geringer, da kein Referenzsignal benötigt wird.

Details zu Demodulationsmethoden werden in Kapitel 6 gezeigt; Auswertungen zur Performance bei Präsenz eines Synchronisierungsfehlers sind in Abschnitt 7.2.2 zu finden.

Im Folgenden soll kurz aufgezeigt werden, wie eine Synchronisierung in der Praxis erreicht wird. Hierfür wird eine am Institut für Hochfrequenztechnik und Elektronik der Universität Karlsruhe entwickelte Methode vorgestellt:

Eine Möglichkeit der Synchronisierung bei kohärentem Empfang und Gauß'scher Pulsform 5-ter Ableitung besteht darin, sinus-förmige Templates zu verwenden, wobei die Frequenz f_{Tem} auf die Gauß'sche Pulsform 5-ter Ableitung abgestimmt ist. Hierbei wird eine Parallelstruktur aus N_{Tem} Sinus-Templates aufgebaut, wobei die Templates zueinander eine konstante Phasenverschiebung $\triangle\varphi$ aufweisen [ZTA+09] mit

$$\triangle\varphi = 2\frac{\pi}{N_{\mathrm{Tem}}} \tag{2.13}$$

Es fragt sich, wie groß N_{Tem} gewählt werden soll. Hierzu wird folgende Überlegung angestellt: Bei Präsenz eines Zeit- bzw. Synchronisierungsfehlers nimmt die Kreuzkorrelation zwischen Sinussignal und Gauß-Puls 5-ter Ableitung ab und sollte z.B. den Faktor η_{Korr} bezüglich der maximalen Korrelation nicht unterschreiten. Nimmt man ein auf den Gauß-Puls 5-ter Ableitung abgestimmtes Sinus-Template der Frequenz f_{Tem} und gibt η_{Korr} für die Kreuzkorrelation vor, resultiert eine maximal tolerierbare Zeitabweichung $\pm\, t_{\text{synch,max}}$. Die Phase $\triangle\varphi$ wird nun so gewählt, dass sie der hierdurch definierten Zeitspanne $2 \cdot t_{\text{synch,max}}$ entspricht. Dann ergibt sich:

$$\triangle\varphi = \beta z = \frac{2\pi}{\lambda} c_0 2 \cdot t_{\text{synch,max}} \tag{2.14}$$

Einsetzen von Gleichung 2.13 in Gleichung 2.14, Verwenden des Zusammenhangs $\lambda = c_0/f_{\text{Tem}}$ und Auflösen nach N_{Tem} ergibt

$$N_{\text{Tem}} = \frac{1}{f_{\text{Tem}} 2 \cdot t_{\text{synch,max}}} \tag{2.15}$$

Eine Entscheiderschaltung prüft nun, bei welchem der N_{Tem} parallelen Template-Signale die maximale Korrelation vorliegt und schaltet auf das entsprechende Template. Durch Erhöhung von N_{Tem} lässt sich der maximal auftretende Synchronisierungsfehler immer weiter reduzieren. Allerdings kann eine vergrößerte Anzahl an Template-Generatoren das Rauschen vergrößern, welches bei den angestellten Überlegungen vernachlässigt wurde. Mit $f_{\text{Tem}} = 6,94$ GHz und $\eta_{\text{Korr}} = 0,7$ ergibt sich z.B. $t_{\text{synch,max}}=18$ ps und damit $N_{\text{Tem}} = 4$, d.h. es ist nur eine sehr kleine Anzahl an Templates nötig [ZTA+09]. Das vorgestellte Prinzip funktioniert auch, wenn sich der Abstand und damit die Laufzeiten zwischen Sender und Empfänger verändern. Weitere Möglichkeiten der Synchronisierung sind z.B. in [JL07],[BHY+02],[CM05], [LZW08] und [YG05] zu finden.

2.7 Allgemeines Sendermodell

Ein Sendermodell für Impulse Radio Übertragung ist in Abbildung 2.8 dargestellt. Hierbei wird die Pulswiederholzeit durch einen Oszillator (Taktgenerator) zur Verfügung gestellt. Bei Verwendung eines Time Hopping Codes oder einer PPM-Modulation müssen Zeitverschiebungen bezüglich Vielfachen der Pulswiederholzeit realisiert werden. Dies geschieht z.B. durch ein programmierbares Verzögerungsglied. Zuletzt erzeugt ein Pulsgenerator ultrabreitbandige Pulse im Basisband, welche direkt an eine UWB-Antenne übergeben und zu den definierten Zeitpunkten abgestrahlt werden.

Für den Empfang und die Demodulation ultrabreitbandiger Signale gibt es verschiedene Methoden, die sich im Wesentlichen in kohärente und inkohärente Ansätze unterteilen lassen. Eine ausführliche Darstellung und Untersuchung bei Berücksichtigung nicht-idealer Effekte ist in Kapitel 6 zu finden.

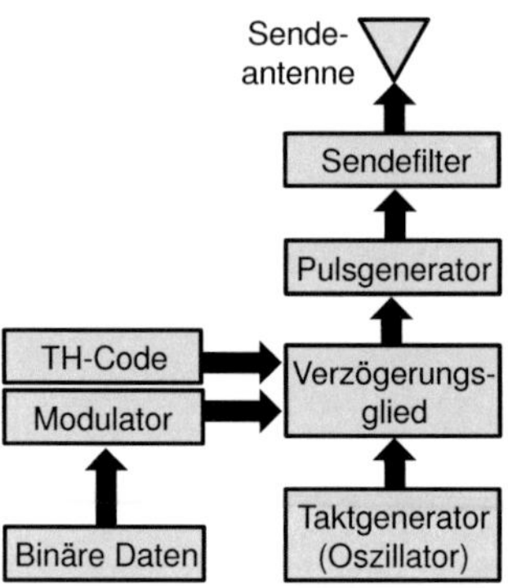

Abbildung 2.8: Sendermodell

2.8 Einführung in Systembetrachtungen

Im Folgenden werden kurz die wichtigsten Begriffe und Definitionen eingeführt, welche zur Charakterisierung und Bewertung eines Kommunikationssystems nötig sind. Hierzu gehören die Begriffe Datenrate R, Bitfehlerrate BER, Signal-zu-Rausch-Verhältnis SNR, Bitenergie-zu-Rauschleistungsdichte E_b/N_0, Rauschzahl F sowie der Begriff des Link Budgets.

2.8.1 Datenrate

Die Datenrate R ist definiert als das Verhältnis von gesendeter (bzw. empfangener) Anzahl von Bits pro Zeit. Wenn 1 Bit durch N_p Pulse im Abstand der Pulswiederholzeit T repräsentiert wird, ergibt sich direkt:

$$R = \frac{1\,\mathrm{bit}}{N_\mathrm{p} \cdot T} \tag{2.16}$$

2.8.2 Bitfehlerrate

Zur Betrachtung der Bitfehlerrate stellt man sich eine Folge von Sendebits vor, welche auf ein analoges Sendesignal aufmoduliert werden und über einen Übertragungskanal zum Empfänger gelangen. Dieser führt eine Bitrekonstruktion durch. Aufgrund der nicht-idealen Eigenschaften des Übertragungssystems werden einzelne Bits fehlerhaft rekonstruiert. Hieraus kann die relative Bitfehlerhäufigkeit berechnet werden, welche den Quotient aus fehlerhaft rekonstruierten Bits und Anzahl aller gesendeten Bits darstellt. Wenn ausreichend viele Bits N_bit in die Rechnung eingehen, konvergiert die relative Bitfehlerhäufigkeit aufgrund des Satzes von Moive-Laplace [BHV+95] (zentraler Grenzwertsatz) gegen die tatsächliche Bitfehlerrate BER mit $0 \leq BER \leq 0,5$. In [JBS92] wird gezeigt, dass die Anzahl der mindestens zu simulierenden Bits N_{bit} in der Praxis wie folgt gewählt werden sollte:

$$N_{\text{bit}} \geq 10 \cdot BER^{-1} \qquad (2.17)$$

Diese Gleichung wird auch in [Agi05] im Zusammenhang mit Systemsimulationen innerhalb von Advanced Design System genannt. Um die Bitfehlerrate durch eine Systemsimulation zu schätzen, wird N_{bit} auf einen Startwert gesetzt und die relative Bitfehlerrhäufigkeit bestimmt. Anschließend wird deren Inverse berechnet und mit 10 multipliziert. Wenn die resultierende Zahl kleiner gleich N_{bit} ist, ist die bestimmte relative Bitfehlerrhäufigkeit ein geeigneter Schätzer für die tatsächlich existente Bitfehlerrate. Andernfalls muss N_{bit} erhöht werden und eine erneute Überprüfung stattfinden.

Für gutes Signal-zu-Rausch-Verhältnis ergeben sich geringe Bitfehlerraten, d.h. N_{bit} ist groß. Beträgt die Bitfehlerrate z.B. 10^{-5}, sollten mindestens 10^6 Bits simuliert werden. Bei schlechtem Signal-zu-Rausch-Verhältnis steigt die Bitfehlerrate deutlich an, d.h. N_{bit} verringert sich entsprechend, und die Simulationszeit verkürzt sich deutlich. In diesem Fall ist es angebracht, die Genauigkeit der Schätzung zu erhöhen, indem in Gleichung 2.17 mit dem Faktor 100 gearbeitet wird. Im weiteren Verlauf der Arbeit wird die Bedingung von Gleichung 2.17 stets eingehalten und aus Übersichtsgründen nicht mehr zwischen simulierter und tatsächlicher Bitfehlerrate unterschieden. BER repräsentiert im Folgenden die durch eine Systemsimulation erhaltene Bitfehlerrate.

2.8.3 Zusammenhang SNR und E_{b}/N_0

Die Bitfehlerrate hängt von der Signalqualität ab. Ein Maß für die Signalqualität ist das sogenannte Signal-zu-Rausch-Verhältnis SNR. Es berechnet sich als Quotient aus mittlerer Signalleistung S und Rauschleistung N, welche innerhalb einer Bandbreite B vorliegt, d.h. es gilt

$$SNR = \frac{S}{N} \qquad (2.18)$$

Zur Beurteilung der Performance eines Empfängers wird hingegen oft die Bitfehlerrate über der sogenannten Bitenergie-zu-Rauschleistungsdichte E_{b}/N_0 verwendet, wobei E_{b} für die mittlere Bitenergie steht. Da durch die Rauschleistungsdichte und nicht durch die Rauschleistung geteilt wird, beinhaltet der Ausdruck implizit eine Normierung über der Bandbreite. Aufgrund der Zusammenhänge

$$E_{\text{b}} = S \cdot N_{\text{p}} T \qquad (2.19)$$

und

$$N_0 = \frac{N}{B} \qquad (2.20)$$

ergibt sich der Quotient E_b/N_0 zu

$$\frac{E_b}{N_0} = \frac{S \cdot N_p T}{\frac{N}{B}} \tag{2.21}$$

Durch Einsetzen des Zusammenhangs von Gleichung 2.16 und 2.18 in Gleichung 2.21 folgt

$$\frac{E_b}{N_0} = SNR \cdot \frac{B}{R} \tag{2.22}$$

Weitere Informationen zur Herleitung dieser Umrechnungsvorschrift sind z.B. in [Skl00] zu finden. Der Term B/R wird dabei als Processing Gain bezeichnet. Oft gibt man E_b/N_0 logarithmisch an. Dann ergibt sich:

$$\left(\frac{E_b}{N_0}\right)_{dB} = SNR_{dB} + 10 \cdot \log \frac{B}{R} \tag{2.23}$$

In einem typischen Szenario beträgt die Bandbreite z.B. 7,5 GHz und die Datenrate 166 Mbit/s. Der rechte Term in Gleichung 2.23 liefert dann den konstanten Wert 16,55 dB.

2.8.4 Link Budget

Das Link Budget beschreibt eine Bilanzierung der Gewinne und Verluste, welche ein Signal bei der Übertragung erfährt. Gewinne und Verluste (z.B. von Antennen) werden dabei i.d.R. durch einen konstanten Wert repräsentiert, d.h. die Frequenzabhängigkeit wird vernachlässigt. Das Link Budget dient somit zu einer schnellen Abschätzung der Empfangsleistung. Im Folgenden wird ein Link Budget für die Empfangsleistung S aufgestellt, wobei davon ausgegangen wird, dass senderseitig nur eine Sendeantenne vorhanden ist und empfangsseitig nur eine Empfangsantenne. Ein empfängerseitiger LNA wird zunächst nicht betrachtet. Verluste von möglichen Filtern sind den Gewinnen der Antennen zugeschlagen. Es gilt:

$$(S)_{dBm} = (P_t)_{dBm} + (G_t)_{dBi} - (D)_{dB} + (G_r)_{dBi} \tag{2.24}$$

Hierbei bezeichnet $(P_t)_{dBm}$ die der Sendeantenne zugeführte Leistung in dBm, $(G_t)_{dBi}$ den Gewinn der Sendeantenne in dBi, $(D)_{dB}$ die Dämpfung auf dem Übertragungskanal in dB und $(G_r)_{dBi}$ den Gewinn der Empfangsantenne in dBi.

Allgemein benötigt ein Empfänger ein minimales Signal-zu-Rausch-Verhältnis SNR_{min}, um eine angestrebte Ziel-Bitfehlerrate gerade noch zu erreichen. Die zugehörige minimale Empfangsleistung S_{min} berechnet sich gemäß

$$S_{min} = N + SNR_{min} \tag{2.25}$$

wobei bei einer angepassten Empfangsantenne für die Rauschleistung N gilt:

$$N = kTB \cdot F_{ges} \tag{2.26}$$

In Gleichung 2.26 repräsentiert kTB die thermische Rauschleistung innerhalb der Bandbreite B. F_{ges} beschreibt die Gesamtrauschzahl des Empfängers. Logarithmisch ausgedrückt ergibt sich:

$$(N)_{\text{dBm}} = -174\,\text{dBm/MHz} + 10\log B + (F_{\text{ges}})_{\text{dB}} \tag{2.27}$$

Mit Gleichung 2.25 folgt dann:

$$(S_{\text{min}})_{\text{dBm}} = -174\,\text{dBm/MHz} + 10\log B + (F_{\text{ges}})_{dB} + (SNR_{\text{min}})_{\text{dB}} \tag{2.28}$$

Gleichung 2.24 kann nun für den Fall betrachtet werden, in welchem gilt: $S = S_{\text{min}}$, d.h. die Ziel-Bitfehlerrate wird gerade noch erreicht. Zu dieser minimalen Empfangsleistung gehört allgemein eine maximale Dämpfung D_{max}. Aus Gleichung 2.24 folgt:

$$(D_{\text{max}})_{\text{dB}} = (P_{\text{t}})_{\text{dBm}} + (G_{\text{t}})_{\text{dB}} + (G_{\text{r}})_{\text{dB}} - (S_{\text{min}})_{\text{dBm}} \tag{2.29}$$

Einsetzen von Gleichung 2.28 ergibt:

$$\begin{aligned}(D_{\text{max}})_{\text{dB}} = {}&(P_{\text{t}})_{\text{dBm}} + (G_{\text{t}})_{\text{dB}} + (G_{\text{r}})_{\text{dB}} + 174\,\text{dBm/MHz} \\ &-10\log B - (F_{\text{ges}})_{\text{dB}} - (SNR_{\text{min}})_{\text{dB}}\end{aligned} \tag{2.30}$$

Die maximale Kanaldämpfung D_{max} ist mit einer maximalen Distanz zwischen Sender und Empfänger assoziiert. Das Ziel ist also, D_{max} in Gleichung 2.30 möglichst groß zu halten, damit die Ziel-Bitfehlerrate auch für sehr große Distanzen erreicht wird. Die Größen $(P_{\text{t}})_{\text{dBm}}$, $(G_{\text{t}})_{\text{dBi}}$, $(G_{\text{r}})_{\text{dBi}}$, B und $(SNR_{\text{min}})_{\text{dB}}$ sind jedoch fix. Die einzige Möglichkeit zur Maximierung von Gleichung 2.30 besteht darin, die Gesamtrauschzahl F_{ges} des Empfängers zu minimieren. Dies kann durch Hinzunahme eines vorgeschalteten Low Noise Amplifiers mit sehr kleiner Rauschzahl F_{LNA} und hohem Gewinn G_{LNA} erfolgen, wobei F_{LNA} wesentlich kleiner als die Rauschzahl F_{Frontend} des Empfänger-Frontends ist. Der Empfänger setzt sich dann zusammen als LNA plus Frontend, sodass sich die Gesamtrauschzahl F_{ges} wie folgt berechnet:

$$F_{\text{ges}} = F_{\text{LNA}} + \frac{F_{\text{Frontend}} - 1}{G_{\text{LNA}}} \tag{2.31}$$

Betrachtungen zum Link Budget für UWB-Signale werden auch in [Tes04] angestellt.

3 Optimierung von Pulsform und Modulation

Die FCC-Regulierung besagt, dass das von einer Antenne abgestrahlte UWB-Signal im relevanten Bereich von 3,1 bis 10,6 GHz ein EIRP (Effective Isotropic Radiated Power) kleiner gleich -41,3 dBm/MHz aufweisen muss. Dies entspricht einer Leistung von ca. 0,555 mW (-2,55 dBm) bei optimaler Ausnutzung des Spektrums. Allgemein hängt die Systemperformance vom empfangenen Signal-zu-Rausch-Verhältnis SNR ab: Bei größerem SNR verbessert sich in der Regel die Performance. Das Ziel ist also, ein hohes SNR zu erreichen. Dies kann durch Erhöhung der Sendeleistung realisiert werden. Für UWB-Kommunikation bedeutet dies, dass die Regulierung im relevanten Frequenzbereich so gut wie möglich ausgenutzt werden sollte. Das heisst, das Leistungsdichtespektrum des abgestrahlten UWB-Signals sollte im relevanten Durchlassbereich dem angesetzten Grenzwert von $-41,3$ dBm/MHz möglichst nahe kommen. Außerhalb des Durchlassbereichs muss nicht zwingend eine Optimierung erfolgen, sondern lediglich sichergestellt werden, dass die Maske nicht verletzt wird. Das abgestrahlte UWB-Signal ist ein moduliertes und codiertes Signal bestehend aus Pulsen. Prinzipiell muss daher die Modulation, Codierung und Pulsform gleichzeitig optimiert werden. Eine vereinfachte Herangehensweise besteht darin, nur die Pulsform zu optimieren, da diese die prinzipielle Form des Spektrums definiert. Die im Zusammenhang mit der Modulation und Codierung auftretenden Abweichungen von dieser Form lassen sich durch Methoden wie Dithering [HK02] weitgehend beheben. Im Folgenden soll daher nur die Pulsform selbst optimiert werden.

Um einen solchen Optimalpuls zu finden, gibt es verschiedene Möglichkeiten.

- Methode 1: Es ist z.B. denkbar, die Zielmaske direkt in den Zeitbereich zu transformieren. Das Zeitsignal stellt dann den optimalen Puls bezüglich der Zielmaske dar. Hierbei wird die Frage, wie man diesen Puls physikalisch herstellen kann, zunächst zurückgestellt. Bei diesem Vorgehen interessiert man sich für die Frage, inwieweit sich die Performance bei Wahl eines konventionellen Pulses gegenüber dem Optimalpuls verschlechtert. Um diese Auswirkungen zu untersuchen, wird eine Systemsimulation durchgeführt, die aufgrund des begrenzten Speichers eines Rechners nicht zeit-kontinuierlich, sondern zeitdiskret durchgeführt werden muss. Dies bedeutet andererseits, dass die Rücktransformation der Zielmaske in den Zeitbereich diskretisiert durchgeführt werden muss, um dem Systemsimulator einen diskretisierten Optimalpuls zur Verfügung zu stellen. Hierfür gibt es verschiedene Möglichkeiten, die in den folgenden Abschnitten genauer vorgestellt werden. Ihnen ist gemeinsam, dass ein zeitdiskreter digitaler Filterentwurf durchgeführt wird, wobei die gefundenen Filterkoeffizienten mit der abgetasteten optimalen Pulsform identisch sind.

- Methode 2: Anstatt die Impulsantwort der Zielmaske zu berechnen, kann man auch einen Basispuls durch ein pulsformendes Filter dergestalt verändern, dass er die Zielmaske optimal ausfüllt. Der Basispuls ist dabei z.B. ein technisch einfach zu generierender Puls (beispielsweise ein Gauß'scher Monocycle). Da auch hier eine diskrete Beschreibung zur Implementierung auf einem Rechner durchgeführt werden muss, ist wiederum ein optimales zeitdiskretes digitales Filter zu entwerfen.

Wie bereits erwähnt, erfordert die Implementierung eines UWB-Systemsimulators eine Diskretisierung. In der Simulationsumgebung Advanced Design System können die einzelnen Komponenten entweder diskret in der Zeit oder diskret in der Frequenz beschrieben werden. Während sich ultrabreitbandige Bauelemente vorteilhaft durch Messung an diskreten Frequenzen beschreiben lassen, wird die verwendete Pulsform durch zeitdiskrete Abtastwerte beschrieben. Die maximale Frequenz, bei welcher die einzelnen Bauelemente im Rahmen dieser Arbeit beschrieben werden, beträgt $f_{\max}$. Um das Abtasttheorem einzuhalten, wird folgende Zeitdiskretisierung T_0 gewählt:

$$T_0 = \frac{1}{2 f_{\max}} \tag{3.1}$$

Für die Methode 1 wird $f_{\max} = 14$ GHz gewählt, d.h. es ergibt sich bei Abtastung mit der doppelten Frequenz eine Zeitdiskretisierung von $T_0 = 35,714$ ps. Die FIR-Koeffizienten weisen somit einen zeitlichen Abstand von 35,714 ps auf. Es müssen nun zeitdiskrete Filter entwickelt werden, welche ausgangsseitig den mit T_0 diskretisierten Optimalpuls bezüglich einer Zielmaske liefern.

- Abschnitt 3.1 fasst kurz die Eigenschaften von zeitdiskreten Digitalfiltern zusammen, die zur Formung von Pulsen eingesetzt werden.

- Abschnitt 3.2 konzentriert sich auf den FIR-Filter-Entwurf und stellt drei Möglichkeiten zum Entwurf der optimalen Pulsform gemäß Methode 1 vor. Die bezüglich der FCC Regulierung optimalen Pulsformen werden jeweils im Zeitbereich und im Frequenzbereich dargestellt.

- Abschnitt 3.3 widmet sich der optimalen Pulsformung bei Verwendung eines Basispulses (Methode 2). Auch hier wird ein optimales FIR-Filter gesucht, dessen Filterkoeffizienten wie bei Methode 1 einen zeitlichen Abstand von 35,714 ps aufweisen. Um das Zeitverhalten des Basispulses gut zu erfassen, wird dieser jedoch mit einer um den Faktor 2 besseren Zeitauflösung von 17,86 ps abgetastet, d.h. es gilt $f_{\max} = 28$ GHz. Zur Lösung des nicht-konvexen Optimierungsproblems werden anschließend zwei verschiedene Ansätze präsentiert und die optimierte Pulsform bestimmt.

- Abschnitt 3.4 beleuchtet die Optimierung der Modulation: Durch Verwendung orthogonaler Pulsformen kann die Datenrate ohne Reduktion der Pulswiederholzeit gesteigert werden. Wünschenswert wären hierbei hoch effiziente Orthogonalpulse bezüglich der Leistung. Das im Abschnitt 3.4 eingesetzte Orthogonalisierungsverfahren führt zu besonders geeigneten Orthogonalpulsen, die einerseits eine extrem gute Effizienz aufweisen und andererseits im Vergleich zur gegenwärtigen Fachliteratur eine minimierte Leistungsschwankung besitzen.

3.1 Filterentwurf durch zeitdiskrete Digitalfilter

Im vorliegenden Abschnitt sollen kurz die wichtigsten Begriffsbildungen zu zeitdiskreten digitalen Filtern eingeführt werden, die beim anschließenden Entwurf von Optimalfiltern benötigt werden [KJ02].

- Zeitdiskretes System: Man spricht von einem zeitdiskreten System S, wenn sowohl das Eingangssignal als auch das Ausgangssignal abgetastete Wertefolgen darstellen.

- Linearität: Ein zeitdiskretes System S heißt linear, wenn für zwei beliebige Eingangssignale $x_1(n)$ und $x_2(n)$ und zwei beliebige Konstanten c_1 und c_2 gilt:

$$S(c_1 x_1(n) + c_2 x_2(n)) = c_1 S(x_1(n)) + c_2 S(x_2(n)) \qquad (3.2)$$

- Zeitinvarianz: Ein zeitdiskretes System S heißt zeitinvariant, wenn ein zeitlich verschobenes Eingangssignal zum entsprechend zeitlich verschobenen Ausgangssignal führt.

- Kausalität: Ein zeitdiskretes System S heißt kausal, wenn die Antwort nicht von zukünftigen Werten des Eingangssignals abhängt. Ein zeitdiskretes, lineares und zeitinvariantes System (LTI-System) ist genau dann kausal, wenn die Impulsantwort für negative Indices n verschwindet.

Im Folgenden wird als System ein Filter betrachtet.

- Zeitdiskrete Filter mit unendlich langer Impulsantwort werden als IIR-Filter (Infinite Impulse Response) bezeichnet. Diese heißen auch rekursive Filter [OWN96, Mey98].

- Zeitdiskrete Filter mit endlich langer Impulsantwort werden als FIR-Filter (Finite Impulse Response) bezeichnet. Sie werden auch nichtrekursive Filter genannt [OWN96, Mey98]. FIR-Filter verzichten auf Rückkopplungen und sind daher immer stabil.

3.2 Direkter Entwurf einer optimalen Pulsform durch FIR Filter

Im allgemeinen Fall lässt sich die Antwort $y(n)$ eines kausalen FIR-Filters bei Anregung durch ein abgetastetes Signal $x(n)$ wie folgt beschreiben:

$$y(n) = \sum_{k=0}^{N_\mathrm{f}=N_\mathrm{Filter}-1} b(k) \cdot x(n-k) \tag{3.3}$$

Hierbei stellen sowohl $x(n)$ als auch $y(n)$ Folgen dar, welche das abgetastete Signal repräsentieren. Der k-te Eintrag einer Folge steht dabei für den Zeitpunkt $t = k \cdot T_0$, wobei T_0 die Zeitdiskretisierung infolge der Abtastung darstellt. Weiterhin stellen $b(k)$ die insgesamt N_Filter Filterkoeffizienten des FIR-Filters N_f-ter Ordnung dar, wobei gilt:

$$N_\mathrm{Filter} = N_\mathrm{f} + 1 \tag{3.4}$$

Im Folgenden wird der Fall betrachtet, dass ein Dirac-Stoß als Anregungssignal genommen wird, welcher durch das FIR-Filter optimal bezüglich einer Zielmaske geformt werden soll. Dies entspricht der angesprochenen Methode 1. Der Ausgang des FIR-Filters $y(t)$ wird dann wie folgt beschrieben

$$y(n) = \sum_{k=0}^{N_\mathrm{Filter}-1} b(k) \cdot \delta(n-k). \tag{3.5}$$

Der n-te Wert des ausgangsseitigen Pulses $y(n)$ wird also erzeugt, indem das Anregungssignal um Vielfache von T_0 zeitverzögert und gewichtet wird und alle insgesamt N_Filter Beiträge summiert werden. Gleichung 3.3 lässt sich in Form einer Direktstruktur [Azi81] visualisieren, vgl. Abbildung 3.1.

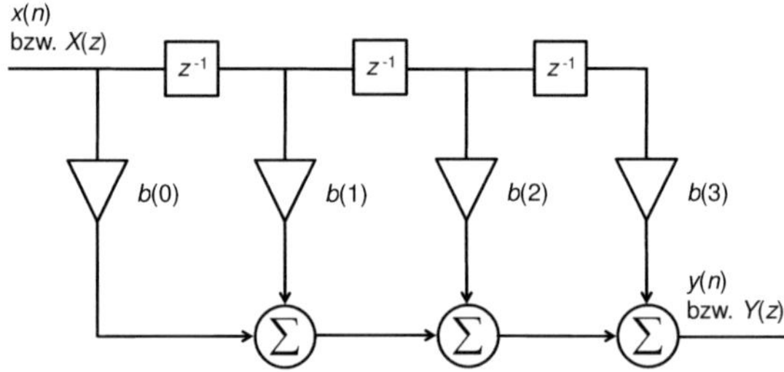

Abbildung 3.1: Direktstruktur eines FIR-Filters 3. Ordnung (4 FIR-Koeffizienten, maximale zeitliche Ausdehnung des Pulses: $3T_0$)

Eine wichtige Forderung an ein realisierbares FIR-Filter ist dessen Kausalität, d.h. das System ist unabhängig von zukünftigten Eingangsgrößen. Für die Filterkoeffizienten gilt:

$$b(k) = 0 \qquad \forall k < 0 \tag{3.6}$$

Ein noch akausales FIR-Filter lässt sich dabei leicht in ein kausales überführen, indem die Impulsantwort in den positiven Zeitbereich verschoben wird. Dies wird in Abbildung 3.2 visualisiert. FIR-Filter weisen einen linearen Phasengang auf, wenn die

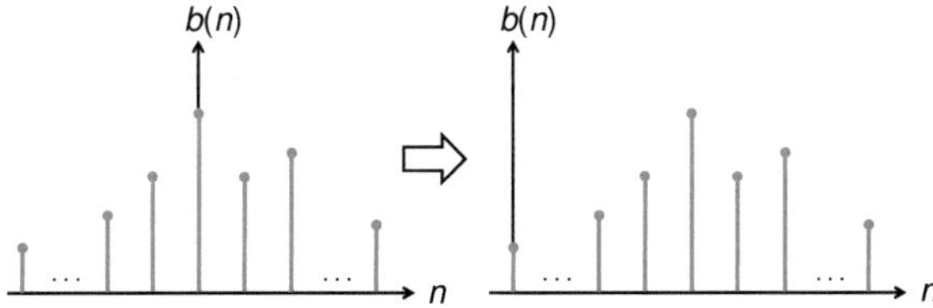

Abbildung 3.2: Links: Akausale Impulsantwort eines allg. FIR-Filters; rechts: zugehörige kausale Impulsantwort

Filterkoeffizienten symmetrisch zur Mitte sind, vgl. [Azi81]. Ein linearer Phasengang ist beim FIR-Filterentwurf i. Allg. erwünscht, da der Ausgangspuls im Zeitbereich die gleichen Symmetrieeigenschaften beibehält wie der Eingangspuls.

Für symmetrisch zur Mitte aufgebaute Filterkoeffizienten und damit Linearphasigkeit (und reellen Frequenzgang) ergeben sich prinzipiell zwei mögliche Konstellationen: im einen Fall ist die Filterordnung N_f gerade (Typ 1), im anderen ungerade (Typ 2), d.h. die Anzahl der FIR-Koeffizienten $N_\mathrm{f} + 1$ ist bei Typ 1 ungerade und bei Typ 2 gerade. Die zugehörigen kausalen Impulsantworten sind in Abbildung 3.3 zu sehen. Im Folgenden soll beispielhaft ein optimales FIR-Filter vom Typ 1 gefunden werden, welches einen Optimalpuls bezüglich einer Zielmaske erzeugt. Als Zielmaske wird beispielhaft die FCC-Maske angesetzt. Wird ein auf diese Weise erzeugter Optimalpuls auf die Sendeantenne gegeben, geschieht dies in der Annahme, dass die Sendeantenne ideale Eigenschaften aufweist (isotrope Richtcharakteristik), d.h. das abgestrahlte Signal ist mit der erzeugten Pulsform identisch und FCC-optimal.

Da in der Praxis die Sendeantenne einen maximalen Gewinn G_max aufweist, muss zur Sicherstellung, dass die Regulierung nicht verletzt wird, eine um G_max reduzierte FCC-Maske als Zielmaske angesetzt werden. Im Zeitbereich entspricht dies lediglich einer Amplitudenskalierung, weshalb es zur Lösung des prinzipiellen Optimierungsproblems ausreicht, als Zielmaske die unveränderte FCC-Maske anzunehmen.

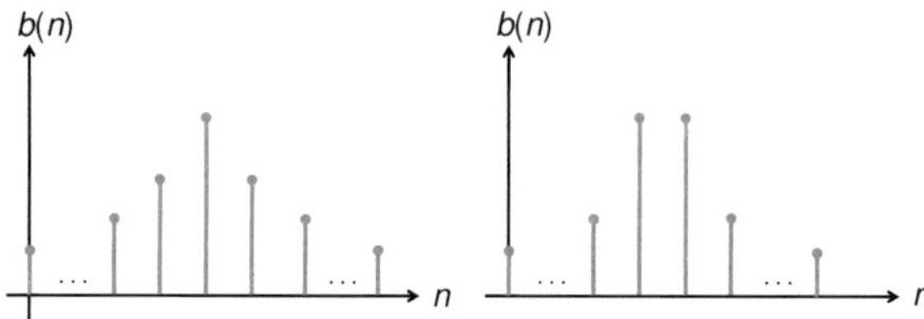

Abbildung 3.3: Impulsantwort linearphasiger, kausaler FIR Filter; links: gerade Filterordnung (Typ 1); rechts: ungerade Filterordnung (Typ 2)

Es ist allerdings auch denkbar, den frequenzabhängigen Gewinn der Sendeantenne in die Zielmaske einzuarbeiten und somit eine Pulsform zu erhalten, welche die Sendeantenne kompensiert. Methoden zur Kompensation der Sendeantenne inkl. Performance-Untersuchungen werden in Kapitel 9 vorgestellt. Auch die dort erzeugten Pulsformen basieren auf den in den folgenden Abschnitten vorgestellten Methoden zur Pulsoptimierung, da diese für beliebige Zielmasken Gültigkeit besitzen.

3.2.1 Optimalpuls durch Fenster-Methode

Um einen Optimalpuls im relevanten Frequenzbereich von 3,1 bis 10,6 GHz zu erzeugen, kann als Zielfunktion ein idealer Bandpass mit einem Durchlassbereich von 3,1 bis 10,6 GHz definiert werden. Allerdings lassen sich Methoden zum Filterentwurf vorteilhafter für Tiefpässe beschreiben. Da es Transformationsvorschiften gibt, die beschreiben, wie sich die Ergebnisse eines Tiefpasses auf einen Bandpass übertragen lassen (Tiefpass-Bandpass-Transformation), genügt im Folgenden die Betrachtung eines idealen Tiefpasses. Es sei daher angenommen, dass die Zielmaske ein ideales Tiefpassfilter ist, beschrieben durch den reellen Frequenzgang $H_{\mathrm{d}}(f)$, wobei 'd' für desired steht und ω kontinuierliche Kreisfrequenzen darstellt. Da jedoch ein zeitdiskretes Filter entworfen werden soll und zeitdiskrete Filter stets einen periodischen Frequenzgang aufweisen, wird der ideale Tiefpass periodisch fortgesetzt. Die erste Periode der Zielmaske ist in Abbildung 3.4 zu sehen. Die periodische Fortsetzung im Frequenzbereich, welche durch Abtastung von $h_{\mathrm{d}}(t)$ entsteht, weist eine Periode von f_{A} auf, wobei f_{A} der Abtastfrequenz entspricht. Zusätzlich weist die periodische Fortsetzung $H(\omega)$ eine Gewichtung mit $1/T$ auf, vgl. [Mey98]. Im Intervall $\omega T = [-\pi/2 \ \ \pi/2]$ gilt daher:

$$H(\omega) = \frac{1}{T}H_{\mathrm{d}}(\omega) \tag{3.7}$$

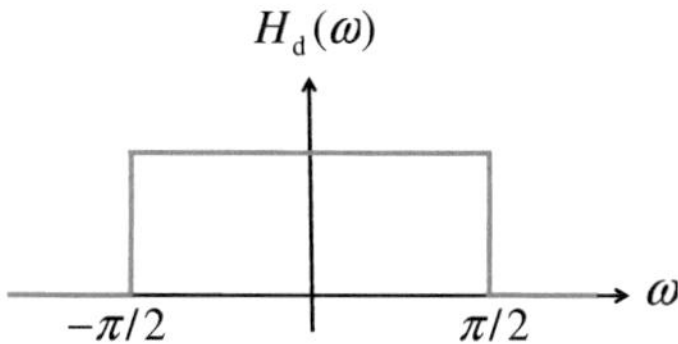

Abbildung 3.4: Gewünschte Zielmaske $H_d(\omega)$ im Tiefpass-Bereich

Die Grundidee der Fenster-Methode besteht darin, zunächst eine inverse Fourier-transformation auf $H(\omega)$ anzuwenden. Somit ergibt sich die zeitdiskrete, d.h. abge-tastete Impulsantwort $h(n)$ mit

$$h(n) = \frac{T}{2\pi} \cdot \int_{-\pi/T}^{\pi/T} H(\omega) \cdot e^{j\omega nT} d\omega \tag{3.8}$$

Gleichzeitig repräsentiert Gleichung 3.8 die Fourierkoeffizienten, welche zur Ent-wicklung von $H(\omega)$ in eine Fourierreihe benötigt werden. Der Index n nimmt dabei Werte von $-\infty$ bis $+\infty$ an. Einsetzen von Gleichung 3.7 in Gleichung 3.8 ergibt dann:

$$h(n) = \frac{1}{2\pi} \cdot \int_{-\pi/2}^{\pi/2} H_d(\omega) \cdot e^{j\omega nT} d\omega \tag{3.9}$$

Die Filterkoeffizienten $b(n)$ ergeben sich zu

$$b(n) = T \cdot h(n) = \frac{T}{2\pi} \cdot \int_{-\pi/2}^{\pi/2} H_d(\omega) \cdot e^{j\omega nT} d\omega \tag{3.10}$$

Da die Zielfunktion $H_d(\omega)$ reell und gerade ist, reduziert sich der komplexe Expo-nentialterm unter Anwendung der Euler-Formel zu einem Cosinus-Term mit

$$b(n) = b(-n) = \frac{T}{\pi} \cdot \int_{0}^{\pi/2} H_d(\omega) \cdot cos(\omega nT) d\omega \tag{3.11}$$

Wie bereits erwähnt, können für n Werte von $-\infty$ bis $+\infty$ eingesetzt werden. Ein FIR-Filter weist jedoch eine begrenzte Anzahl von Filterkoeffizienten auf, d.h. $b(n)$ muss beschnitten werden.

Beispielsweise wird der Wertebereich von n auf $-M_\mathrm{f}$ bis $+M_\mathrm{f}$ begrenzt, d.h. das Filter hat die Länge $2M_\mathrm{f} + 1$. Damit ergibt sich die Filterordnung N_f zu

$$N_\mathrm{f} = 2 \cdot M_\mathrm{f}. \tag{3.12}$$

Die Filterkoeffizienten von Gleichung 3.11 sind symmetrisch zu $n{=}0$ und damit zu $t{=}0$. Da durch Gleichung 3.11 auch negative Zeiten beschrieben werden mit zugeordneten Werten ungleich Null, ist das Filter noch akausal. Durch Verschiebung der Filterkoeffizienten um M_f Stellen nach rechts ergibt sich das zugehörige kausale Filter, welches dann auch eine lineare Phase, d.h. eine konstante Gruppenlaufzeit aufweist.

Wenn die Zielfunktion $H_\mathrm{d}(\omega)$ eine Konstante ist, wie dies z.B. bei der FCC-Maske der Fall ist, ergibt die durchzuführende inverse Fouriertransformation in Gleichung 3.8 einen $\sin(x)/x$-Puls. Für einen Tiefpass mit der Grenzfrequenz f_g und der Verstärkung 1 im Durchlassbereich ergibt sich im noch akausalen Fall

$$b(n) = \frac{T \cdot \omega_\mathrm{g}}{\pi} \cdot \frac{\sin(\omega_\mathrm{g} n T)}{\omega_\mathrm{g} N_\mathrm{f} T} \tag{3.13}$$

mit $n = -M_\mathrm{f} \,..\, M_\mathrm{f}$. Transformiert man diese Filterkoeffizienten in den Frequenzbereich, wird der gewünschte Frequenzgang nicht vollständig erreicht. Die unendlich steile Flanke kann nicht erreicht werden, da nur mit einer endlichen Anzahl von Filter- bzw. Fourierkoeffizienten gearbeitet wird. Weiterhin treten an der Sprungstelle bei f_g starke Überschwinger auf, auch bekannt als Gibb'sches Phänomen. Abbildung 3.5 zeigt diesen Effekt im Tiefpassbereich für positive Frequenzen. Ursache

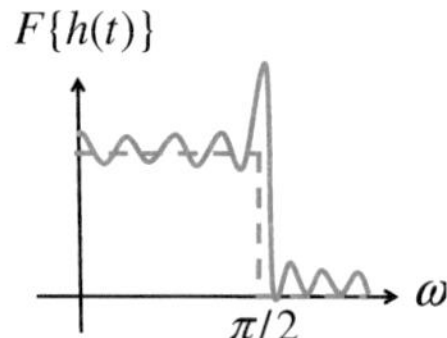

Abbildung 3.5: Überschwingen des Spektrums (Gibb'sches Phänomen)

für das Gibb'sche Phänomen ist das harte Abschneiden der Impulsantwort. Um das Gibb'sche Phänomen zu reduzieren, sollte $b(n)$ am Rand weich abklingen. Dies geschieht durch Multiplikation von $b(n)$ mit einer geeigneten Fensterfunktion $w(n)$. Geeignete Fensterfunktionen sind z.B. das Hanning-Fenster, Tschebyscheff-Fenster etc. Aufgrund der Multiplikation mit einem Fenster heißt die Filterentwurf-Methode

Fenster-Methode. Die Filterkoeffizienten des noch akausalen Tiefpass-Filters $b_{\mathrm{TP}}(n)$ bestimmen sich dann durch

$$b_{\mathrm{TP}}(n) = \frac{T \cdot \omega_{\mathrm{g}}}{\pi} \cdot \frac{\sin(\omega_{\mathrm{g}} n T)}{\omega_{\mathrm{g}} N_{\mathrm{f}} T} \cdot w(n). \tag{3.14}$$

Da der Durchlassbereich der FCC-Maske jedoch Bandpasscharakter besitzt, muss abschließend eine Überführung der gewonnenen Ergebnisse durch eine Tiefpass-Bandpass-Transformation erfolgen. Angenommen, das Bandpassfilter habe eine Mittenfrequenz f_{c} mit einer Bandbreite $2 \cdot f_{\mathrm{g}}$, wobei f_{g} identisch ist mit der Grenzfrequenz des zugehörigen Tiefpassfilters. Für ein linearphasiges FIR-Filter gerader Filterordnung N_{f} mit Koeffizienten, die der Symmetrie $b(n) = b(N_{\mathrm{f}} - n)$ genügen, ergeben sich dann die akausalen Filterkoeffizienten des Bandpasses zu [Rup08]:

$$b_{\mathrm{BP}}(n) = 2 \cdot \cos(\omega_c n T) \cdot b_{\mathrm{TP}}(n) \tag{3.15}$$

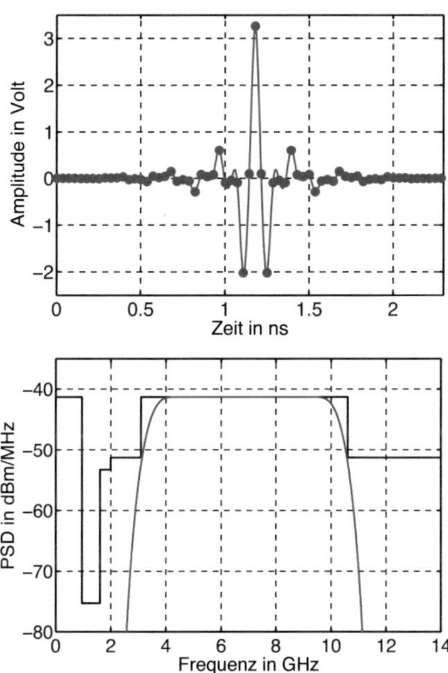

Abbildung 3.6: Optimalpuls im Zeitbereich und zugehöriges Leistungsdichtespektrum bei Anwendung der Fenstermethode

Weitere Details zur Fenstermethode finden sich in [PI97], [Mey98] und [Ach92]. Abbildung 3.6 zeigt einen durch die Fenstermethode optimierten Puls im Zeit- und Frequenzbereich zusammen mit der FCC-Regulierung. Im Zeitbereich sind 67 Punkte zu erkennen, welche die 67 gefundenen Filterkoeffizienten des Filters mit Ordnung $N_\mathrm{f} = 66$ darstellen. Diese Punkte sind in der Abbildung durch Spline-Interpolationen miteinander verbunden. Die zugrundegelegte Zielmaske ist dabei eine modifizierte FCC-Maske, welche einen Durchlassbereich von 3,3 bis 10,4 GHz aufweist und außerhalb eine Sperrdämpfung von -35 dB besitzt. Bei Verwendung einer unmodifizierten FCC-Maske würde sich an den beiden Unstetigkeitsstellen des Durchlassbereiches eine Verletzung der Maske ergeben. Das verwendete Fenster ist ein Tschebyscheff-Fensters mit 60 dB Sperrdämpfung. Die Amplitude ist auf eine Pulswiederholdauer von 28,5712 ns ausgelegt, was bei einer Zeitdiskretisierung von 35,714 ps genau 800 Zeitschritten entspricht. Insgesamt ergibt sich im relevanten Bereich von 3,1 bis 10,6 GHz eine Effizienz bezüglich der Leistung von 89,16 Prozent. Dies entspricht einer mittleren Sendeleistung von -3,05 dBm.

3.2.2 Optimalpuls durch Frequenzabtastungs-Methode

Das Problem der Fenstermethode besteht darin, dass die Berechnung des inversen Fourier-Integrals in Gleichung 3.10 schwierig sein kann [Mey98], insbesondere wenn z.B. die Zielmaske eine komplizierte Struktur aufweist. Einfacher wäre es, auf eine Integration zu verzichten und stattdessen mit einer inversen diskreten Fouriertransformation zu arbeiten. Diese Idee wird bei der Frequenzabtastungs-Methode aufgegriffen:

Sei $h(n)$ die gesuchte Folge der FIR-Koeffizienten, die außerhalb des Intervalls $n = [0, 1, .., N_\mathrm{Filter} - 1]$ verschwindet. Die z-Transformierte von $h(n)$ lautet:

$$H(z) = \sum_{n=0}^{N_\mathrm{Filter}-1} h(n)z^{-n} \tag{3.16}$$

Durch Abtastung an N_Filter äquidistanten Stellen auf dem Einheitskreis ergibt sich:

$$H(k) = \sum_{n=0}^{N_\mathrm{Filter}-1} h(n)e^{-j\frac{2\pi}{N_\mathrm{Filter}}kn} \tag{3.17}$$

mit $k = 0, 1, ..., N_\mathrm{Filter} - 1$. Durch Bildung der inversen diskreten Fouriertransformation erhält man

$$h(n) = \frac{1}{N_\mathrm{Filter}} \sum_{n=0}^{N_\mathrm{Filter}-1} H(k)e^{j\frac{2\pi}{N_\mathrm{Filter}}kn}. \tag{3.18}$$

Einsetzen von Gleichung 3.18 in Gleichung 3.16 ergibt

$$H(z) = \frac{1}{N_\mathrm{Filter}} \sum_{n=0}^{N_\mathrm{Filter}-1} \left(\sum_{k=0}^{N_\mathrm{Filter}-1} H(k)e^{j\frac{2\pi}{N_\mathrm{Filter}}kn} \right) z^{-n}. \tag{3.19}$$

Vertauscht man die Reihenfolge der Summation, ergibt sich

$$H(z) = \frac{1}{N_\mathrm{Filter}} \sum_{k=0}^{N_\mathrm{Filter}-1} H(k) \left(\sum_{n=0}^{N_\mathrm{Filter}-1} e^{j\frac{2\pi}{N_\mathrm{Filter}}nk}z^{-n} \right). \tag{3.20}$$

Der geklammerte Ausdruck in Gleichung 3.20 lässt sich in eine geometrische Reihe entwickeln, d.h. es gilt:

$$\sum_{n=0}^{N_{\text{Filter}}-1} e^{j\frac{2\pi}{N_{\text{Filter}}}nk} z^{-n} = \frac{1 - z^{-N_{\text{Filter}}}}{1 - e^{j\frac{2\pi}{N_{\text{Filter}}}k} z^{-1}} \tag{3.21}$$

Einsetzen des Zusammenhangs 3.21 in Gleichung 3.20 ergibt

$$H(z) = \frac{1 - z^{-N_{\text{Filter}}}}{N_{\text{Filter}}} \sum_{k=0}^{N_{\text{Filter}}-1} \frac{H(k)}{1 - e^{j\frac{2\pi}{N_{\text{Filter}}}k} z^{-1}}. \tag{3.22}$$

Durch Einsetzen von $z = e^{j2\pi f}$ in Gleichung 3.22 folgt:

$$H(f) = \frac{1 - e^{-j2\pi N_{\text{Filter}}f}}{N_{\text{Filter}}} \sum_{k=0}^{N_{\text{Filter}}-1} \frac{H(k)}{1 - e^{j\frac{2\pi(\frac{k}{N_{\text{Filter}}}-f)}{N_{\text{Filter}}}}}$$

$$= \sum_{k=0}^{N-1} H(k) \frac{1 - e^{j2\pi n(\frac{k}{N}-f)}}{N_{\text{Filter}}(1 - e^{j2\pi(\frac{k}{N_{\text{Filter}}}-f)})} \tag{3.23}$$

Der Quotient in Gleichung 3.23 lässt sich vereinfachen:
Sowohl im Zähler als auch im Nenner wird ein Exponentialterm ausgeklammert, d.h. es ergibt sich:

$$\frac{1 - e^{j2\pi n(\frac{k}{N_{\text{Filter}}}-f)}}{N_{\text{Filter}}(1 - e^{j2\pi(\frac{k}{N_{\text{Filter}}}-f)})}$$

$$= \frac{[e^{j\pi N_{\text{Filter}}(f-\frac{k}{N_{\text{Filter}}})} - e^{-j\pi N_{\text{Filter}}(f-\frac{k}{N_{\text{Filter}}})}] \cdot e^{-j\pi N_{\text{Filter}}(f-\frac{k}{N_{\text{Filter}}})}}{N_{\text{Filter}}[e^{j\pi(f-\frac{k}{N_{\text{Filter}}})} - e^{-j\pi(f-\frac{k}{N_{\text{Filter}}})}] \cdot e^{-j\pi(N_{\text{Filter}}-1)(f-\frac{k}{N_{\text{Filter}}})}} \tag{3.24}$$

Aufgrund des Zusammenhangs

$$\sin x = \frac{e^{jx} - e^{-jx}}{2j} \tag{3.25}$$

lässt sich der Term von Gleichung 3.24 weiter vereinfachen zu:

$$\frac{1 - e^{j2\pi n(\frac{k}{N_{\text{Filter}}}-f)}}{N_{\text{Filter}}(1 - e^{j2\pi(\frac{k}{N_{\text{Filter}}}-f)})} = \frac{\sin(\pi N_{\text{Filter}}(f - \frac{k}{N_{\text{Filter}}}))}{N_{\text{Filter}} \sin(\pi(f - \frac{k}{N_{\text{Filter}}}))} e^{-j\pi(N_{\text{Filter}}-1)(f-\frac{k}{N_{\text{Filter}}})} \tag{3.26}$$

Einsetzen von Gleichung 3.26 in Gleichung 3.23 führt zu

$$H(f) = \sum_{k=0}^{N_{\text{Filter}}-1} H(k) \cdot \frac{\sin(\pi N_{\text{Filter}}(f - \frac{k}{N_{\text{Filter}}}))}{N_{\text{Filter}} \sin(\pi(f - \frac{k}{N_{\text{Filter}}}))} e^{-j2\pi \frac{N_{\text{Filter}}-1}{2}(f-\frac{k}{N_{\text{Filter}}})}$$

$$= \sum_{k=0}^{N_{\text{Filter}}-1} H(k) \cdot I(f,k). \tag{3.27}$$

Wenn die diskreten Abtastwerte $H(k)$ vorliegen, wird der Frequenzgang $H(f)$ bei einer beliebigen Frequenz f durch den Zusammenhang von Gleichung 3.27 approximiert, d.h. das Spektrum entspricht einer Linearkombination aus gewichteten Abtastwerten $H(k)$, wobei die Gewichtung mit Funktionen $I(f, k)$ durchgeführt wird. Hierbei stellen die insgesamt N_{Filter} Ausdrücke $I(f, k)$ mit $k = 0, 1, 2, .., N_{\mathrm{Filter}} - 1$ Interpolationsfunktionen dar.

Bei der Frequenzabtastungsmethode macht man sich die vorgestellten Überlegungen folgendermaßen zunutze: Eine Zielmaske $H_{\mathrm{d}}(f)$ wird im Frequenzbereich an N_{Filter} äquidistanten Frequenzen abgetastet, sodass sich die Abtastwerte $H_{\mathrm{d}}(k)$ ergeben. Anschließend wird eine inverse diskrete Fouriertransformation durchgeführt (im Gegensatz zur Fenstermethode, in deren Verlauf eine inverse Fouriertransformation durchgeführt wird und folglich das oft schwierig bestimmbare Integral von Gleichung 3.10 auftritt). Dies führt auf eine reellwertige Folge $h(n)$, deren Spektrum sich durch Gleichung 3.27 beschreiben lässt, wobei gilt: $H(k) = H_{\mathrm{d}}(k)$. An den Abtaststellen stimmt somit der rekonstruierte Frequenzgang mit dem angestrebten Frequenzgang $H_{\mathrm{d}}(f)$ identisch überein. Zwischen zwei Abtastwerten ergibt sich jedoch i. Allg. eine Abweichung. Wenn z.B. als Zielmaske ein idealer Tiefpass angesetzt wird, weist $H(f)$ nur eine mäßige Sperrdämpfung auf [Azi81]. Im allgemeinen ergibt sich also eine Fehlerfunktion $E(f)$ mit

$$E(f) = H_{\mathrm{d}}(f) - H(f) \tag{3.28}$$

welche minimiert werden muss. Entweder lässt sich dies durch eine Erhöhung der Anzahl der Abtastwerte N_{Filter} erreichen, was allerdings die Filterordnung des FIR-Filters entspechend erhöht und daher unpraktikabel ist. Eine andere Möglichkeit zur Minimierung von $E(f)$ besteht darin, einzelne Abtastwerte der Zielmaske in der Nähe der Unstetigkeitsstelle geeignet zu modifizieren. Gleichung 3.27 geht dann über in Gleichung 3.29:

$$H(f) = \sum_{k=0}^{n} H(k) I(f, k) + \sum_{k=n+1}^{m} H_{\mathrm{mod}}(k) \cdot I(f, k) + \sum_{k=m}^{N_{\mathrm{Filter}}-1} H(k) \cdot I(f, k) \tag{3.29}$$

Hierbei stellen $H_{\mathrm{mod}}(k)$ die modifizierten Abtastwerte dar, auch bezeichnet als modifizierte Transitionskoeffizienten. In Gleichung 3.29 werden $m - n$ modifizierte Transitionskoeffizienten benutzt, um die Fehlerfunktion $E(f)$ zu minimieren. Abbildung 3.7 zeigt beispielhaft die Definition von modifizierten Transitionskoeffizienten in einem Bandpass-Filter. Um geeignete Werte für die Transitionskoeffizienten zu bestimmen, kann z.B. ein Optimierungsalgorithmus angewendet werden [Azi81]. Es kann aber auch eine Fensterfunktion herangezogen werden, um vom Sperr- in den Durchlassbereich überzuleiten. Im Frequenzbereich ergibt sich dann eine deutlich verbesserte Sperrdämpfung, allerdings auf Kosten eines insgesamt breiteren Übergangsbereichs.

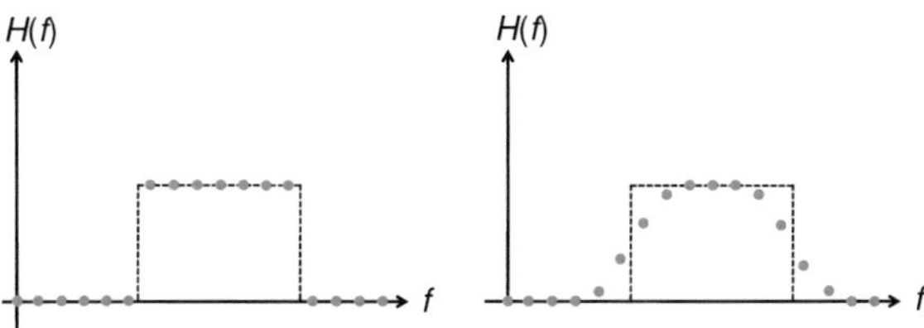

Abbildung 3.7: Links: Abtastung von $H(f)$ ohne modifizierte Transitions-Koeffizienten; rechts: mit Modifikation

Zusammengefasst werden bei der Frequenzabtastungs-Methode folgende Schritte durchgeführt:

- Abtastung der Zielmaske im Frequenzbereich durch N_{Filter} äquidistante Werte

- Durchführung der inversen diskreten Fouriertransformation

- Modifikation der Transitionskoeffizienten zur Verbesserung der Sperrdämpfung

Zur Generierung des Optimalpulses wird eine modifizierte FCC-Maske als Zielmaske angesetzt mit einem Durchlassbereich von 2,84 bis 10,89 GHz und einer Sperrdämpfung von 35 dB. Die Filterordnung beträgt wiederum $N_f = N_{\text{Filter}} - 1 = 66$; auch die Amplitude wird wieder für eine Pulswiederholzeit von 28,5712 ns ausgelegt. Zur Modifikation der Transitionskoeffizienten wird beispielhaft ein Kaiser-Fenster mit einer Dämpfung des Nebenmaximums von 45 dB verwendet. Allgemein sollte das eingesetzte Fenster eine hohe Dämpfung des Nebenmaximums erzeugen. Eine Visualisierung der generierten optimalen Pulsform findet sich in Abbildung 3.8 zusammen mit dem zugehörigen Leistungsdichtespektrum und der FCC-Maske. Die Effizienz des Pulses innerhalb des relevanten Frequenzbereichs von 3,1 bis 10,6 GHz beträgt 88,14 Prozent. Dies entspricht einer mittleren Sendeleistung von -3,1 dBm. Ein Vergleich der Abbildungen 3.8 und 3.6 (Fenstermethode) zeigt nur marginale Unterschiede.

Abbildung 3.9 stellt noch einmal schematisch den Unterschied zwischen der Fenster- und Frequenzabtastungsmethode dar. Weitere Details zur Frequenzabtastungsmethode finden sich in [PI97], [Mey98] und [Azi81].

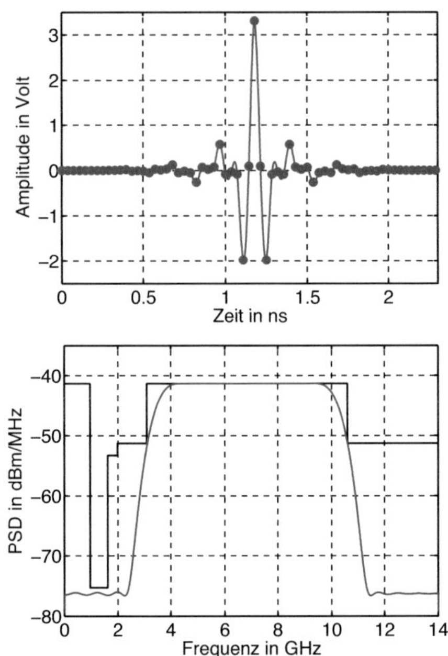

Abbildung 3.8: Optimalpuls im Zeitbereich und zugehöriges Leistungsdichtespektrum bei Anwendung der Frequenzabtastungsmethode

3.2.3 Optimalpuls durch direkte Maximierung des NESP

Eine dritte Möglichkeit zur Bestimmung eines Optimalpulses bezüglich einer Zielmaske besteht darin, das Theorem von Wiener-Khintchine [Khi34] (auch bekannt als Khintchine-Kolmogorow-Theorem) auszunutzen. Es besagt, dass sich die spektrale Leistungsdichte eines zeitkontinuierlichen Signals als Fouriertransformierte der Autokorrelation des Zeitsignals beschreiben lässt.

Angenommen, die Zielmaske besitze eine spektrale Leistungsdichte $S_{\mathrm{FCC}}(f)$. Für das Leistungsdichtespektrum des Optimalpulses S_p muss gelten:

$$S_p(f) = S_{\mathrm{FCC}}(f) \tag{3.30}$$

Andererseits gilt gemäß des Theorems von Wiener-Khintchine

$$S_p(f) = \int\limits_{-\infty}^{\infty} r(t)e^{-j2\pi ft}dt. \tag{3.31}$$

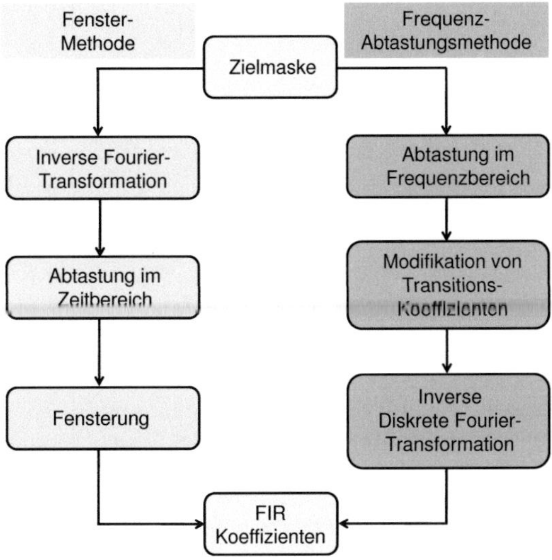

Abbildung 3.9: Unterschied zwischen Fenster- und Frequenzabtastungsmethode

In Gleichung 3.31 beschreibt $r(t)$ die Autokorrelationsfunktion des gesuchten Optimalpulses mit

$$r(t) = \sum_{k=1}^{2N_{\text{Filter}}-1} r_k \delta(t - kT_0). \tag{3.32}$$

wobei T_0 der Abtastzeit entspricht und N_{Filter} der Anzahl der Filterkoeffizienten. Es sei nun ein symmetrisches FIR-Filter mit N_{Filter} reellwertigen Koeffizienten angenommen (Pulsform mit N_{Filter} Abtastwerten). Unter Ausnutzung der Symmetrieeigenschaft und der Reellwertigkeit vereinfacht sich Gleichung 3.31 zu

$$S_p(f) = r_0 + 2 \sum_{k=1}^{N_{\text{Filter}}-1} r_k \cdot \cos(2\pi f k T_0). \tag{3.33}$$

Durch Definition des Fourier-Vektors $\mathbf{\Phi}(f, N_{\text{Filter}})$

$$\mathbf{\Phi}(f, N_{\text{Filter}}) = [1, 2\cos(2\pi f T_0), 2\cos(2\pi f 2 T_0), ..., 2\cos(2\pi f (N_{\text{Filter}} - 1)T_0)]^T \tag{3.34}$$

und des Vektors $\mathbf{r}$ der Autokorrelationswerte mit

$$\mathbf{r} = [r_0, r_1, ..., r_{N_{\text{Filter}}-1}]^T \tag{3.35}$$

lässt sich Gleichung 3.33 wie folgt umschreiben:

$$S_p(f) = \boldsymbol{\Phi}(f, N_{\text{Filter}})^T \cdot \mathbf{r} \qquad (3.36)$$

Durch Bildung der Inverse kann Gleichung 3.36 nach der Autokorrelation r des gesuchten Pulses aufgelöst werden. Die Autokorrelation wird dann durch eine Matrix M beschrieben. Durch eine sogenannte LR-Zerlegung [DR08] (auch LU-Zerlegung genannt) [1] der Autokorrelation gewinnt man eine Faktorisierung der Matrix, so dass gilt

$$\mathbf{M} = \mathbf{L} \cdot \mathbf{R}. \qquad (3.37)$$

Hierbei steht **L** für eine untere und **R** für eine obere Dreiecksmatrix. Für den wichtigen Spezialfall einer symmetrischen und positiv definiten Matrix existiert eine untere Dreiecksmatrix L, sodass gilt

$$\mathbf{M} = \mathbf{L} \cdot \mathbf{L}^T. \qquad (3.38)$$

Diese Darstellung ist als Cholesky-Zerlegung bekannt. Aus der Cholesky-Zerlegung gewinnt man direkt die gesuchten Koeffizienten des FIR-Filters und damit die optimale Pulsform bezüglich der FCC-Maske. Dieses Vorgehen wird auch als Faktorisierung der Autokorrelation bezeichnet. Weitere Informationen findet man in [WBV97]. Die vorgestellte Methode maximiert also die normierte effektive Signalleistung (NESP) direkt über den Zusammenhang zwischen Leistungsdichtespektrum und Autokorrelation des Zeitsignals.

Abbildung 3.10 zeigt den sich ergebenden FCC-optimalen Puls im Zeitbereich und im Frequenzbereich zusammen mit der FCC-Maske bei einer Filterordnung von $N_{\text{f}} = N_{\text{Filter}} - 1 = 66$. Die bei der Optimierung zugrundegelegte Zielmaske ist dabei eine modifizierte FCC-Maske mit Durchlassbereich von 2,8 bis 10,9 GHz und einer Sperrdämpfung von 35 dB. Es ist erkennbar, dass sich die Abbildungen im Vergleich zur Fenster- und Frequenzabtastungs-Methode nur marginal unterscheiden. Die erreichte Effizienz des Pulses im relevanten Bereich von 3,1 bis 10,6 GHz beträgt 86,78 Prozent. Dies entspricht einer Sendeleistung von -3,17 dBm. Der erzeugte Phasengang ist i.ü. ideal linear, da die Filterkoeffizienten reell und symmetrisch aufgebaut sind. Veröffentlichungen zum Design optimaler Pulsformen sind in [TRP+09], [TZA+09] und [Ras09] zu finden.

3.3 Optimalpuls durch Formung eines Generatorpulses

Um die erlaubte Sendeleistung der UWB-Regulierung möglichst effizient auszunutzen, benötigt man einen Puls, der die UWB-Maske möglichst genau einhält. Um einen solchen Puls zu generieren, kann man, wie im vorherigen Abschnitt gezeigt, einen zeitlichen Dirac-Stoß durch ein FIR-Filter schicken und die optimalen FIR-Koeffizienten bestimmen, sodass der geformte Puls möglichst gut in die Maske passt. Das Problem ist jedoch, dass sich ein Dirac-Puls physikalisch nicht erzeugen lässt.

---

[1] LR = links-rechts, LU=lower-upper

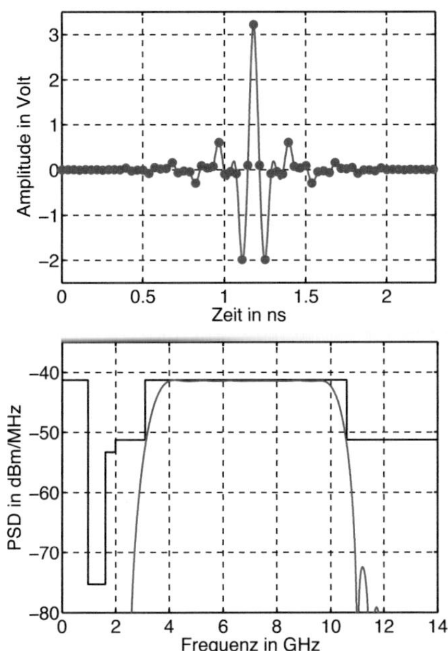

Abbildung 3.10: Optimalpuls im Zeitbereich und zugehöriges Leistungsdichtespektrum bei Anwendung der direkten Maximierung des NESP

Daher könnte die Erzeugung der Pulsform mathematisch erfolgen und anschließend ein D/A-Wandler zum Einsatz kommen, der die Pulsform in Richtung Sendeantenne gibt. Aufgrund der großen Bandbreite wäre ein sehr schneller D/A-Wandler nötig und entsprechend teuer. Dies widerspricht jedoch der Idee von Impulse Radio, mit low cost Elementen eine hohe Datenrate zu erzielen. Aus diesem Grund wird eine alternative Herangehensweise gesucht.
Die Idee ist nun, einen physikalisch einfach realisierbaren Puls zu erzeugen und einem FIR-Filter der Länge N_{Filter} (N_{Filter} Filterkoeffizienten) zuzuführen, sodass der durch das FIR-Filter geformte Puls optimal in die Maske passt. Die Koeffizienten des FIR-Filters sind dabei zu bestimmen. Ein möglicher Basispuls ist der Gauß'sche Monocycle von Abbildung 2.3 aus Abschnitt 2.3.1, welcher eine Mittenfrequenz von 6,85 GHz aufweist. Dies ist die Mittenfrequenz des technisch nutzbaren Frequenzbereichs der FCC-Regulierung. Wie der Abbildung zu entnehmen ist, verletzt der Gauß-Puls die FCC-Regulierung. Zur Einhaltung der Maske müsste folglich die Amplitude so lange gesenkt werden, bis die resultierende Leistungsdichte im gesamten Frequenzbereich unterhalb der Regulierung liegt. Dazu müsste das Spektrum um ca.

35 dB gesenkt werden, wodurch sich im Durchlassbereich der FCC-Maske eine Effizienz kleiner als 0,1 Prozent ergeben würde. Dies ist nicht sinnvoll. Stattdessen soll dieser Basispuls nun durch ein FIR-Filter geformt werden, sodass der resultierende Puls eine möglichst hohe, d.h. optimierte Effizienz aufweist. Das Optimierungsziel ist also die Maximierung der mittleren Leistung eines UWB-Signals in einem Durchlassbereich F_p, z.B. $F_\mathrm{p} = [3,1 \quad 10,6]$ GHz bezüglich einer gegebenen Regulierung. Die Regulierung ist in Form eines Leistungsdichtespektrums S_FCC gegeben, d.h. das anzustrebende Leistungsdichtespektrum des UWB-Signals soll stets kleiner gleich S_FCC sein und diese möglichst gut approximieren.

Wenn man den Einfluss der Modulation und der Codierung auf das Leistungsdichtespektrum vernachlässigt, reduziert sich das Problem darauf, die optimale Pulsform zu finden, die im Zeitbereich mit $p(t)$ und im Frequenzbereich mit $P(f) = \mathcal{F}(p(t))$ beschrieben wird. Hierbei steht der Operator $\mathcal{F}$ für die Fouriertransformation. Da sich das Leistungsdichtespektrum des Pulses durch das Betragsquadrat von $P(f)$ beschreiben lässt, ergibt sich für die zu maximierende Zielfunktion η:

$$\eta(p) = \int_{F_p} |P(f)|^2 df \tag{3.39}$$

Da die Leistungsdichte des Pulses kleiner gleich der Leistungsdichte S_FCC sein soll, gilt die nichtlineare Nebenbedingung:

$$|P(f)|^2 \leq S_\mathrm{FCC}(f), f \in F = [0 \quad f_\mathrm{max}] \tag{3.40}$$

Das Optimierungsproblem kann dann folgendermaßen formuliert werden:

$$\max_{p \in F_\mathrm{p}} \eta(p) = \int_{F_\mathrm{p}} |P(f)|^2 df \quad s.t. \quad \forall f \in F : |P(f)|^2 \leq S_\mathrm{FCC}(f) \tag{3.41}$$

Hierbei steht der Ausdruck 's.t.' für 'so that' (sodass). Da S_FCC innerhalb des Frequenzintervalls F_p konstant ist, führt die Lösung der Gleichung 3.41 auf eine Pulsform, die proportional zur Funktion $\sin x / x$ und weiterhin nicht zeitbegrenzt ist. Eine solche Pulsform kann jedoch mit einfachen Schaltungen nicht hergestellt werden und ist daher nicht praktikabel. Daher kann beim praktischen Pulsdesign nur eine suboptimale Lösung der Gleichung 3.41 angestrebt werden. Eine suboptimale Lösung wird z.B. dadurch erreicht, indem man einen einfach herzustellenden Basispuls $q(t)$ verwendet und ihn durch ein speziell entworfenes FIR-Filter der Länge N_Filter schickt, sodass die resultierende Pulsform $p(t)$ eine Approximation der optimalen Lösung darstellt. Bei dieser Herangehensweise müssen also die N_Filter Filterkoeffizienten optimiert werden.

Sei $g(t)$ die Impulsantwort des FIR-Filters mit N_Filter reellen Koeffizienten g_k mit

$$g(t) = \sum_{k=0}^{N_\mathrm{Filter}-1} g_k \delta(t - k \cdot T_0) \tag{3.42}$$

wobei gilt:

$$T_0 = \frac{1}{2 \cdot f_{\max}} \tag{3.43}$$

In Gleichung 3.42 steht δ für die Delta-Distribution. Die Gleichung drückt aus, dass es nur endlich viele, nämlich N_{Filter} Zeitpunkte gibt, an welchen die Impulsantwort nicht verschwindet. Dann lässt sich das gefilterte Signal $p(t)$ durch Anwendung der Faltungsoperation wie folgt ausdrücken:

$$p(t) = (g * q)(t) = \int \left(\sum_{k=0}^{N_{\mathrm{Filter}}-1} g_k \delta(t - k \cdot T_0) \right) q(t - \tau) d\tau$$
$$\sum_{k=-\infty}^{\infty} g_k q(t - k \cdot T_0) = \sum_{k=0}^{N_{\mathrm{Filter}}-1} g_k q(t - k \cdot T_0) \tag{3.44}$$

Wenn Basispuls $q(t)$, Zeitschritt T_0 und Filterordnung $N_{\mathrm{f}} = N_{\mathrm{Filter}} - 1$ gegeben sind, kann statt des Optimierungsproblems von Gleichung 3.41 nun ein Optimierungsproblem angegeben werden, bei welchem ein optimales FIR-Filter gesucht wird:

$$\max_{g_k \in \Re^{N_{\mathrm{Filter}}}} \eta \left(p(t) = \sum_{k=0}^{N_{\mathrm{Filter}}-1} g_k q(t - k \cdot T_0) \right) = \int_{F_p} |P(f)|^2 df$$
$$s.t. \quad \forall f \in F : |P(f)|^2 = \left| \mathcal{F} \left(p(t) = \sum_{k=0}^{N_{\mathrm{Filter}}-1} g_k q(t - k \cdot T_0) \right) \right|^2 \leq S_{\mathrm{FCC}}(f) \tag{3.45}$$

Im Zusammenhang mit Optimierungsaufgaben treten oft Begriffe wie konvexe oder nicht-konvexe Optimierung auf. Zum besseren Verständnis sollen kurz die wichtigsten Begriffsbildungen und Zusammenhänge werden [Woh04]. Weitere Informationen findet man auch in [Alt04].

- Eine Funktion $f(\mathbf{x})$ heisst konvex, wenn für zwei Punkte $\mathbf{x_1}$ und $\mathbf{x_2}$ mit $0 < a < 1$ gilt:
$$f(a \cdot \mathbf{x_1} + (1 - a) \cdot \mathbf{x_2}) \leq a \cdot f(\mathbf{x_1}) + (1 - a) \cdot f(\mathbf{x_2}) \tag{3.46}$$
Anschaulich bedeutet dies, dass das geradlinige Verbindungsstück zweier beliebiger Punkte der Kurve stets oberhalb des Graphen verläuft.

- Eine Teilmenge M eines reellen oder komplexen Vektorraums V heisst konvex, wenn das geradlinige Verbindungsstück zweier Punkte innerhalb von M vollständig in M liegt.

- Ein Optimierungsproblem mit Restriktionen (Nebenbedingungen) heisst konvex, wenn die Zielfunktion konvex ist und die Restriktionsfunktionen eine konvexe Menge beschreiben.

- Lemma: Die Lösung eines konvexen Optimierungsproblems ist stets das globale Minimum (Maximum). Wird keine Lösung gefunden, ist damit die Nichtexistenz einer Lösung bewiesen.

Vor dem Hintergrund der eingeführten Definitionen stellt die Formulierung von Gleichung 3.45 ein nicht-konvexes Optimierungsproblem mit nicht-linearen Nebenbedingungen dar.

Es gibt verschiedene Ansätze, das Optimierungsproblem von Zusammenhang 3.45 zu lösen. Eine direkte numerische Lösung des nicht-konvexen Problems durch eine nicht-konvexe Optimierungsmethode wird in Abschnitt 3.3.2 gezeigt, wobei eine nicht-konvexe Optimierung i. Allg. nur ein lokales und nicht das globale Minimum des Optimierungsproblems findet. Die Effizienz des in Abschnitt 3.3.2 gefundenen Pulses hängt dann von einem guten Startvektor ab und ist daher bei gegebener Filterordnung nicht notwendigerweise maximiert. Eine Alternative stellt die Approximation des nicht-konvexen Optimierungsproblems von Gleichung 3.45 durch ein konvexes Optimierungsproblem dar, wobei dann durch Anwendung konvexer Optimierungsmethoden das globale Minimum des konvexen Optimierungsproblems gefunden wird. Hierdurch lässt sich für eine gegebene Filterordnung eine höhere Effizienz erreichen. Die Überführung in ein konvexes Optimierungsproblem wird in Abschnitt 3.3.1 gezeigt.

3.3.1 Überführung in ein konvexes Optimierungsproblem

Das Ziel ist die Überführung des nicht-konvexen Optimierungsproblems in ein konvexes Optimierungsproblem mit linearer Zielfunktion [BEJ+06], welches dann durch bekannte Verfahren gelöst werden kann (z.B. sedumi-Paket in Matlab). Die Lösung im Sinne optimierter FIR-Koeffizienten repräsentiert dann das globale Minimum des Optimierungsproblems.

Zunächst ist das Vorgehen, Gleichung 3.45 umzuformulieren. Das Leistungsdichtespektrum S_p des durch das FIR-Filter geformten Pulses $p(t)$ von Gleichung 3.44 lässt sich schreiben als

$$S_p(f) = |P(f)|^2 = |G(f)|^2 \cdot |Q(f)|^2 = S_g(f) \cdot S_q(f) \tag{3.47}$$

wobei

$$S_g(f) = |G(f)|^2 \tag{3.48}$$

und

$$S_q(f) = |Q(f)|^2 \tag{3.49}$$

das Leistungsdichtespektrum von $g(t)$ bzw. $q(t)$ darstellt.
$G(f)$ lässt sich aufgrund des Zusammenhangs 3.44 ausdrücken als

$$G(f) = \left| \mathcal{F}\left(g(t) = \sum_{k=0}^{N_{\text{Filter}}-1} g_k \delta(t - k \cdot T_0) \right) \right|^2 = \left| \sum_{k=0}^{N_{\text{Filter}}-1} g_k e^{-j2\pi k f T_0} \right|. \tag{3.50}$$

$S_g(f)$ kann unter Anwendung von Gleichung 3.50 ausgedrückt werden als

$$S_g(f) = G(f)^2 = \left| \sum_{k=0}^{N_{\text{Filter}}-1} g_k e^{-j2\pi k f T_0} \right|^2 . \tag{3.51}$$

Die prinzipielle Idee ist nun, $S_g(f)$ als Fouriertransformierte der Autokorrelation der Filterkoeffizienten g_k auszudrücken. Die Autokorrelation r_n der Filterkoeffizienten berechnet sich definitionsgemäß wie folgt:

$$r_n = (g * g)(n) = \sum_{k=-N_{\text{Filter}}+1}^{N_{\text{Filter}}-1} g_k g_{k+n} = \sum_{k=0}^{N_{\text{Filter}}-1} g_k g_{k+n} \tag{3.52}$$

mit $n \in \mathbb{Z}$, wobei $N_{\text{Filter}} - 1$ die Filterordnung darstellt und für die Vereinfachung in Gleichung 3.52 folgende Zusammenhänge verwendet wurden:

$$g_k = 0 \quad \forall k > N_{\text{Filter}} - 1 \tag{3.53}$$

$$g_k = 0 \quad \forall k < 0 \tag{3.54}$$

Für $n \geq 0$ folgt:

$$r_{-n} = \sum_{k=0}^{N_{\text{Filter}}-1} g_k g_{k-n} \tag{3.55}$$

Wegen Bedingung 3.53 kann man in Gleichung 3.55 auf die obere Summationsgrenze den Wert n hinzuaddieren. Weiterhin kann man auch zur unteren Summationsgrenze den Wert n addieren, da g_{k-n} wegen Bedingung 3.54 ohnehin für $k < n$ verschwindet. Eine anschließende Substitution $k' = k - n$ resultiert in

$$r_{-n} = \sum_{k=0}^{N_{\text{Filter}}-1} g_k g_{k+n} \tag{3.56}$$

Ein Vergleich mit Gleichung 3.52 zeigt die Symmetriebeziehung:

$$r_{-n} = r_n \forall n \geq 0 \tag{3.57}$$

Im Folgenden wird der Ausdruck $|G(f)|^2$ umgeschrieben. Es gilt:

$$|G(f)|^2 = G(f) \cdot \overline{G(f)} = \mathcal{F}(g * \bar{g})(f) = \mathcal{F}(g * g)(f) = \mathcal{F}(r_n)(f) \tag{3.58}$$

Hierbei wird verwendet, dass g reell ist und $g * g$ der Autokorrelation r_n entspricht. Durch Einsetzen des Zusammenhangs 3.52 in Gleichung 3.58 folgt weiter:

$$S_g = |G(f)|^2 = \sum_{n=-N_{\text{Filter}}+1}^{N_{\text{Filter}}-1} r_n e^{j2\pi f n T_0} \tag{3.59}$$

Wegen der Symmetrieeigenschaft 3.57 folgt:

$$S_g = |G(f)|^2 = r_0 + 2 \sum_{n=1}^{N_{\text{Filter}}-1} r_n \cos(2\pi f n T_0) \tag{3.60}$$

Wie in Abschnitt 3.2.3 wird der reellwertige Fouriervektor $\boldsymbol{\Phi}$ eingeführt:

$$\boldsymbol{\Phi} = [1, 2\cos(2\pi f T_0), 2\cos(2\pi f 2 T_0), ..., 2\cos(2\pi f(N_{\text{Filter}}-1)T_0)]^T \tag{3.61}$$

mit den Einträgen ϕ_n. Weiterhin wird der Vektor der Autokorrelation $\mathbf{r}$ mit den gesuchten Filterkoeffizienten g_k wie folgt dargestellt [BEZ+07]:

$$\mathbf{r} = [r_0, r_1, ..., r_{N_{\text{Filter}}-1}]^T \tag{3.62}$$

Dann lässt sich Gleichung 3.60 wie folgt vereinfachen:

$$S_g = \sum_{n=0}^{N_{\text{Filter}}-1} r_n \phi_n(f) = \mathbf{r}^T \boldsymbol{\Phi} \tag{3.63}$$

Einsetzen von Gleichung 3.63 und 3.49 in Zusammenhang 3.93 ergibt:

$$S_p(f) = S_g(f) \cdot S_q(f) = \left(\sum_{n=0}^{N_{\text{Filter}}-1} r_n \phi_n(f) \right) \cdot |Q(f)|^2 = \sum_{n=0}^{N_{\text{Filter}}-1} r_n \phi_n(f) |Q(f)|^2 \tag{3.64}$$

Die Zielfunktion η des Optimierungsproblems von Gleichung 3.39 lässt sich nun durch Einsetzen des Zusammenhangs 3.64 wie folgt ausdrücken:

$$\begin{aligned}
\eta(p) = \int_{F_p} |P(f)|^2 df = \int_{F_p} S_p(f) df &= \int_{F_p} \left(\sum_{n=0}^{N_{\text{Filter}}-1} r_n \phi_n(f) |Q(f)|^2 \right) df \\
&= \sum_{n=0}^{N_{\text{Filter}}-1} r_n \left(\int_{F_p} \phi_n(f) |Q(f)|^2 df \right)
\end{aligned} \tag{3.65}$$

Mit Hilfe der Abkürzung

$$c_n = \int_{F_p} \phi_n(f) |Q(f)|^2 df \tag{3.66}$$

vereinfacht sich Gleichung 3.65 zu:

$$\eta(\mathbf{r}) = \int_{F_p} |P(f)|^2 df = \sum_{n=0}^{N_{\text{Filter}}-1} r_n c_n \tag{3.67}$$

Setzt man zusätzlich den Zusammenhang 3.97 in das Optimierungsproblem von Gleichung 3.45 ein, ergibt sich folgendes Optimierungsproblem:

$$\begin{aligned}
\max_{r \in \Re^{N_{\text{Filter}}}} \eta(\mathbf{r}) &= \max_{r \in \Re^{N_{\text{Filter}}}} \sum_{n=0}^{N_{\text{Filter}}-1} r_n c_n \\
s.t. \quad \forall f \in F : |P(f)|^2 = 0 &\leq \left(\sum_{n=0}^{N_{\text{Filter}}-1} r_n \phi_n(f) \right) \cdot S_q(f) \leq S_{\text{FCC}}(f)
\end{aligned} \tag{3.68}$$

Die Nebenbedingung wird nun durch die bekannte Funktion $S_q(f)$ geteilt, sodass eine modifizierte Zielfunktion $S_{\mathrm{FCC}}(f)/S_q(f)$ erscheint. Das Optimierungsproblem stellt sich hiermit wie folgt dar:

$$\max_{\mathbf{r} \in \Re^{N_{\mathrm{Filter}}}} \eta(\mathbf{r}) = \max_{\mathbf{r} \in \Re^{N_{\mathrm{Filter}}}} \sum_{n=0}^{N_{\mathrm{Filter}}-1} r_n c_n$$

$$s.t. \quad \forall f \in F : 0 \leq \left(\sum_{n=0}^{N_{\mathrm{Filter}}-1} r_n \phi_n(f) \right) \leq \frac{S_{\mathrm{FCC}}(f)}{S_q(f)} \tag{3.69}$$

Weiterhin wird der Spaltenvektor c eingeführt, welcher die Koeffizienten c_n aus Gleichung 3.66 enthält mit

$$c = [c_0, c_1, ..., c_{N_{\mathrm{Filter}}-1}]^T. \tag{3.70}$$

Einsetzen des Zusammenhangs 3.97 in Gleichung 3.69 führt zur Formulierung

$$\max_{\mathbf{r} \in \Re^{N_{\mathrm{Filter}}}} \mathbf{r}^T \mathbf{c}$$

$$s.t. \quad \forall f \in F : 0 \leq \mathbf{r}^T \mathbf{\Phi} \leq \frac{S_{\mathrm{FCC}}(f)}{S_{\mathrm{q}}(f)} = M(f) \tag{3.71}$$

wobei $M(f)$ der Leistungdichte einer modifizierten Zielmaske entspricht. Bezeichnet man die Fouriertransformierte einer Autokorrelationsfunktion r als $R(f)$ und betrachtet die Gleichungen 3.59 und 3.63, so ergibt sich folgender Zusammenhang:

$$R(f) = S_g(f) = \Re(\mathcal{F}(r)) = \mathbf{r}^T \mathbf{\Phi} \quad \forall f \in [0 \ f_{\mathrm{max}}] \tag{3.72}$$

Das Optimierungsproblem von Gleichung 3.71 ist nun konvex und weist unendlich viele lineare Nebenbedingungen auf, da das Problem für kontinuierliche Größen f beschrieben ist.

Wenn ein Puls bezüglich der FCC-Maske optimiert werden soll, ist zu beachten, dass $M(f) = S_{\mathrm{FCC}}/S_q(f)$ eine unstetige, da abschnittsweise definierte Funktion darstellt. Sie wird im Folgenden durch eine abschnittsweise definierte Funktion $\Gamma(f)$ beschrieben mit den abschnittsweise definierten trigonometrische Polynomen (Fourierreihen) $\Gamma_i(f)$ der Dimension N_{Filter} ($i = 1..I$ mit I=Anzahl der Sektionen) [BEJ+06], wobei gilt

$$S_g(f) \geq 0 \quad \forall f \in [0 \ 14] \, \mathrm{GHz} \tag{3.73}$$

sowie

$$S_g(f) \geq \Gamma_1(f) \quad \forall f \in [0 \ 1,61] \, \mathrm{GHz}$$
$$S_g(f) \geq \Gamma_2(f) \quad \forall f \in [0 \ 1,99] \, \mathrm{GHz}$$
$$S_g(f) \geq \Gamma_3(f) \quad \forall f \in [0 \ 3,10] \, \mathrm{GHz} \tag{3.74}$$
$$S_g(f) \geq \Gamma_4(f) \quad \forall f \in [0 \ 10,6] \, \mathrm{GHz}$$
$$S_g(f) \geq \Gamma_1(f) \quad \forall f \in [10,6 \ 14] \, \mathrm{GHz}.$$

Die trigonometrischen Funktionen Γ_i der Dimension N_{Filter} lassen sich darstellen als

$$\Gamma_i(f) = \sum_{k=0}^{N_{\text{Filter}}-1} \gamma_k^{(i)} \cos(2\pi k T f) = \mathbf{\Phi}^T \gamma_{\mathbf{i}}. \tag{3.75}$$

wobei $\gamma_{\mathbf{i}}$ der Vektor ist, welcher alle Koeffizienten $\gamma_k^{(i)}$ der Funktion $\Gamma_i(f)$ enthält. Wie man der Gleichung 3.75 entnimmt, werden die Funktionen Γ_i durch die gleiche Fourierbasis Φ beschrieben wie die Formulierung der Zielfunktion. Man ist daran interessiert, $M(f)$ möglichst genau durch die $\Gamma_i(f)$ zu approximieren, d.h. man möchte den quadratischen Fehler beider Funktionen minimieren. Dies lässt sich wie folgt formulieren [BEJ+06]:

$$\min_{\gamma_n^{(i)}} \int_{\alpha_i}^{\beta_i} \left| M(f) - \sum_{n=0}^{N_{\text{Filter}}-1} \gamma_n^{(i)} \Phi_n(f) \right|^2 df \tag{3.76}$$

wobei die Koeffizienten $\gamma_k^{(i)}$ gesucht sind. Das Minimum wird gefunden, indem die Funktion abgeleitet und Null gesetzt wird. Der Lösungsvektor lautet dann

$$\gamma_i = \frac{\int_{\alpha_i}^{\beta_i} M(f)\Phi(f)^T df}{\int_{\alpha_i}^{\beta_i} \Phi(f)\Phi(f)^T df}. \tag{3.77}$$

d.h. die Koeffizienten $\gamma_n^{(i)}$ sind durch Gleichung 3.77 bestimmt, und somit sind alle Funktionen Γ_i ausrechenbar. Folglich kann man das konvexe Optimierungsproblem von Zusammenhang 3.71 durch folgendes eindeutig bestimmtes konvexes Optimierungsproblem approximieren:

$$\max_{\mathbf{r} \in \Re^L} \mathbf{r}^T \mathbf{c}$$
$$s.t. \quad \forall f \in [0\,1, 61]\,\text{GHz} : 0 \leq R(f) = \mathbf{r}^T \mathbf{\Phi} \leq \gamma_{\mathbf{1}}^T \mathbf{\Phi}$$
$$\forall f \in [0\,1, 99]\,\text{GHz} : 0 \leq R(f) = \mathbf{r}^T \mathbf{\Phi} \leq \gamma_{\mathbf{2}}^T \mathbf{\Phi}$$
$$\forall f \in [0\,3, 1]\,\text{GHz} : 0 \leq R(f) = \mathbf{r}^T \mathbf{\Phi} \leq \gamma_{\mathbf{3}}^T \mathbf{\Phi} \tag{3.78}$$
$$\forall f \in [0\,10, 6]\,\text{GHz} : 0 \leq R(f) = \mathbf{r}^T \mathbf{\Phi} \leq \gamma_{\mathbf{4}}^T \mathbf{\Phi}$$
$$\forall f \in [10, 6\,\,14]\,\text{GHz} : 0 \leq R(f) = \mathbf{r}^T \mathbf{\Phi} \leq \gamma_{\mathbf{5}}^T \mathbf{\Phi}$$

Sowohl die Zielfunktion als auch die Nebenbedingungen sind nun linear, und das Problem ist für kontinuierliche Größen beschrieben. Für eine Umsetzung auf einem Computer muss aufgrund des endlichen Rechnerspeichers eine Diskretisierung vorgenommen werden. Im allgemeinen Fall führt dies zu Fehlern. Allerdings lässt sich im vorliegenden Fall das sogenannte 'Erweiterte Kalman-Popov-Yahnbovich Theorem' - auch Erweitertes Positive Real Lemma genannt - aus dem Jahr 2002 nutzen, welches eine exakte Überführung in ein diskretes Problem realisiert. Hierbei wird das Optimierungsproblem in Matrizengleichungen mit endlicher Matrizengröße überführt. Bevor das 'Erweiterte Positive Real Lemma' angewendet wird, wird zunächst das herkömmliche Positive Real Lemma aus dem Jahr 1974 eingeführt. Für FIR-Filter Anwendungen sind mehrere Darstellungen des Theorems geeignet (vgl. [BEZ+07], [DS00] und [DLW00]). [BEZ+07] beschreibt es in der Form:

$$R(f) = \sum_{n=-(N_{\text{Filter}}-1)}^{N_{\text{Filter}}-1} r_n e^{j2\pi nfT} \geq 0$$

$$\Leftrightarrow \exists \mathbf{X} \in C^{N_{\text{Filter}} \times N_{\text{Filter}}}, |\mathbf{X} \geq 0, \tag{3.79}$$

$$r_k = \sum_{i=0}^{N_{\text{Filter}}-1-k} \lfloor X_{i,i+k} \rfloor, \quad k \in \lfloor 0, 1, .., N_{\text{Filter}} - 1 \rfloor$$

Hierbei bedeutet $\mathbf{X} \geq 0$, dass die Matrix $\mathbf{X}$ positiv semidefinit ist, wobei $\mathbf{X}$ die Dimension $N_{\text{Filter}} \times N_{\text{Filter}}$ hat und die Eintragungen der Matrix ab Index 0 indiziert sind, d.h. es gilt:

$$\mathbf{X} = \begin{pmatrix} x_{0,0} & x_{0,1} & .. & x_{0,N_{\text{Filter}}-1} \\ x_{1,0} & x_{1,1} & .. & x_{1,N_{\text{Filter}}-1} \\ .. & .. & .. & .. \\ x_{N_{\text{Filter}}-1,0} & x_{N_{\text{Filter}}-1,1} & .. & x_{N_{\text{Filter}}-1,N_{\text{Filter}}-1} \end{pmatrix} \tag{3.80}$$

Die rechte Seite der Äquivalenz in Zusammenhang 3.79 lässt sich nun für die verschiedenen Werte von k auswerten. Es gilt z.B.

$$\begin{cases} r_0 = x_{0,0} + x_{1,1} + x_{2,2} + ... + x_{N_{\text{Filter}}-1,N_{\text{Filter}}-1} & k = 0 \\ r_1 = x_{0,1} + x_{1,2} + x_{2,3} + ... + x_{N_{\text{Filter}}-2,N_{\text{Filter}}-1} & k = 1 \\ .. & .. \end{cases} \tag{3.81}$$

Die Zusammenhänge in Gleichung 3.81 werden nun in eine Matrixschreibweise überführt durch

$$\begin{pmatrix} \mathbf{I}_{N_{\text{Filter}}} & -\mathbf{F} \end{pmatrix} \cdot \begin{pmatrix} \mathbf{r} \\ \mathbf{vec(X)} \end{pmatrix} = \mathbf{O}_{N_{\text{Filter}} \times 1}. \tag{3.82}$$

Hierbei ist $\mathbf{I}_{N_{\text{Filter}}}$ eine Einheitsmatrix der Dimension $N_{\text{Filter}} \times N_{\text{Filter}}$ und $\mathbf{F}$ eine Matrix der Dimension $N_{\text{Filter}} \times (N_{\text{Filter}}^2)$, indiziert ab Index 0, d.h. es gilt:

$$\mathbf{F} = \begin{pmatrix} F_{0,0} & F_{0,1} & .. & F_{0,N_{\text{Filter}}^2-1} \\ F_{1,0} & F_{1,1} & .. & F_{1,N_{\text{Filter}}^2-1} \\ .. & .. & .. & .. \\ F_{N_{\text{Filter}}-1,0} & F_{N_{\text{Filter}}-1,1} & .. & F_{N_{\text{Filter}}-1,N_{\text{Filter}}^2-1} \end{pmatrix} \tag{3.83}$$

Der Ausdruck $\begin{pmatrix} \mathbf{I}_{N_{\text{Filter}}} & -\mathbf{F} \end{pmatrix}$ beschreibt somit eine Gesamtmatrix bestehend aus zwei nebeneinandergehängten Matrizen. Die Matrix $\mathbf{O}_{N_{\text{Filter}} \times 1}$ ist eine Matrix der Dimension $N_{\text{Filter}} \times 1$ mit Nulleinträgen. $\mathbf{r}$ ist der Spaltenvektor aus Gleichung 3.62, und

$\text{vec}(\mathbf{X})$ beschreibt den Spaltenvektor, der sich ergibt, wenn man alle Spalten der Matrix $\mathbf{X}$ untereinanderhängt. Die Matrixgleichung 3.82 lässt sich nun zeilenweise auswerten, sodass sich insgesamt N_{Filter} Gleichungen ergeben. Auswerten der ersten Zeile ergibt z.B.

$$r_0 - F_{0,0} \cdot x_{0,0} - F_{0,1} \cdot x_{2,0} - \ldots - F_{0,N_{\text{Filter}}{}^2-1} \cdot x_{N_{\text{Filter}}-1,N_{\text{Filter}}-1} = 0 \tag{3.84}$$

Die sich ergebenden N_{Filter} Gleichungen müssen mit den N_{Filter} Gleichungen von Ausdruck 3.81 identisch sein. Durch einen Koeffizientenvergleich folgen alle Koeffizienten $F_{i,j}$, d.h. die Matrix $\mathbf{F}$ ist nun bekannt.

Nun wird das Erweiterte Positive Real Lemma eingeführt und angewendet, auch 'Kalman-Popov-Yahnbovich Theorem, extended' ([DLS02],[BEZ+07]) genannt:

$$R(f) = \sum_{n=-(N_{\text{Filter}}-1)}^{N_{\text{Filter}}-1} r_n e^{j2\pi n fT} \leq \Gamma(f), f \in \left[\frac{\alpha}{T}, \frac{1-\alpha}{T}\right]$$

$$\Leftrightarrow \exists \mathbf{X} \in \Re^{N_{\text{Filter}} \times N_{\text{Filter}}}, \mathbf{Z} \in \Re^{(N_{\text{Filter}}-1) \times (N_{\text{Filter}}-1)} | X, Z \geq 0, \tag{3.85}$$

$$g_k = \sum_{i=0}^{N_{\text{Filter}}-1-k} [X_{i,i+k}], \quad h_k = \sum_{i=0}^{N_{\text{Filter}}-2-k} [Z_{i,i+k}]; \quad k \in [0,1,..,N_{\text{Filter}}-1]$$

wobei r_k linear von γ_k, g_k und h_k abhängt gemäß [BEZ+07]

$$r_k = \begin{cases} \gamma_k - (g_0 + d_0 h_0 + 2d_1 h_1) & k = 0 \\ \gamma_k - (g_k + d_{-1} h_{k+1} + d_0 h_k) + d_1 h_{k-1} & 1 \leq k \leq N_{\text{Filter}} - 3 \\ \gamma_k - (g_{N_{\text{Filter}}-2} + d_0 h_{N-2} + d_1 h_{N_{\text{Filter}}-3}) & k = N_{\text{Filter}} - 2 \\ \gamma_k - (g_{N_{\text{Filter}}-1} + d_1 h_{N_{\text{Filter}}-2} & k = N_{\text{Filter}} - 1 \end{cases} \tag{3.86}$$

und die d_n folgende Bedingung einhalten:

$$\sum_{n=-1}^{1} d_n e^{j2\pi nTf} = d_0 + 2d_1 \cos(2\pi nTf) \geq 0 \tag{3.87}$$

mit $d_0 = 2\cos(\alpha)$ und $d_1 = d_{-1} = 1$ [BEZ+07]. Der Ausdruck $\mathbf{X}, \mathbf{Z} \geq 0$ in Zusammenhang 3.85 bedeutet hierbei, dass die beiden Matrizen $\mathbf{X}$ und $\mathbf{Z}$ positiv semidefinit sind. Auch hier lässt sich analog zu Ausdruck 3.82 eine Matrixbeschreibung finden [BEZ+07]:

$$\begin{pmatrix} \mathbf{I}_{N_{\text{Filter}}} & \mathbf{F} & \mathbf{G} \end{pmatrix} \cdot \begin{pmatrix} \mathbf{r} \\ \text{vec}(\mathbf{X}_i) \\ \text{vec}(\mathbf{Z}_i) \end{pmatrix} = \gamma_i \tag{3.88}$$

wobei die Matrix $\mathbf{F}$ bereits durch Anwendung des Positive Real Lemmas bestimmt wurde. Die Matrix $\mathbf{G}$ ist hierbei der Dimension $N_{\text{Filter}} \times (N_{\text{Filter}} - 1)^2$ und zunächst noch unbekannt. Die Matrizen $\mathbf{X_i}$ und $\mathbf{Z_i}$ entsprechen den Matrizen X und Z für die i-te Sektion. Wiederum wird die Matrixgleichung zeilenweise ausgewertet und dieses Mal mit den Gleichungen 3.86 verglichen. Aus einem Koeffizientenvergleich resultieren dann alle Koeffizienten der Matrix $\mathbf{G}$, wobei diese von d_n und damit von α abhängen. $\mathbf{G}$ ist nun auch bestimmt. Da Gleichung 3.88 nur das Gleichungssystem für den einzelnen Vektor γ_i darstellt, aber i von 1 bis I geht, muss die obige Prozedur für alle i wiederholt werden. Man kann dann alle gefundenen Matrizen in einem einzigen Gleichungssystem unterbringen, welches auf der rechten Seite den Spaltenvektor aller Vektoren γ_i enthält. Hierzu muss Gleichung 3.88 wie folgt expandiert werden:

$$
\begin{pmatrix}
\mathbf{I}_{N_{\text{Filter}}} & \mathbf{F}_1 & \mathbf{G}_1 & \mathbf{O}_1 & \mathbf{O}_2 & .. & .. & \mathbf{O}_1 & \mathbf{O}_2 \\
\mathbf{I}_{N_{\text{Filter}}} & \mathbf{O}_1 & \mathbf{O}_2 & \mathbf{F}_2 & \mathbf{G}_2 & .. & .. & \mathbf{O}_1 & \mathbf{O}_2 \\
.. & .. & .. & .. & .. & .. & .. & .. & .. \\
\mathbf{I}_{N_{\text{Filter}}} & \mathbf{O}_1 & \mathbf{O}_2 & \mathbf{O}_1 & \mathbf{O}_2 & .. & .. & \mathbf{F}_I & \mathbf{G}_I
\end{pmatrix}
\cdot
\begin{pmatrix}
\mathbf{r} \\
\text{vec}(\mathbf{X}_0) \\
\text{vec}(\mathbf{Z}_0) \\
\text{vec}(\mathbf{X}_1) \\
\text{vec}(\mathbf{Z}_1) \\
.. \\
.. \\
.. \\
\text{vec}(\mathbf{X}_I) \\
\text{vec}(\mathbf{Z}_I)
\end{pmatrix}
=
\begin{pmatrix}
\gamma_1 \\
\gamma_2 \\
.. \\
.. \\
\gamma_I
\end{pmatrix}
\tag{3.89}
$$

mit

$$
\mathbf{O}_1 = \mathbf{0}_{N_{\text{Filter}} \times N_{\text{Filter}}^2}
\tag{3.90}
$$

und

$$
\mathbf{O}_2 = \mathbf{0}_{N_{\text{Filter}} \times (N_{\text{Filter}}-1)^2}.
\tag{3.91}
$$

Die abkürzende Schreibweise $\mathbf{O}_1$ bzw. $\mathbf{O}_2$ erfolgt aus Platzgründen und steht für eine Matrix mit Null-Einträgen der Dimension $N_{\text{Filter}} \times N_{\text{Filter}}^2$ bzw. $N_{\text{Filter}} \times (N_{\text{Filter}} - 1)^2$. Gleichung 3.89 ist von der Gestalt $\mathbf{A} \cdot \mathbf{x} = \mathbf{b}$, wobei die ersten N_{Filter} Eintragungen von $\mathbf{x}$ die zu optimierenden Koeffizienten r_i, d.h. den Vektor $\mathbf{r}$ enthalten. Die zu maximierende Zielfunktion $\mathbf{r}^{\mathrm{T}}\mathbf{c}$ des Optimierungsproblems von Zusammenhang 3.78 wird nun in eine Form gebracht, die zu der Nebenbedingung von Ausdruck 3.89 passt. Hierzu wird $\mathbf{r}^{\mathrm{T}}\mathbf{c}$ als $\mathbf{c}_{\mathbf{z}}^{\mathrm{T}}\mathbf{x}$ geschrieben, wobei $\mathbf{c}_{\mathbf{z}}$ dem Vektor $\mathbf{c}$ aus Gleichung 3.70 entspricht - allerdings ergänzt um I angehängte Nullen (zeropadding). Dann ergibt sich folgendes Optimierungsproblem:

$$
\begin{aligned}
\max_{\mathbf{x}} \; & \mathbf{c_z}^{T}\mathbf{x} \\
s.t. \; & \mathbf{A} \cdot \mathbf{x} = \mathbf{b}
\end{aligned}
\tag{3.92}
$$

Dieses Optimierungsproblem ist linear und kann durch verfügbare Algorithmen wie z.B. 'sedumi' [Stu01] gelöst werden ('sedumi' ist ein frei verfügbares Paket zum Programm Matlab). Die Lösung des Problems sind dann die optimalen Koeffizienten der Autokorrelation der FIR-Filterkoeffizienten. Eine Faktorisierung der Autokorrelation liefert dann die Filterkoeffizienten.

Im Folgenden wird als Basispuls ein idealer Gauß'scher Monocycle angenommen und als Zielmaske die FCC-Maske angesetzt. Dieser Puls wird dann im Zeitbereich fein abgetastet, sodass die Abtastwerte den Abstand $1/(2 \cdot 28\,\text{GHz}) = 17,86$ ps aufweisen. Die Filterordnung wird zu $N_\text{f} = N_\text{Filter} - 1 = 30$ gewählt, wobei die FIR-Koeffizienten einen Abstand von $1/(2 \cdot 14)$ GHz $= 35{,}714$ ps aufweisen sollen. Dieser zeitliche Abstand der FIR-Koeffizienten ist hierbei frei wählbar. Nach der Bestimmung aller Matrizen und Vektoren des Gleichungssystems 3.89, der Lösung des Gleichungssystems mithilfe von 'sedumi' und der Faktorisierung der Autokorrelation ergeben sich die N_Filter=31 optimierten FIR-Filterkoeffizienten gemäß Abbildung 3.11. Das normierte Spektrum der optimalen FIR-Koeffizienten ist in Abbildung 3.12

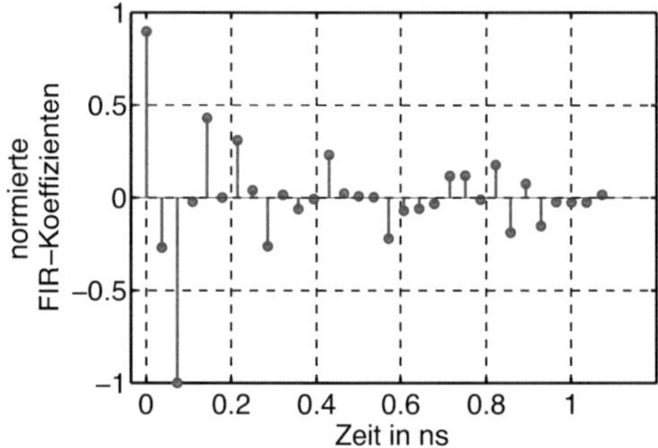

Abbildung 3.11: Optimale FIR-Koeffizienten (konvexe Optimierung)

zu sehen: Entfernt man sich von der Mittenfrequenz 7,85 GHz, hebt sich das Spektrum an und kompensiert somit gerade den Abfall des Spektrums des anregenden Gauß'schen Monocycles. Insgesamt wird bereits hier deutlich, dass die Filterung eines Gauß'schen Monocycles mit dem optimalen FIR-Filter zu einem Puls mit flachem Spektrum führt, d.h. zum Optimalpuls. Die Filterung lässt sich mathematisch als Faltung ausdrücken: Eine Faltung des Basispulses mit den Filterkoeffizienten führt zum FCC-optimalen Puls, d.h. der Puls ist dann bezüglich der normierten FCC-Maske optimal. Die absolute Amplitude des Optimalpulses muss in Abhängigkeit der Pulswiederholzeit so gewählt werden, dass das Leistungsdichtespektrum den Maximalwert von $-41,3$ dBm/MHz erreicht.

Physikalisch gesehen ergibt die Faltung eines kontinuierlichen Gauß'schen Monocycles mit einem diskreten FIR-Filter weiterhin einen kontinuierlichen Puls. Zur Simulation auf dem Rechner muss jedoch eine Diskretisierung des Optimalpulses vorgenommen werden. Diese sollte einerseits fein genug sein, um Approximationsfehler zu vermeiden. Andererseits führt eine feine Diskretisierung zu langen Rechenzeiten. Es muss nun ein geeigneter Kompromiss gefunden werden. Abbildung 3.13 (oben) zeigt den Optimalpuls im Zeitbereich für eine sehr feine Diskretisierung von $0,01786$

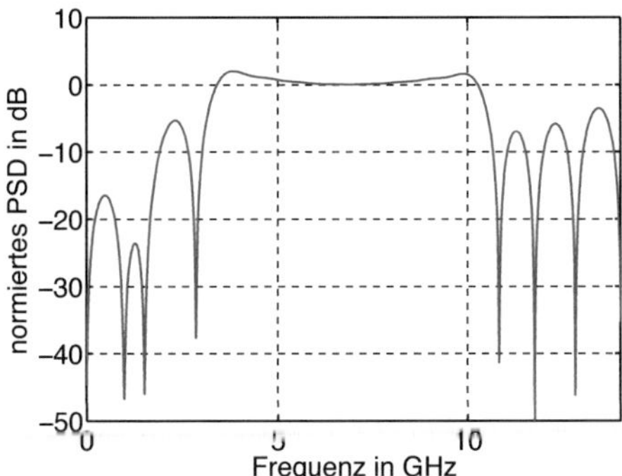

Abbildung 3.12: Normiertes Spektrum der optimalen FIR-Koeffizienten (konvexe Optimierung)

ps (in der Abbildung als 'Optimalpuls konvexe Optimierung' bezeichnet) und für eine grobere Auflösung von $T_0 = 1/(2 \cdot 28\,\text{GHz})$ =17,86 ps. Die Amplitude passt zu einer Pulswiederholzeit von $1600 \cdot T_0 = 28,57$ ns, wobei als Zielmaske die unmodifizierte FCC-Maske angesetzt wurde. In der Abbildung ist zu sehen, dass eine Auflösung von $17,86$ ns bereits ausreicht, um das Verhalten des Pulses im Zeitbereich gut zu erfassen. Im Folgenden wird daher bei Systemsimulationen stets eine Zeitdiskretisierung von $17,86$ ns angesetzt und der Puls von Abbildung 3.13 verwendet. Abbildung 3.13 (unten) zeigt das zugehörige Leistungsdichtespektrum der FCC-Maske. Im relevanten Bereich von 3,1 bis 10,6 GHz wird eine extrem gute Effizienz von 90,56 Prozent erreicht und die Maske stets eingehalten. Eine einfache, kostengünstige Pulsgenerator-Schaltung mit Pulsformungsnetzwerk zur Approximation des Optimalpulses ist in [Sit09] zu finden.

3.3.2 Direkte Lösung des nicht-konvexen Optimierungsproblems

Der vorangegangene Abschnitt löste das nicht-konvexe Optimierungsproblem von Gleichung 3.45 durch Überführung in ein konvexes Optimierungsproblem. Dieses wurde durch Anwendung des Erweiterten Positive Real Lemmas ohne Approximationsfehler diskretisiert, in Matrixschreibweise gebracht und gelöst. Es gibt aber auch die Möglichkeit, das nicht-konvexe Optimierungsproblem von Gleichung 3.45 direkt numerisch zu lösen, d.h. es werden die optimalen Filterkoeffizienten g_i gesucht. Durch Faltung der optimierten Koeffizienten mit dem anregenden Puls (z.B. Gauß'scher Monocycle) ergibt sich dann ein leistungsoptimierter Puls. Dies soll im Folgenden durchgeführt werden:

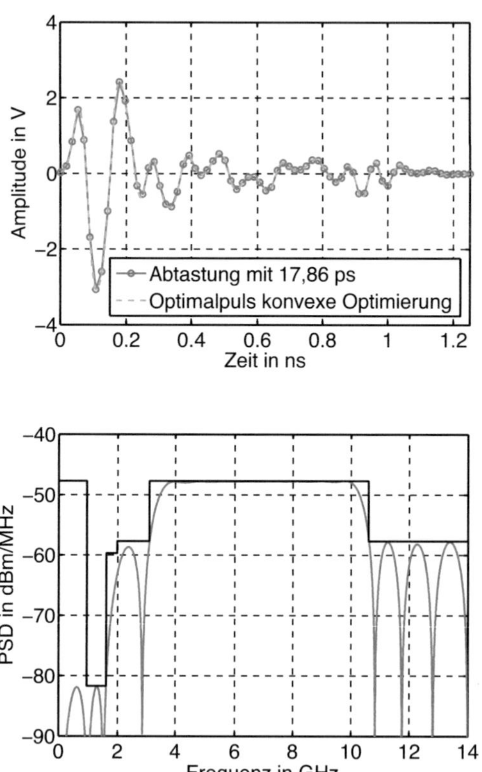

Abbildung 3.13: Optimalpuls im Zeitbereich und Leistungsdichtespektrum (konvexe
Optimierung)

Um Gleichung 3.45 zu vereinfachen, werden einige Ausdrücke definiert und hergeleitet [LW08]. Das Leistungsdichtespektrum S_p des durch das FIR-Filter geformten Pulses $p(t)$ von Gleichung 3.44 lässt sich schreiben als

$$S_p(f) = |P(f)|^2 = |G(f)|^2 \cdot |Q(f)|^2 = S_g(f) \cdot S_q(f) \tag{3.93}$$

wobei $S_g(f)$ und $S_q(f)$ das Leistungsdichtespektrum von $g(t)$ bzw. $q(t)$ darstellt. $S_g(f)$ kann ausgedrückt werden als

$$S_g(f) = \left| \mathcal{F}\left(g(t) = \sum_{k=0}^{N_{\text{Filter}}-1} g_k \delta(t - k \cdot T_0) \right) \right|^2 = \left| \sum_{k \in Z} g_k e^{-j2\pi kfT_0} \right|^2$$
$$= \left| \sum_{k=0}^{N_{\text{Filter}}-1} g_k e^{-j2\pi kfT_0} \right|^2. \tag{3.94}$$

Durch Definition eines komplexwertigen Fourier-Vektors $\boldsymbol{\Phi}_c$ zur Bildung der Fouriertransformation

$$\boldsymbol{\Phi}_c(f, N_{\text{Filter}}) = [1, e^{j2\pi fT_0}, e^{j2\pi f2T_0}, \cdots, e^{j2\pi f(N_{\text{Filter}}-1)T_0}] \tag{3.95}$$

und durch Einführung des diskreten Vektors g, welcher die gesuchten FIR Koeffizienten enthält mit

$$\mathbf{g} = [g_0, g_1, g_2, \ldots g_{N_{\text{Filter}}-1}]^T \tag{3.96}$$

kann Gleichung 3.94 geschrieben werden als

$$S_g(f) = \left| \boldsymbol{\Phi}_c{}^H(f, L) \cdot \mathbf{g} \right|^2. \tag{3.97}$$

wobei der Operator H in Gleichung 3.97 'Hermitesch' bedeutet. Unter Verwendung der Gleichungen 3.93 - 3.97 kann das Optimierungsproblem von Zusammenhang 3.45 wie folgt formuliert werden:

$$\max_{g_k \in \Re^{N_{\text{Filter}}}} \eta = \int_{F_p} \left| \boldsymbol{\Phi}_c{}^H(f, N_{\text{Filter}}) \cdot \mathbf{g} \right|^2 Q(f)^2 df \tag{3.98}$$

$$s.t. \quad \forall f \in F : S_p(f) = \left| \boldsymbol{\Phi}_c{}^H(f, N_{\text{Filter}}) \cdot \mathbf{g} \right|^2 Q(f)^2 \leq S_{\text{FCC}}(f)$$

Die zu maximierende Zielfunktion η ist damit ein Integral, dessen Integrand kleiner gleich der Leistungsdichte aus der UWB-Regulierung sein muss. In [LW08] wird erwähnt, dass dieses (immer noch) nicht-konvexe Problem mit nicht-linearer Nebenbedingung numerisch gelöst werden kann. MATLAB stellt hierfür das Tool 'fmincon' zur Verfügung. Um das im Kontinuierlichen beschriebene Optimierungsproblem auf einem Rechner zu lösen, muss es jedoch in eine diskrete Form überführt werden. Durch diese Approximation des Optimierungsproblems kann folglich nur eine Approximation der eigentlichen Lösung erzielt werden. Zur Diskretisierung des Problems muss die kontinuierliche Funktion $Q(f)$ im Frequenzbereich abgetastet werden. Bei gegebener Filterlänge N_{Filter} (N_{Filter} FIR-Koeffizienten) sollte das Frequenzintervall $F = [0 \quad f_{\text{max}}]$ mit mindestens N_s Frequenzwerten abgetastet werden, wobei gilt

$$N_s = 15 \cdot N_{\text{Filter}} \tag{3.99}$$

sodass sich eine Frequenzauflösung Δf von

$$\Delta f = \frac{f_{\max}}{N_{\mathrm{s}} - 1} \tag{3.100}$$

einstellt. Somit ergeben sich die diskreten Frequenzen f_i zu

$$f_i = (i - 1) \cdot \Delta f \quad , \quad i = 1 \cdots N_{\mathrm{s}}. \tag{3.101}$$

Ein typischer Wert für $f_{\max}$ ist hierbei 14 GHz, vgl. [LW08]. Dann weisen die FIR-Koeffizienten einen zeitlichen Abstand von 35,714 ps auf.

Die kontinuierliche Formulierung des Optimierungsproblems von Gleichung 3.98 geht nun in ein diskretes Optimierungsproblem über, bei welchem die Zielfunktion statt eines Integrals eine endliche Summe aufweist. Weiterhin geht die im Kontinuierlichen beschriebene nichtlineare Nebenbedingung in einen Satz aus N_{s} diskreten, nichtlinearen Nebenbedingungen über. Die diskrete Formulierung des Optimierungsproblems lautet dann

$$\max_{g_k \in \Re^{N_{\mathrm{Filter}}}} \eta = \sum_{i=1}^{N_{\mathrm{s}}-1} \left| \boldsymbol{\Phi}_{\mathrm{c}}{}^{H}(f_i, N_{\mathrm{Filter}}) \cdot \mathbf{g} \right|^2 |Q(f_i)|^2 df \tag{3.102}$$

$$s.t. \quad c(f_1) = \left| \boldsymbol{\Phi}_{\mathrm{c}}{}^{H}(f_1, N_{\mathrm{Filter}}) \cdot \mathbf{g} \right|^2 Q(f_1)^2 - S_{\mathrm{FCC}}(f_1) \leq 0$$

$$c(f_2) = \left| \boldsymbol{\Phi}_{\mathrm{c}}{}^{H}(f_2, N_{\mathrm{Filter}}) \cdot \mathbf{g} \right|^2 |Q(f_2)|^2 - S_{\mathrm{FCC}}(f_2) \leq 0$$

$$\ldots = \ldots$$

$$c(f_{N_{\mathrm{s}}}) = \left| \boldsymbol{\Phi}_{\mathrm{c}}{}^{H}(f_{N_{\mathrm{s}}}, N_{\mathrm{Filter}}) \cdot \mathbf{g} \right|^2 |Q(f_{N_{\mathrm{s}}})|^2 - S_{\mathrm{FCC}}(f_{N_{\mathrm{s}}}) \leq 0.$$

Gleichung 3.102 stellt also das diskretisierte Optimierungsproblem dar, bei welchem die N_{Filter} optimalen FIR-Koeffizienten $g_i, i = 1..N_{\mathrm{Filter}}$ gesucht sind.

Man kann nun z.B. fordern, dass ein FIR-Filter mit reellen Koeffizienten entworfen werden soll. Reelle Koeffizienten werden deshalb gefordert, da eine UWB-Antenne einen reellwertigen Puls abstrahlt. Damit vereinfacht sich der komplexe Fouriervektor $\boldsymbol{\Phi}_{\mathrm{c}}$ zum reellwertigen Fouriervektor $\boldsymbol{\Phi}$ von Gleichung 3.61. Weiterhin geht dann die hermitesche Matrix $\boldsymbol{\Phi}_{\mathrm{c}}{}^{H}$ in eine transponierte Matrix $\boldsymbol{\Phi}^{T}$ über. Das diskretisierte Optimierungsproblem kann nun durch das Tool 'fmincon' in MATLAB gelöst werden. Die Methode benötigt einen geeigneten Startvektor g_0 für die zu optimierenden FIR-Koeffizienten von Gleichung 3.96 sowie eine Funktion mit den diskretisierten Nebenbedingungen. Um Gleichung 3.102 in MATLAB durch 'fmincon' zu lösen, müssen zwei Funktionen erzeugt werden: die Zielfunktion, welche $-\eta$ beschreibt (das Minuszeichen bewirkt, dass die Zielfunktion η maximiert wird, da 'fmincon' stets eine Minimierung der Zielfunktion durchführt). Weiterhin muss eine Funktion erzeugt werden, welche die aufgeführten diskretisierten Nebenbedingungen enthält. Die nicht-konvexe Optimierung wird dann mithilfe von 'fmincon' durchgeführt, wobei die erwähnten Funktionen sowie ein geeigneter Startvektor für die Koeffizienten übergeben werden. Es ist hiermit auch möglich, ein optimales linearphasiges FIR-Filter zu entwerfen. Hierzu sollten die Startwerte im Startvektor

g_0 symmetrisch zur Mitte aufgebaut sein. Sowohl in der Zielfunktion, als auch in der Funktion der Nebenbedingungen muss dann explizit die Symmetrie der FIR-Koeffizienten definiert werden, sodass z.B. bei ungeradem N_{Filter} nur $1+(N_{\mathrm{Filter}}-1)/2$ FIR-Koeffizienten optimiert werden. Nach der Optimierung werden dann alle N_{Filter} FIR-Koeffizienten bestimmt, indem die optimierten Koeffizienten um den mittleren Koeffizient gespiegelt werden. Im Folgenden werden die erzielten Ergebnisse für einen solchen Fall ($N_{\mathrm{Filter}} = 31$) vorgestellt. Als Basispuls wird der Gauß'sche Monocycle von Abbildung 2.3 genommen. Die optimierten FIR-Koeffizienten des linearphasigen FIR-Filters sind in Abbildung 3.14 dargestellt. Nach Durchgang des

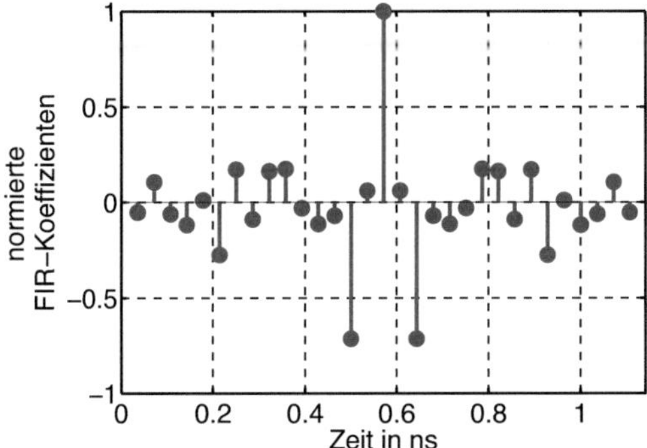

Abbildung 3.14: Optimale FIR Koeffizienten (Filterlänge: N_{Filter}=31); nicht-konvexe Optimierung

Basispulses von Abbildung 2.3 durch das linearphasige FIR-Filter mit den Koeffizienten gemäß Abbildung 3.14 ergibt sich ein effizienter Puls. Das Zeitverhalten sowie das zugehörige Leistungsdichtespektrum ist in Abbildung 3.15 dargestellt. Wie der Abbildung zu entnehmen ist, weist der Puls im Zeitbereich aufgrund der Verwendung symmetrischer FIR-Koeffizienten weiterhin die Symmetrieeigenschaften des Basispulses auf. Wie bereits erwähnt, kann als Maß für die Effizienz eines Pulses bezüglich einer Regulierung der NESP-Wert herangezogen werden. Berücksichtigt man nur den technisch interessanten Durchlassbereich der FCC-Maske, so ergibt sich ein NESP-Wert von 70 Prozent. Dieser Wert ist wesentlich höher als die Effizienz des Gauß'schen Monocycles, der zur Einhaltung der FCC-Regulierung stark gedämpft werden müsste und dann nur eine Effizienz kleiner als 0,1 Prozent aufweisen würde. Dennoch ist die erzielte Effizienz nicht so gut wie bei Lösung des konvexen Optimierungsproblems. Das Problem liegt darin, dass bei nicht-konvexer Optimierung nur ein lokales Minimum des Optimierungsproblems gefunden wird. Eine Verbesserung lässt sich erzielen, indem eine sehr große Anzahl an Startvektoren getestet wird [LKJ08].

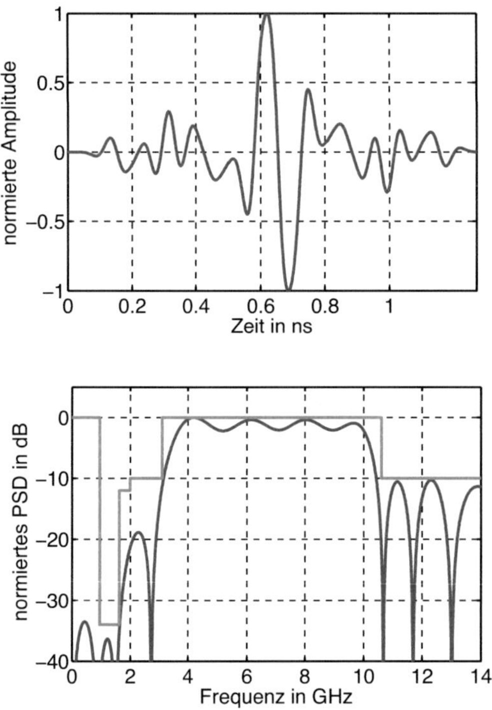

Abbildung 3.15: Effizienter, aber nicht optimaler Puls im Zeit- und Frequenzbereich zusammen mit der FCC-Regulierung; nicht-konvexe Optimierung

Methode	Vorteile	Nachteile
Fenstermethode	spektrale Ausnutzung ca. 90 Prozent	D/A-Wandlung nötig
Frequenzabtastungs- methode	spektrale Ausnutzung ca. 90 Prozent; Vermeidung des u.U schwierig bestimmbaren Fourier- integrals	D/A-Wandlung nötig
Direkte Maximierung	spektrale Ausnutzung ca. 90 Prozent	D/A-Wandlung nötig
Konvexe Optimierung mit Basispuls	globales Optimum; keine D/A-Wandlung nötig; spektrale Ausnutzung ca. 90 Prozent	Approximation des Optimierungs- problems
Nicht-konvexe Optimierung mit Basispuls	keine D/A-Wandlung nötig	lokales Maximum; spektrale Ausnutzung nur 70 Prozent

Tabelle 3.1: Vergleich der Methoden zur optimalen Pulsformung

Tabelle 3.1 fasst die Vor- und Nachteile aller vorgestellten Methoden zur optimalen Pulsformung zusammen.

3.4 Erzeugung neuartiger hocheffizienter orthogonaler Pulsformen

In den drei vorangegangenen Abschnitten wurde durch Anwendung unterschiedlicher Optimierungsverfahren jeweils eine Pulsform mit hoher Effizienz erzeugt. Das konvexe Optimierungsverfahren 'sedumi' liefert im Vergleich zum nicht-konvexen Optimierungsverfahren 'fmincon' eine größere Effizienz. Die durch 'sedumi' erzeugte Pulsform hoher Effizienz soll nun als Basispuls verwendet werden, um einen Satz hocheffizienter orthogonaler Pulsformen zu erzeugen. Diese können dann zur Puls-form-Modulation (vgl. Abschnitt 2.4.3) eingesetzt werden und die Datenrate bei konstanter Pulswiederholzeit deutlich steigern.

Das Ziel besteht darin, $N_{\mathrm{ortho}} = 2^m$ Orthogonalpulse unter Verwendung eines Basispulses zu erzeugen, welche im Idealfall keine Variation der Effizienz aufweisen. Gleichzeitig sollte die erzielte Effizienz möglichst groß sein, d.h. im Idealfall so groß wie die des Basispulses. Hierbei werden stets zeitdiskrete Größen betrachtet, d.h. die Abtastwerte des diskretisierten Basispulses $p(t)$ (Pulsdauer T_{p}) werden im Vektor **p** zusammengefasst und einer Orthogonalisierung unterzogen. Als Ergebnis resultieren N_{ortho} Vektoren, welche die jeweiligen Abtastwerte der Orthogonalpulse beschreiben. Eine gute Übersicht über Orthogonalisierungs-Verfahren findet sich in [Sri00]. Es stellt sich allerdings die Frage, welches Orthogonalisierungs-Verfahren geeignet ist, den NESP-Wert aller Orthogonalpulse zu maximieren.

Hierbei zeigt sich, dass die sogenannte 'symmetrische Löwdin-Orthogonalisierung' besonders vielversprechende Eigenschaften aufweist und es wert ist, näher betrachtet zu werden. Ein Vorläufer dieser Orthogonalisierungs-Methode geht auf Landshoff (1936) [Lan36] zurück. Die eigentliche 'symmetrische Löwdin-Orthogonalisierung' wurde 1950 durch Löwdin entwickelt [Löw50] und findet vorwiegend im Bereich der Quantenphysik Anwendung. Geeignete Literatur zur symmetrischen Löwdin-Orthogonalisierung findet sich z.B. in [NS04] und [Koc09]. Vorteilhaft bei dieser Orthogonalisierung ist der Umstand, dass die erzeugte Orthogonalbasis aufgrund der mathematischen Eigenschaften des Orthogonalisierungs-Verfahrens stets einen minimierten Abstand zur originären Basis aufweist. Dies bedeutet: Die Abweichung der durch 'symmetrische Löwdin-Orthogonalisierung' erzeugten Vektoren ist im Vergleich zum originären Basisvektor im Least Squares Sinne minimiert [Rok08]. Für die Erzeugung von orthogonalen UWB-Pulsen bedeutet dies, dass die Abweichung der orthogonalen Pulsformen gegenüber dem optimalen Basispuls minimiert wird. Folglich weisen alle erzeugten Orthogonalpulse einen hohen NESP-Wert auf, was gleichzeitig die Variation der NESP-Werte innerhalb der Orthogonalpulse minimiert. Die 'symmetrische Löwdin-Orthogonalisierung' ist daher geradezu prädestiniert, zur Erzeugung hocheffizienter ultrabreitbandiger Orthogonalpulse herangezogen zu werden. Dies wurde jedoch weltweit noch nicht erkannt und durchgeführt. Im Folgenden wird daher erstmals eine solche Orthogonalisierung im Zusammenhang mit ultrabreitbandiger Pulsformung durchgeführt.

Die Entwurfsvorschrift zur Erzeugung orthogonaler Pulsformen gemäß der symmetrischen Löwdin-Orthogonalisierung lautet:

- Verschiebe den Basispuls um ganzzahlige positive Vielfache ($k = 0..N_{\text{ortho}} - 1$) einer Zeitverschiebung Δt, wobei gilt

$$\Delta t = \alpha T_p \tag{3.103}$$

mit

$$\alpha = \frac{1}{N_{\text{ortho}} - 1}. \tag{3.104}$$

Für $\alpha < 1$ (d.h. $N_{\text{ortho}} > 2$) überlappen sich die verschobenen Pulse. Nach Durchführung aller Verschiebungen ergeben sich N_{ortho} Pulse $p_k(t)$ mit ($k = 0..N_{\text{ortho}} - 1$), wobei die jeweilige Verschiebung $k \cdot \Delta T$ entspricht. Der letzte verschobene Puls hat damit die Pulsdauer

$$T_{p,\text{shift}} = (N_{\text{ortho}} - 1) \cdot \Delta t + T_p = 2 \cdot T_p \tag{3.105}$$

welche doppelt so groß ist wie die des Basispulses. Alle anderen Pulse $p_k(t)$ werden am Ende so lange mit Nullen aufgefüllt, bis jeder Puls die Länge $T_{\mathrm{p,shift}}$ besitzt. In Vektorform ergeben sich damit die Vektoren $\mathbf{p}_k$

- Berechne die Gram-Schmidt Matrix $\mathbf{G}_{\mathrm{Gram}}$ der Dimension $N_{\mathrm{ortho}} \times N_{\mathrm{ortho}}$ aus den Vektoren $\mathbf{p}_k$, wobei gilt:

$$G_{\mathrm{Gram}}(i,j) = \mathbf{p}_i^{\ T} \cdot \mathbf{p}_j \tag{3.106}$$

Hierbei stellen $G_{\mathrm{Gram}}(i,j)$ die Koeffizienten der Gram-Schmidt Matrix dar. Obwohl die Gram-Schmidt Matrix benutzt wird, handelt es sich bei der Orthogonalisierungsmethode nicht um das 'Gram-Schmidt Verfahren'.

- Die Abtastwerte der insgesamt N_{ortho} Orthogonalpulse werden durch die entsprechenden Vektoren $\mathbf{p}_{\mathrm{ortho},m}$ ($m = 0..N_{\mathrm{ortho}} - 1$) beschrieben, wobei gilt:

$$\mathbf{p}_{\mathrm{ortho},m} = \sum_{k=0}^{N_{\mathrm{ortho}}-1} \mathbf{G}_{\mathrm{Gram}}^{-\frac{1}{2}}(m,k) \cdot \mathbf{p}_k. \tag{3.107}$$

Die Orthogonalpulse weisen - wie die verschobenen Basispulse - eine Pulsdauer von $2 \cdot T_{\mathrm{p}}$ auf. Im Folgenden wird als Basispuls der durch konvexe Optimierung erzeugte Optimalpuls von Abbildung 3.13 verwendet, da er eine deutlich bessere Effizienz aufweist als der Optimalpuls bei nicht-konvexer Optimierung. Der verwendete Basispuls von Abbildung 3.13 besitzt eine Pulsdauer von ca. 1,25 ns. Abbildung 3.16 visualisiert alle 4 Orthogonalpulse für den Fall, dass ein Ensemble aus $N_{\mathrm{ortho}} = 4$ Orthogonalpulsen erzeugt werden soll. Wie man der Abbildung entnimmt, beträgt die Pulsdauer der Orthogonalpulse ca. $2 \cdot 1,25$ ns = 2,5 ns.

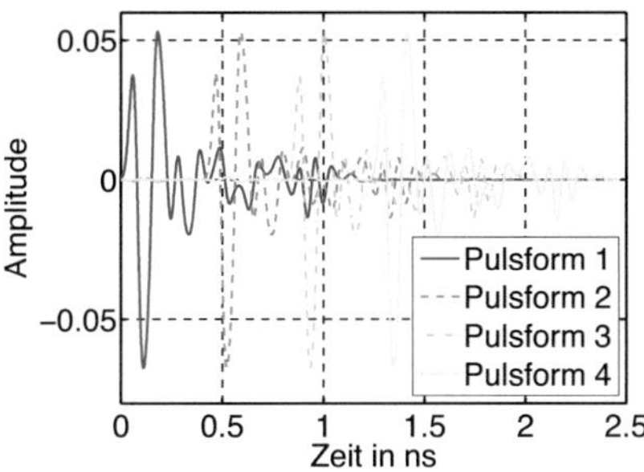

Abbildung 3.16: 4 erzeugte Orthogonalpulse; konvexe Optimierung

Die Orthogonalpulse sehen zwar ähnlich aus, sind aber nicht gleich. Sie sind so konstruiert, dass sie exakt orthogonal sind, d.h. betrachtet man den Kreuzkorrelationskoeffizient zweier Orthogonalpulse, muss der Kreuzkorrelationskoeffizient bei $t = 0$ den Wert Null aufweisen. Dann kann man empfängerseitig als Template die Orthogonalpulse benutzen und entscheidet auf den Puls (und folglich die Datensymbole), bei welchem sich die größte Korrelation einstellt [Jun07]. Abbildung 3.17 visualisiert

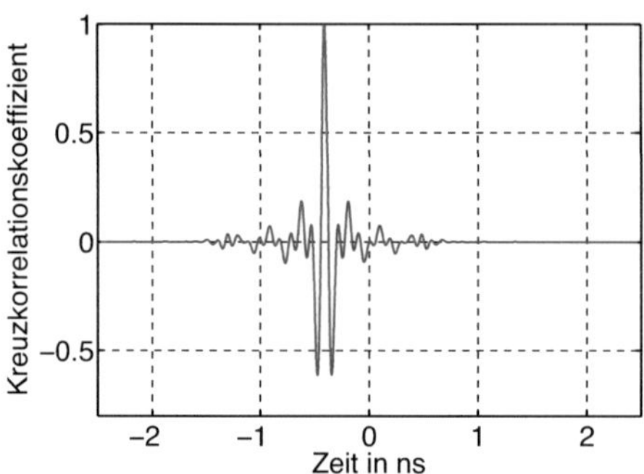

Abbildung 3.17: Kreuzkorrelationskoeffizient zwischen 1. und 2. Orthogonalpuls bei Ensemble aus 4 Orthogonalpulsen; konvexe Optimierung

exemplarisch den Kreuzkorrelationskoeffizienten zwischen dem ersten und zweiten Orthogonalpuls über der Zeit bei einem Ensemble aus 4 Orthogonalpulsen. Der maximale Kreuzkorrelationskoeffizient beträgt fast identisch 1, da die Orthogonalpulse nur marginal unterschiedliche Pulsformen aufweisen. Bei $t = 0$ wird wie erwartet ein Kreuzkorrelationskoeffizient von Null erreicht. Zum Vergleich zeigt Abbildung 3.18 den Kreuzkorrelationskoeffizienten zwischen erstem und zweitem Orthogonalpuls bei einem Ensemble aus 16, d.h. einer erhöhten Zahl von Orthogonalpulsen. Bei einem solchen Ensemble weichen die erzeugten Orthogonalpulse stärker voneinander ab. Der maximale Kreuzkorrelationskoeffizient hat sich auf 0,948 reduziert. Wiederum ergibt sich bei $t = 0$ der Wert Null (Orthogonalität). Auffällig ist allerdings, dass nun ein geringer Zeitversatz gegenüber $t = 0$ ausreicht, um statt der Orthogonalität einen Peak der Kreuzkorrelation und damit maximale Störung der Orthogonalität vorzufinden. Dies lässt sich dadurch erklären, dass bei einer erhöhten Anzahl von Orthogonalpulsen pro Ensemble der zeitliche Abstand zwischen zwei Orthogonalpulsen kleiner wird. Im System bedeutet dies folgendes:
Zwar kann man durch eine Erhöhung der Anzahl der Orthogonalpulse pro Ensemble die Datenrate immer weiter steigern. Gleichzeitig wird das System aber immer anfälliger gegenüber Zeitfehlern infolge von Jitter und Synchronisierungsfehlern. Überträgt man mit einem Orthogonalpuls ein Symbol aus m Bits (z.B. $m = 4$ Bits bei einem Ensemble aus 16 Orthogonalpulsen), so steigt die Symbolfehlerrate SER mit zunehmendem m an. Die Bitfehlerrate errechnet sich aus der Symbolfehlerrate

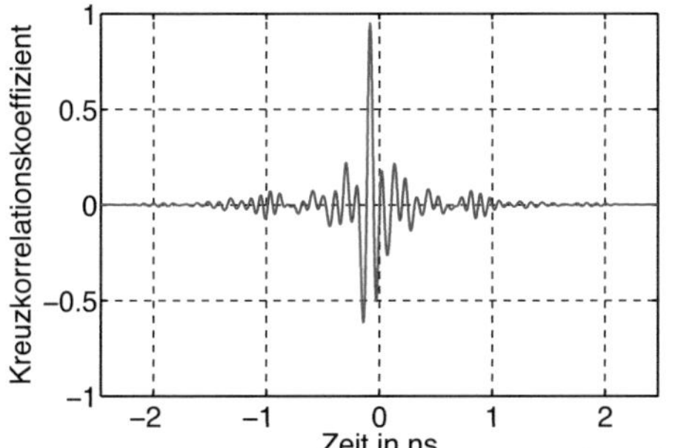

Abbildung 3.18: Kreuzkorrelationskoeffizient zwischen 1. und 2. Orthogonalpuls bei Ensemble aus 16 Orthogonalpulsen; konvexe Optimierung

wie folgt:

$$BER = \frac{SER}{\log_2 N_{\mathrm{ortho}}} = \frac{SER}{m} \tag{3.108}$$

Insbesondere bei Einbeziehung von Nicht-Idealitäten in das Systemmodell könnte der ungünstige Fall auftreten, dass eine höhere Datenrate durch eine höhere Bitfehlerrate bei gleichem E_{b}/N_0 erkauft wird. Abschnitt 8.2 untersucht, wie sich eine Vergrößerung von m bei gleichem Signal-zu-Rausch-Verhältnis auf die Bitfehlerrate auswirkt, wenn ein System mit einer Vielzahl nicht-idealer Effekte betrachtet wird.

Von Interesse ist weiterhin, wie die Leistungsdichtespektren der Orthogonalpulse im Vergleich zum Optimalpuls aussehen. Ziel ist, dass alle erzeugten Orthogonalpulse eines Ensembles weiterhin eine sehr effiziente Ausnutzung der Maske aufweisen, idealerweise sogar die des Optimalpulses. Im Folgenden wird zunächst das Spektrum des 1. Orthogonalpulses für verschiedene Ensembles zusammen mit dem Optimalpuls visualisiert, vgl. Abbildung 3.19. Da die Ausnutzung für alle gezeigten Ensembles sehr gut ist, zeigt Abbildung 3.19 eine geeignete Ausschnittsvergrößerung des Leistungsdichtespektrums. Wie man erkennt, weisen alle ersten Orthogonalpulse eine sehr gute Ausnutzung der Regulierung auf. Lediglich beim Ensemble aus 8 Orthogonalpulsen ist das Leistungsdichtespektrum des 1. Orthogonalpulses in drei Bereichen um bis zu 1 dB eingebrochen, d.h. die Leistung ist in drei Bereichen um ca. 10 Prozent reduziert, was überschlagsmäßig eine Verschlechterung der Ausnutzung im gesamten relevanten Frequenzbereich um ca. 5 Prozent entspricht. Im Folgenden wird die Effizienz zwischen 3,1 und 10,6 GHz im Sinne von NESP-Werten erfasst. Ein NESP-Wert von 1 (100 Prozent) bedeutet hierbei, dass der Puls die FCC-Maske zwischen 3,1 und 10,6 GHz komplett ausfüllt. Es werden nun verschiedene Ensembles betrachtet: Ensemble aus 2 bzw. 4 bzw. 8 bzw. 16 Orthogonalpulsen. Abbildung 3.20 zeigt den NESP-Wert aller Orthogonalpulse für die betrachteten Ensembles.

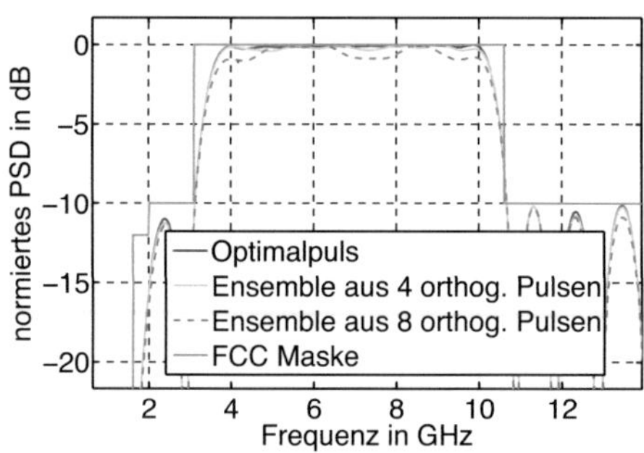

Abbildung 3.19: Leistungsdichtespektrum des 1. Orthogonalpulses bei verschiedenen Ensembles; konvexe Optimierung

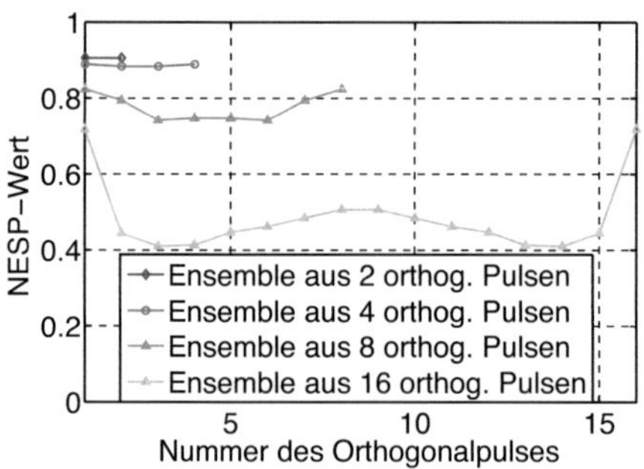

Abbildung 3.20: NESP-Werte aller Orthogonalpulse für verschiedene Ensembles

Hierbei ist folgendes zu sehen:

- Bei einem Ensemble aus 2 Orthogonalpulsen ändert sich der NESP-Wert zwischen erstem und zweitem Orthogonalpuls nicht. Grund hierfür ist die Tatsache, dass sich die beiden Pulse nicht überlappen: Der erste Orthogonalpuls ist der Optimalpuls, der zweite Orthogonalpuls ist der um die Dauer des Optimalpulses verschobene Optimalpuls. Folglich ist der NESP-Wert gleich und auch mit dem NESP-Wert des Optimalpulses von 90,56 Prozent identisch.

- Bei einem Ensemble aus 4 Orthogonalpulsen ändert sich der NESP-Wert zwischen den vorhandenen 4 Orthogonalpulsen nur geringfügig und weicht von dem NESP-Wert des Optimalpulses kaum ab. Grund hierfür ist die Tatsache, dass sich die Orthogonalpulse dem Optimalpuls noch sehr ähnlich sehen, vgl. Abbildung 3.16.

- Je mehr Orthogonalpulse pro Ensemble genommen werden, desto mehr weichen die erzeugten Pulsformen vom Optimalpuls ab. Die Varianz der NESP-Werte innerhalb eines Ensembles nimmt damit zu. Der größte Unterschied in der Effizienz ergibt sich zwischen einem Orthogonalpuls in der Mitte eines Ensembles und einem Orthogonalpuls am Rand, wobei der Rand durch den ersten bzw. letzten Orthogonalpuls gekennzeichnet ist. Dies lässt sich auf die Zeitbegrenzung des Signals zurückführen: Bei einem Orthogonalpuls in der Mitte des Ensembles liegt der Peak direkt in der Mitte des Pulses, d.h. in beide Richtungen vom Peak wird durch die Zeitbegrenzung ein gleich großer Zeitbereich erfasst. Bei einem Orthogonalpuls am Rand erfolgt die Aufteilung der Zeitbereiche links und rechts des Peaks maximal ungleich. Weitere Informationen sind in [WJT10] zu finden.

Zusammenfassend lässt sich zur Effizienz der Orthogonalpulse folgendes sagen: Eine 'symmetrische Löwdin-Orthogonalisierung' eines optimalen UWB-Pulses wurde in der Literatur bisher nicht durchgeführt. Durch diese Orthogonalisierung erhält man Pulse, welche aufgrund der mathematischen Eigenschaften der Orthogonalisierungsvorschrift die FCC-Maske wiederum extrem gut ausfüllen. Die maximal erzielbare Effizienz sinkt jedoch mit steigender Anzahl von Orthogonalpulsen pro Ensemble. Gleichzeitig steigt dann auch die Variation der Effizienz über den erzeugten Orthogonalpulsen. Von großem Interesse ist die Frage, wie sich die gewonnenen Ergebnisse im Vergleich zu bisherigen Arbeiten auf dem Gebiet der optimalen orthogonalen Pulsformung einordnen lassen. [WTD+06] beschäftigt sich intensiv mit verschiedenen Methoden zum Entwurf hocheffizienter orthogonaler Pulse für UWB-Anwendungen und diskutiert zunächst die hierzu einschlägige Fachliteratur. Schließlich gelingt es in [WTD+06], mit Hilfe einer sogenannten 'Sequential Strategy' die bisher in der Literatur erreichten NESP-Werte von Orthogonalpulsen bezüglich der FCC-Maske deutlich zu steigern. [WTD+06] erreicht bei einer Filterordnung von 31 und einem Ensemble aus 3 Orthogonalpulsen folgende NESP-Werte:

76,51 %, 51,31% und 49,97%. Die in dieser Dissertation verwendete Orthogonalisierungsmethode verwendet für einen fairen Vergleich mit [WTD+06] ebenfalls eine Filterordnung von 31 und erreicht bei einem Ensemble aus sogar 4 Orthogonalpulsen folgende NESP-Werte: 88,92%, 88,36%, 88,36% und 88,92%. Die Variation der Leistung innerhalb der Orthogonalpulse geht somit von ca. 26% [WTD+06] auf ca. 0,5% zurück bei gleichzeitig deutlich gesteigertem NESP-Wert. Dies zeigt eindrucksvoll, welcher Fortschritt durch die Löwdin-Orthogonalisierung erreicht wird.

4 Kritische UWB-Systemkomponenten und Designparameter

Schmalbandsysteme werden für eine Designfrequenz ausgelegt, wobei die eingesetzten Hardware-Komponenten wie Filter, Verstärker etc. innerhalb einer schmalen, definierten Bandbreite bestimmte Spezifikationen einhalten müssen. Beim Entwurf eines Impulse Radio Systems werden jedoch Komponenten benötigt, die nicht nur im Bereich weniger MHz, sondern im Bereich einiger GHz arbeiten müssen. Hierbei wird z.B. gefordert, dass sich das Abstrahlverhalten der eingesetzten Antennen oder der Frequenzgang von Filtern und Verstärkern über der Frequenz nicht ändert. Prinzipiell gibt es damit für jede im UWB-System eingesetzte Hardwarekomponente Designziele, die im Bereich einiger GHz eingehalten werden müssen. Diese Forderung stellt eine sehr große Herausforderung dar.

Die vorliegende Dissertation verfolgt jedoch nicht das Ziel, jede Komponente optimal zu entwerfen, sondern es soll im Gegenteil ganz gezielt ein nicht-ideales UWB-System modelliert und untersucht werden. Die Motivation hierfür liegt darin begründet, dass sich selbst bei einem sorgfältigen Systementwurf nicht alle Designziele für eine Komponente gleichzeitig realisieren lassen, sondern vielmehr ein ausgewogener Kompromiss der Anforderungen erzielt werden kann, der die Nicht-Idealitäten nicht vollständig beseitigt. Für den Systementwurf ist es jedoch wichtig zu wissen, welche Komponenten als kritisch anzusehen sind. Hierbei handelt es sich um Komponenten, welche bei falscher Auslegung das Gesamtsystem so stark beeinträchtigen, dass die Performance rapide abnehmen kann. Im Folgenden werden diese kritischen Hardware-Komponenten herausgearbeitet, und es wird auch auf kritische Designparameter eingegangen wie z.B. die Wahl der Modulation (z.B. Einfluss des PPM-Versatzes) oder der Pulswiederholzeit, die oft von der Anwendung abhängen (d.h. auch vom eingesetzten Empfängerprinzip, dem Kanal usw.).

Für jede kritische Komponente wird weiterhin angegeben, welche Designziele bei Einsatz der Komponente in der UWB-Kommunikation angesetzt werden sollten und zu welchen Konsequenzen die Nichteinhaltung einzelner Designziele führen kann. Generelle Designziele für Impulse Radio Technologie werden auch in [Dio05] und [Hey05] diskutiert.

4.1 Kritische Systemkomponenten

4.1.1 Oszillator

Bei der Impulse Radio Übertragung wird zur Erzeugung der Pulswiederholzeit ein Oszillator benötigt, dessen Oszillationsfrequenz die Pulswiederholzeit bestimmt. Im einfachsten Fall ist die Pulswiederholzeit die Inverse der Oszillationsfrequenz. Soll zur Anpassung der Datenrate die Pulswiederholzeit einstellbar sein und einen definierten Wert annehmen, so kann dies z.B. durch Verwendung von nachgeschalteten Frequenzteilern geschehen oder durch Einsatz eines ultrabreitbandigen Oszillators, dessen Frequenz einstellbar ist. Man stelle sich nun vor, dass durch den Oszillator die Nominalzeitpunkte im Abstand der Pulswiederholzeit bestimmt sind, an welchen Pulse gesetzt werden sollen. Die erzeugte Pulswiederholzeit ist jedoch bei Einsatz eines realen Oszillators nicht konstant, sondern unterliegt aufgrund der nicht-idealen Eigenschaften des Oszillators zeitlichen Schwankungen. Aufgrund des Phasenrauschens des Oszillators bildet sich ein sogenannter rms clock Jitter aus, der die Standardabweichung des zeitlichen Versatzes um den Nominalzeitpunkt beschreibt.

Im Folgenden soll der Zusammenhang zwischen Phasenrauschen und dem rms clock Jitter angegeben werden: Das Phasenrauschen kann durch die Einseitenband-Leistungsdichte $L(f)$ beschrieben werden, wobei f der Offset zur Trägerfrequenz f_c darstellt. Zur Bildung von $L(f)$ wird die bei f mit einer Bandbreite von 1 Hz gemessene Rauschleistung durch die Leistung bei der Trägerfrequenz dividiert, sodass $L(f)$ die Bedeutung einer trägerbezogenen Leistungsdichte hat. In logarithmischer Darstellung wird daher die Einheit dBc/Hz verwendet. Laut [Ove07] ergibt sich dann der rms clock Jitter (Standardabweichung des Jitters mit Einheit Sekunde) σ_{jitter}, welcher durch den Offset-Frequenzbereich von $f = f_1$ bis $f = f_2$ zustande kommt, zu

$$\sigma_{\text{jitter}} = \frac{1}{2\pi f_c}\sqrt{2\int_{f_1}^{f_2} L(f)df}. \tag{4.1}$$

Da das Phasenrauschen mit zunehmendem Abstand vom Träger fällt, bestimmen also insbesondere die geringen Offsets den Wert von σ_{jitter}. Die untere Integrationsgrenze f_1 sollte daher möglichst nahe am Träger liegen, d.h. den Wert der Messbandbreite (1 Hz) annehmen. In [Lu06] wird der Zusammenhang von Gleichung 4.1 diskutiert und gezeigt, wie sich das Signal-zu-Rausch-Verhältnis beim Korrelationsempfänger infolge des Jitters verschlechtert.

Zusammenfassend stellt also der Oszillator infolge seines Phasenrauschens ein kritisches Element im UWB-System dar. Um nicht-ideale Effekte des Oszillators zu vermeiden, sollte man im UWB-System hochstabile Oszillatoren einsetzen, welche sich durch sehr geringes Phasenrauschen auszeichnen. In der Praxis setzt man hierfür z.B. Crystal Oszillatoren ein.

4.1.2 Analoges Sendefilter

Um sicherzustellen, dass die FCC-Maske jederzeit eingehalten wird, wird das UWB-Signal vor der Abstrahlung über die Sendeantenne durch ein Sendefilter geschickt. Eine besondere Herausforderung beim Filterentwurf liegt darin, dass der relevante Frequenzbereich von 3,1 bis 10,6 GHz eine relative Bandbreite von ungefähr 110% aufweist. Dies macht schmalbandige Ansätze für den Entwurf eines Bandpassfilters unbrauchbar [LKM05]. Zusätzlich sollte ein solches Filter sehr gut abgestimmt sein, um die FCC-Maske möglichst genau auszufüllen. Hierfür sollte das entwickelte Filter möglichst steilflankig sein und im Durchlassbereich einen glatten Verlauf aufweisen.

4.1.3 Antennen

UWB-Antennen wirken als Filter und stellen damit kritische Komponenten im UWB-System dar [OHI04]. Die Filterwirkung lässt sich sowohl im Zeit- als auch im Frequenzbereich beschreiben. Im Zeitbereich betrachtet man die Impulsantwort der Antenne und sieht im nicht-idealen Fall ein Nachschwingen (Ringing) der Impulsantwort. Im Frequenzbereich kann man sowohl den Betrag als auch die Phase über der Frequenz betrachten. Idealerweise ist der Phasengang des Transmissionskoeffizienten über der Frequenz nahezu linear, sodass sich eine nahezu konstante Gruppenlaufzeit einstellt. Der Betrag des Transmissionsverhaltens sollte möglichst konstant über der Frequenz sein, da sich hieraus der Gewinn der Antenne berechnet. Inwieweit die Gruppenlaufzeit innerhalb des Durchlassbereichs variieren darf, hängt von der Anwendung ab. Die Schwankung sollte in jedem Fall deutlich kleiner als die Pulswiederholzeit sein, um starke Intersymbolinterferenzen zu vermeiden. Um ein gutes Phasenverhalten zu erhalten, sollte sich das Phasenzentrum der Antenne so wenig wie möglich über der Frequenz ändern. Eine weitere Anforderung betrifft die Effizienz der Abstrahlung: Damit das UWB-Signal effizient abgestrahlt werden kann, muss ein hoher Antennenwirkungsgrad vorliegen, z.B. größer als 70 Prozent [Pow04] und eine gute Anpassung vorliegen (z.B. S_{11} besser als -10 dB). Weiterhin ist oft eine isotrope Abstrahlung anzustreben, damit in allen Raumrichtungen die gleiche Pulsform abgestrahlt und andererseits die UWB-Regulierung in allen Raumrichtungen möglichst gut ausgenutzt wird. Die UWB-Regulierung beschreibt nämlich EIRP Werte, d.h. bei Auftreten eines Antennengewinns darf zur Einhaltung der Maske entsprechend weniger Leistung zugeführt werden. Dann kann die Maske jedoch nur in Richtung des maximalen Gewinns optimal genutzt werden, während für alle anderen Raumrichtungen eine reduzierte Leistungsdichte vorliegt und insgesamt die Regulierung ineffizient genutzt wird. Da eine isotrope Antenne schlecht zu realisieren ist, sollte bei UWB-Kommunikation zumindest eine im Azimut omnidirektionale Antenne Verwendung finden mit einem geringen Gewinn in der Elevations-Charakteristik. Hierbei ist es wichtig, dass der Gewinn über der Frequenz wenig schwankt. Der höchste vorkommende Antennengewinn bestimmt dann, wie weit die Leistung abgesenkt werden muss, um die UWB-Regulierung einzuhalten. Zuletzt sind auch oft Randbedingungen an Größe und Gewicht der UWB-Antenne gestellt. Denkt man z.B. an den Einbau einer UWB-Antenne in ein mobiles Endgerät, so sollte die Antenne geringe Abmessungen aufweisen und kompakt sein, weshalb sich eine planare Ausführung anbietet. Beispiele für solche Antennen sind z.B. gedruckte Monopolantennen [BA07], aperturgekoppelte Bowtie-Antennen, Schlitzantennen etc. Untersuchungen zur richtungsabhängigen Abstrahlung von UWB-Antennen finden sich in [SW05] und [PTA+08].

4.1.4 Kanal

Betrachtet wird ein Ausbreitungskanal für Indoor-Umgebungen. Dieser zeichnet sich durch Mehrwegausbreitung aus, welche z.B. durch (Mehrfach-) Reflexionen, Beugung und Streuung an Objekten hervorgerufen wird. Das Empfangssignal ergibt sich als Superposition aller Beiträge, die zu unterschiedlichen Zeitpunkten eintreffen und ist demzufolge zeitlich aufgespreizt. Dies kann zu Intersymbolinterferenzen führen und zeigt, dass der Kanal ein kritisches Element im Gesamtsystem darstellt. Weiterhin sind die Ausbreitungsphänome frequenzabhängig, was bei einer ultrabreitbandigen Übertragung zusätzlich ins Gewicht fällt.

4.1.5 Interferenz

Interferenz ist in jedem technischen System als kritisch anzusehen, da Störleistung in das Betriebsband fällt, das Signal-zu-Rausch-Verhältnis herabsetzt und damit in der Regel die Performance beeinträchtigt. Die Auswirkung von Interferenz auf ein UWB Impulse Radio System hängt von verschiedenen Aspekten ab, u.a. von der Bandbreite des Störers, dessen Leistungsdichte und der Form des Interferenz-Spektrums. Ultrabreitbandige Interferenz kann beispielsweise durch andere UWB-Geräte hervorgerufen werden; WLAN[1] hingegen wirkt als Schmalbandstörer und kann die empfangene Pulsform eines Impulse Radio Systems erheblich beeinträchtigen.

4.1.6 Rauscharmer Verstärker

Die Gesamtrauschzahl eines Empfängers wird wesentlich durch die Rauschzahl des ersten Gliedes im Empfänger bestimmt. Hier sitzt in der Regel ein rauscharmer Verstärker mit einer kleinen Rauschzahl, um die Gesamtrauschzahl des Empfängers klein zu halten. Die Güte des Empfängers bestimmt somit wesentlich die Performance des Gesamtsystems, weshalb der rauscharme Verstärker als kritisches Element angesehen werden muss. Weiterhin kann sich die Frequenzabhängigkeit der S-Parameter negativ auf die Performance auswirken, weshalb Verstärker mit möglichst glattem Transmissionsverhalten erwünscht sind.

---

[1]WLAN = Wireless Local Area Network

4.1.7 Analog-Digital-Wandlung

Die Grundidee des klassischen Impulse Radio Prinzips besteht darin, UWB-Technologie mit moderater Komplexität und daher geringen Kosten zu realisieren. Eine A/D bzw. D/A-Wandlung von Signalen mit mehreren GHz Bandbreite führt dabei zu erhöhten Kosten, was bei kostengünstigen Lösungen zu vermeiden ist. Das System sollte dann möglichst analog arbeiten, d.h. Pulsformen werden analog erzeugt (und ggf. optimal geformt), Korrelationen finden mit einem analogen Korrelator statt etc. Problematisch hierbei können aber Unsicherheiten bei der analogen Impulserzeugung sein.

Sollen der Sendeantenne hingegen Optimalpulse zugeführt werden, die nicht durch Formung eines analogen Basispulses zustande kamen, ist bei einer praktischen Realisierung eine senderseitige D/A-Wandlung und empfängerseitig eine entsprechende A/D-Wandlung durchzuführen. Da bei Impulse Radio eine Bandbreite von bis zu 7,5 GHz genutzt wird, müsste ein einzelner A/D-Wandler eine Abtastrate von mehr als 15 Gsamples/s besitzen. Entsprechende A/D-Wandler sind zur Zeit erst in der Entwicklung und würden, wie bereits oben angedeutet, folglich zu sehr hohen Kosten führen. Außerdem ist der Leistungsverbrauch schneller A/D-Wandler sehr hoch. Dies widerspricht der Grundidee von UWB-Kommunikation, nur wenig (Batterie-) Leistung zur Übertragung hoher Datenraten zu benötigen. Es gibt jedoch Möglichkeiten, die A/D-Wandlung trotz großer Bandbreite durchzuführen. In [Hey05] wird die Verwendung paralleler A/D-Wandler genannt, wobei jeder A/D-Wandler bei einer reduzierten Abtastrate arbeitet: Dies entspricht dem Prinzip der Dezimation. Jeder der insgesamt $N_{A/D}$ parallelen A/D-Wandler arbeitet bei einer Abtastfrequenz, die nur noch einem Bruchteil (nämlich $1/N_{A/D}$) der eigentlich nötigen Abtastrate entspricht, d.h. die zeitliche Abtastperiode jedes A/D-Wandlers ist um einen ganzzahligen Faktor $N_{A/D}$ erhöht. Die Zusammenführung der Signale geschieht dann durch $N_{A/D}$ Verzögerungsglieder. Da bei diesem Vorgehen der Aliasing-Effekt auftreten kann, muss der Analog-Digital-Wandlung ein Anti-Aliasing-Filter vorgeschaltet werden. Durch Verwendung paralleler A/D-Wandler kann zwar das Problem der hohen Abtastrate umgangen werden. Vergleicht man hingegen den kumulierten Leistungsverbrauch mehrerer paralleler A/D-Wandler geringerer Geschwindigkeit mit dem Leistungsverbrauch eines einzigen schnellen A/D-Wandlers, ergeben sich oft keine Vorteile [Hey05].

4.2 Kritische Designparameter

Unter kritischen Designparamtern sollen diejenigen Systemparamter verstanden werden, die einen wesentlichen Einfluss auf die Performance haben. Hierbei handelt es sich um die Pulsform, die Pulswiederholzeit und den PPM-Offset:

- Eine konventionelle Pulsform wie z.B. der Gauß'sche Monocycle führt zu einer ineffizienten Ausnutzung der Regulierung und damit zu einem Verlust an Signal-zu-Rausch-Verhältnis.

- Die Pulswiederholzeit sollte so groß gewählt werden, dass Intersymbolinterferenzen begrenzt werden.

- Der optimale PPM-Offset hängt von den realen Ausbreitungsbedingungen und der Pulsform ab.

5 Messdatenbasierte Modellierung der nicht-idealen Systemkomponenten

Das Systemmodell für nicht-ideale UWB Impulse Radio Übertragung ist in Abbildung 5.1 zu sehen. Es zeigt den Sender, Kanal und Empfänger inkl. nicht-idealer Komponenten. Das vorliegende Kapitel zeigt die Modellierung dieser Komponenten. Im Anschlusskapitel erfolgt die Modellierung von diversen Möglichkeiten der Demodulation.

Wichtige Beiträge zur Systemmodellierung, dem Entwurf und der Analyse von UWB-Systemen finden sich z.B. in [Mer09], [Sto08], [Cal08], [KDB+07], [Wan05] und [Sha05]. Eine Systemmodellierung in der Vollständigkeit des folgenden Abschnitts wird bisher jedoch nicht erreicht.

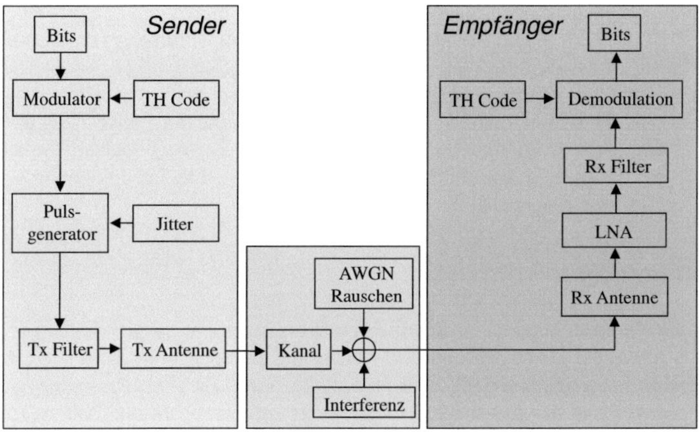

Abbildung 5.1: Systemmodell für nicht-ideale Impulse Radio Übertragung

5.1 Jitter

Der Oszillator des Pulsgenerators sollte hochgenau arbeiten, damit die Pulse zu den definierten Zeitpunkten (z.B. im Abstand der Pulswiederholzeit) erscheinen. Beim

Korrelationsempfänger wird auch empfängerseitig ein Oszillator benötigt, um ein Referenzsignal zu erzeugen. Reale Oszillatoren weisen jedoch - wie bereits in Kapitel 4 angedeutet - Phasenrauschen und damit Jitter auf, sodass die Pulse zu nicht-idealen Zeitpunkten erscheinen und folglich eine Verschlechterung der Systemperformance eintreten kann. Geht man allgemein davon aus, dass im System mehrere unkorrelierte Rauschquellen vorhanden sind, so lässt sich die Wahrscheinlichkeitsdichte des resultierenden Jitters $f_{\text{jitter}}(t)$ unter Anwendung des Zentralen Grenzwertsatzes als Gaußdichte mit rms Standardabweichung σ_{jitter} beschreiben [Mer09]:

$$f_{\text{jitter}}(t) = \frac{1}{\sigma_{\text{jitter}}\sqrt{2\pi}}e^{-\frac{t^2}{2\sigma_{\text{jitter}}^2}} \tag{5.1}$$

In der vorliegenden Dissertation wird Jitter im System durch eine solche Gaußdichte modelliert.

5.2 Modulator und Codierer

Die untersuchten Modulationsarten sind PPM und OPM. Eine Codierung erfolgt durch einen zweifachen Time Hopping-Code: Ein Time Hopping Code mit wenigen (hier 4) TH-Schlitzen pro Pulswiederholzeit dient zur Trennung verschiedener Nutzer. Hierdurch werden diskrete Spektrallinien nur geringfügig gedämpft. Die Breite eines solchen TH-Schlitzes heiße $T_{\text{TH},1}$. Ein nachgeschalteter, zweiter TH-Code unterteilt einen Bruchteil von $T_{\text{TH},1}$ in weitere TH-Schlitze der Breite $T_{\text{TH},2}$ mit $T_{\text{TH},2} \ll T_{\text{TH},1}$. Hierdurch erfolgen extrem kleine, zusätzliche Zeitverschiebungen, welche dazu dienen, diskrete Spektrallinien stark zu dämpfen. Die Modellierung erfolgt mit $T_{\text{TH},1} = T/4$ und $T_{\text{TH},2} = 32 \cdot T_0$.

5.3 Pulsform

Damit das Sendesignal die FCC-Maske erfüllt, sollte der zugrundegelegte normierte Puls die auf 0 dB normierte FCC-Maske möglichst gut ausfüllen. Wird das Leistungsdichtespektrum eines Pulses physikalisch und nicht normiert angegeben (z.B. in dBm/MHz), so ist zu beachten, dass hierzu ein unnormierter Puls mit physikalischer Einheit Volt gehört, wobei das zugrundegelegte Zeitfenster angegeben werden muss. Je größer nämlich das Zeitfenster ist, desto geringer wird die Leistung und das Leistungsdichtespektrum.

Um ein geeignetes Zeitfenster zu wählen, muss folgendes beachtet werden: Das Sendesignal setzt sich aus einer modulierten und codierten Pulsfolge zusammen, wobei innerhalb der Pulswiederholzeit genau 1 Puls gesetzt wird. Zu welchem Zeitpunkt der Puls innerhalb der Pulswiederholzeit gesetzt wird, hängt von der Modulation und dem Code ab. Da der Puls eine Energie E besitzt, ist die mittlere Leistung des Sendesignals durch E/T gegeben. Das Zeitfenster sollte daher zu T gewählt werden und die Amplitude des Pulses in Volt so angepasst werden, dass der Maximalwert im Leistungsdichtespektrum den Grenzwert von -41,3 dBm/MHz erreicht. Integriert man das Leistungsdichtespektrum im relevanten Bereich, so ergibt sich eine mittlere Leistung $P_{ges} < 0,56$ mW. Eine modulierte und codierte Pulsfolge basierend auf einem solchen Puls liefert dann die gleiche mittlere Leistung P_{ges}. Wie jedoch diese Leistung im Leistungsdichtespektrum verteilt ist, hängt von der Modulation und dem Code ab. Obwohl also der Einzelpuls die Maske erfüllt, kann das Signal die Maske verletzen. Insbesondere starke Regelmäßigkeiten im Zeitsignal führen zu hohen Energiespitzen. Zur Störung der Regelmäßigkeiten, d.h. zur Reduktion der Energiespitzen, sollte daher eine geeignete Modulation und z.B. zusätzlich ein Time Hopping Code eingesetzt werden [Eis06]. Ist die Maske weiterhin verletzt, muss die Pulsamplitude so lange reduziert werden, bis Energiespitzen unterhalb des Grenzwerts im Leistungsdichtespektrum bleiben. Die Gesamtleistung reduziert sich hierdurch unter Umständen erheblich.

Das in dieser Arbeit präsentierte Systemmodell bietet sowohl die Möglichkeit, konventionelle Pulsformen zu verwenden als auch die Option, optimierte Pulsformen für die UWB-Übertragung zu benutzen. Konventionelle Pulse sind hierbei z.B. der Gaußpuls und seine Ableitungen, die sich durch Aufbau analoger Schaltungen mit geringem Schaltungsaufwand realisieren lassen, vgl. Abschnitt 2.3. Für die in dieser Dissertation durchgeführten Systemsimulationen wird die durch konvexe Optimierung erzeugte Pulsform von Abbildung 3.13 verwendet, wobei die Amplitude an die Pulswiederholzeit angepasst und um den Antennengewinn abgesenkt wird, um die Regulierung einzuhalten. Bei Vergleichen mit einem konventionellen Puls wird der Gauß-Puls 6. Ableitung von Abbildung 2.4 herangezogen. In Kapitel 9 werden zuletzt Pulse entworfen und verwendet, welche den Antenneneinfluss kompensieren.

5.4 Analoges Sendefilter

Das Sendefilter hat die Aufgabe, das Spektrum des UWB-Signals auf den Durchlassbereich der UWB-Regulierung zu beschränken und zugleich Verletzungen der Regulierung zu vermeiden. Damit die Maske unter allen Umständen eingehalten wird, sollte ein Frontend ein analoges Filter aufweisen, welches die Transmissionscharakteristik der zugrundeliegenden UWB-Regulierung aufweist. Dann ist sichergestellt, dass z.B. auch konventionelle Pulsformen verwendet werden können, welche ansonsten die Zielmaske verletzen würden. In der vorliegenden Dissertation wird nicht-ideales Systemverhalten sowohl für die FCC-Regulierung als auch für die europäische Regulierung untersucht, wobei der Schwerpunkt auf der FCC-Regulierung liegt. Konsequenterweise müssen zwei Analogfilter entwickelt und deren Charakteristik dem Systemsimulator zur Verfügung gestellt werden. Im Folgenden wird stets ein Mikrostreifenfilter entworfen, aufgebaut, simuliert und vermessen. Die gemessenen vollständigen S-Parameter werden dann dem Systemsimulator zur Verfügung gestellt. Hierbei ist zu beachten, dass zwar jeweils eine Optimierung des Filters vorgenommen wird, aber verbleibende Nichtidealitäten durchaus beabsichtigt sind, um deren Effekte im Anschluss untersuchen zu können. Das Thema der vorliegenden Dissertation behandelt nicht die Optimierung einer Einzelkomponente, sondern beschäftigt sich mit der Modellierung und der Analyse eines nicht-idealen Gesamtsystems, wobei gleichzeitig die Schnittstelle zur Nachrichtentechnik erfasst wird und Optimierungen auf Signalebene durchgeführt werden. Die Hardware wird hierbei als nicht-ideal hingenommen. Die Optimierung von ultrabreitbandigen Mikrostreifenfiltern wird in [Pan09] behandelt.

Eine allgemeine Anforderung an ein Bandpass-Filter ist dessen Steilflankigkeit an den beiden Grenzfrequenzen des Durchlassbereichs. Weiterhin sollte im Durchlassbereich ein glatter Verlauf der Transmission vorhanden sein. Beides kann durch eine hohe Filterordung erreicht werden [HL01]. Eine größere Filterordnung bedeutet jedoch i.d.R. eine Erhöhung der physikalischen Länge des Filters. Oft sind den geometrischen Abmessungen durch die Produkt-Spezifikationen Grenzen gesetzt, sodass die Filterordnung nicht beliebig gesteigert werden kann. Realisiert man das Filter in Mikrostreifenleitungstechnik, tritt aufgrund des Verlust-Tangens des leitenden Materials (z.B. Kupfer) mit zunehmender Filterlänge eine erhöhte Dämpfung auf, d.h. der sogenannte Insertion Loss steigt. Typische Werte für die Dämpfung eines UWB-Signals beim Durchgang durch ein analoges UWB-Filter liegen im Bereich von 1-3 dB. Zusätzlich sollte beim Filterentwurf darauf geachtet werden, dass der Eingangspuls nicht zu stark verzerrt wird. Man fordert daher eine möglichst konstante Gruppenlaufzeit über der gesamten Bandbreite. In den letzten Jahren wurden mehrere Ansätze zur Realisierung von analogen UWB-Filtern erarbeitet. So wurde in [HHK05] eine Kombination aus einem Tief- und Hoch-Pass vorgestellt, der sich für UWB-Anwendungen eignet.

5.4.1 Analogfilter für die FCC-Maske

Der Durchlassbereich der FCC-Regulierung geht von 3,1 bis 10,6 GHz. Idealerweise sollte das zu entwickelnde Filter genau die Charakteristik der FCC-Regulierung aufweisen. Da ein reales Filter jedoch nicht mit idealer Flankensteilheit realisiert werden kann, wird für den Bandpass-Filterentwurf ein etwas kleinerer Durchlassbereich von $f_{\text{start}} > 3,1$ GHz bis $f_{\text{stop}} < 10,6$ GHz angestrebt, sodass auch mit endlicher Filtersteilheit die Regulierung nicht verletzt wird. Als Filterentwurfmethode wird ein Netzwerk aus kaskadierten $\lambda_{\text{eff}}/4$-Leitungen verwendet mit ebenfalls $\lambda_{\text{eff}}/4$ langen Stichleitungen (Stubs) [HL01], wobei für die effektive Wellenlänge gilt:

$$\lambda_{\text{eff}} = \frac{c_0}{\sqrt{\varepsilon_{\text{r,eff}}} \cdot f} \tag{5.2}$$

Hierbei steht $\varepsilon_{\text{r,eff}}$ für die effektive Permittivität der Mikrostreifenleitung; die Berechnung von $\varepsilon_{\text{r,eff}}$ wird z.B. in [Thu03] gezeigt. Das Ende der Stichleitungen wird jeweils über eine Durchkontaktierung mit der Massefläche verbunden. Es ist auch denkbar, $\lambda_{\text{eff}}/2$ lange Stichleitungen mit Leerlauf zu verwenden, was allerdings die Filterabmessungen vergrößern würde. Abbildung 5.2 zeigt den prinzipiellen Aufbau eines Bandpass-Filters mit kurzgeschlossenen $\lambda_{\text{eff}}/4$-Stichleitungen. Hierbei werden

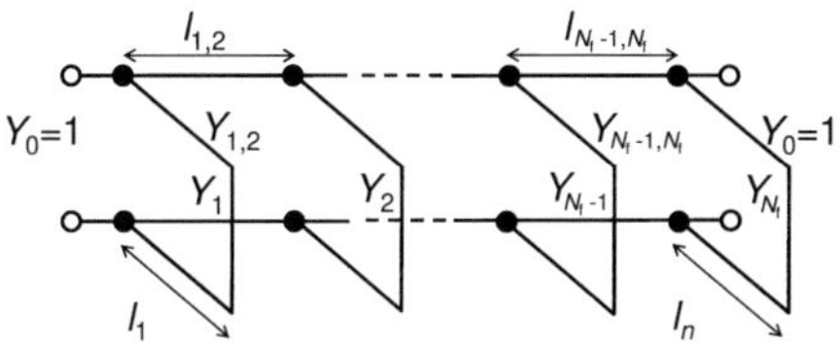

Abbildung 5.2: Prinzipieller Aufbau eines Bandpass-Filters mit kurzgeschlossenen $\lambda/4$-Stichleitungen

die Leitungslängen in Längsrichtung als $l_{i,i+1}$ bezeichnet ($i = 1\ N_f - 1$) und die Leitungslängen der Stichleitungen als l_i ($i = 1..N_f$), wobei N_f die gewählte Filterordnung darstellt. Die den Längen zugeordneten Leitungs-Admittanzen heißen $Y_{i,i+1}$ und Y_i. Zum Entwurf des Filters wird zunächst f_start und f_stop festgelegt. Es wird gewählt: $f_\text{start} = 3,5\,\text{GHz}$ sowie $f_\text{stop} = 10,2\,\text{GHz}$. Die Mittenfrequenz f_c ergibt sich allgemein zu

$$f_\text{c} = \frac{f_\text{stop} + f_\text{start}}{2} \tag{5.3}$$

und die relative Bandbreite FBW (fractional bandwidth) zu

$$FBW = \frac{f_\text{stop} - f_\text{start}}{f_\text{c}} = \frac{B}{f_\text{c}} \tag{5.4}$$

Im vorliegenden Fall erhält man $FBW = 0,978102$. Die Designgleichungen zum Entwurf des Filters bei einer Bezugsadmittanz Y_0 (hier $Y_0 = 1/(50\,\Omega)$) lauten wie folgt [MYJ80],[HL01]:

$$\Theta_\text{Filter} = \frac{\pi}{2}\left(1 - \frac{FBW}{2}\right) \tag{5.5}$$

$$h = 2 \tag{5.6}$$

$$\frac{J_{1,2}}{Y_0} = g_0\sqrt{\frac{hg_1}{g_2}} \tag{5.7}$$

$$\frac{J_{N_f-1,N_f}}{Y_0} = g_0\sqrt{\frac{hg_1 g_{N_f+1}}{g_0 g_{N_f-1}}} \tag{5.8}$$

$$\frac{J_{i,i+1}}{Y_0} = \frac{hg_0 g_1}{\sqrt{g_i g_{i+1}}} \quad, i = 2..(N_f - 2) \tag{5.9}$$

$$N_{i,i+1} = \sqrt{\left(\frac{J_{i,i+1}}{Y_0}\right)^2 + \left(\frac{hg_0 g_1 \tan\Theta_\text{Filter}}{2}\right)^2} \,, i = 1..(N_f - 1) \tag{5.10}$$

$$Y_1 = g_0 Y_0 \left(1 - \frac{h}{2}\right) g_1 \tan \Theta_{\text{Filter}} + Y_0 \left(N_{1,2} - \frac{J_{1,2}}{Y_0}\right) \tag{5.11}$$

$$Y_n = Y_0 \left(g_{N_{\text{f}}} g_{N_{\text{f}}+1} - g_0 g_1 \frac{h}{2}\right) \tan \Theta_{\text{Filter}} + Y_0 \left(N_{N_{\text{f}}-1,N_{\text{f}}} - \frac{J_{N_{\text{f}}-1,N_{\text{f}}}}{Y_0}\right) \tag{5.12}$$

$$Y_i = Y_0 \left(N_{i-1,i} + N_{i,i+1} - \frac{J_{i-1,i}}{Y_0} - \frac{J_{i,i+1}}{Y_0}\right) \quad , i = 2..(N_{\text{f}} - 1) \tag{5.13}$$

$$Y_{i,i+1} = y_0 \left(\frac{J_{i,i+1}}{Y_0}\right) \quad , i = 1..(N_{\text{f}} - 1) \tag{5.14}$$

In den Designgleichungen bezeichnet g_i die Elementwerte, d.h. die Filterkoeffizienten eines kaskadiert aufgebauten Tiefpass-Filters, wobei die cut-off-Frequenz auf Eins normiert ist. Für die g_i werden im folgenden Tschebyscheff-Koeffizienten gemäß Anhang A.1 (Welligkeit von 0,1 dB im Durchlassbereich) verwendet für eine Filterordnung von $N_{\text{f}} = 7$. Durch Anwendung der Designgleichungen können alle Admittanzen $Y_{i,i+1}$ und Y_i gemäß obiger Designgleichungen bestimmt werden.

Der nächste Schritt besteht darin, diese Admittanzen in Mikrostreifenleitungstechnik umzusetzen, d.h. die Breite und Länge ist gesucht. Hierzu werden die Größen Substratdicke h_{sub}, Permittivität des Substrats ϵ_r, Verlustfaktor des Substrats $\tan\delta$, Leitfähigkeit des Leitermaterials σ und Dicke der Leitung h_l festgelegt. Die Breite der Mikrostreifenleitung kann in Advanced Design System Update 1 mit 'LineCalc' bestimmt werden; eine analytischen Berechnung ist durch die Bestimmungsgleichungen von Wheeler und Hammerstaad ([Whe65], [Ham75], [HL01]) möglich.

Als Substrat wird Rogers 4003 mit einer Permittivität von $\epsilon_r = 3,38$, einer Dicke von $h_{\text{sub}} = 0,813$ mm und einem Verlustfaktor von $tan\delta = 0,0027$ verwendet. Die Kupfer-Metallisierung weist eine Dicke von $h_l = 17,5$ μm bei einer Leitfähigkeit von $\sigma = 5,810^7/(\Omega m)$ auf. Nach Berechnung der Längen und Breiten der Leitungen sowie anschließender Optimierung der Simulationsergebnisse ergeben sich die endgültigen Längen und Breiten der Leitungselemente gemäß Tabelle 5.1 (Bezugwiderstand 50 Ω). Hierbei sind Leitungslängen wie folgt definiert: Die Leitungslänge $l_{i,i+1}$ einer seriellen Leitung wird hierbei als lichte Weite zwischen zwei Stichleitungen definiert. Die Länge l_i einer Stichleitung ist der Abstand vom Ende einer Stichleitung bis zum Erreichen des unteren Endes der seriellen Mikrostreifenleitung.

Abbildung 5.3 (links) zeigt das endgültige Layout in CST Microwave Studio und Abbildung 5.3 (rechts) das gefertige UWB-Filter. Bei der Fertigung wird der Kurzschluss durch Einfügen eines dünnen Drahtes und sauberes Verlöten realisiert. Da die Realisierung des Kurzschlusses im Vergleich zum Layout als nicht-ideal angesehen werden kann, sind gewisse Unterschiede zwischen CST-Simulation und Messung zu erwarten. Abbildung 5.4 (links) zeigt die Transmission $S_{21}(f)$ des entwickelten FCC-Filters. CST-Simulation und Messung stimmen gut überein. Gewisse Abweichungen ergeben sich bei der Stop-Frequenz des Bandpasses, die in der Messung

Impedanz	Länge in mm	Breite in mm
2 x Zuleitung Y_0	16,37605	1,89
Serienleitung $Y_{1,2}$	5,74161	2,57775
Serienleitung $Y_{2,3}$	6,11845	2,43339
Serienleitung $Y_{3,4}$	5,50481	2,34718
Serienleitung $Y_{4,5}$	4,93324	2,50185
Serienleitung $Y_{5,6}$	5,59851	2,64268
Serienleitung $Y_{6,7}$	6,16501	2,43204
Stichleitung Y_1	8,36447	0,34296
Stichleitung Y_2	6,75923	1,63573
Stichleitung Y_3	5,94898	1,53748
Stichleitung Y_4	6,53539	1,55189
Stichleitung Y_5	5,70449	1,42120
Stichleitung Y_6	5,19497	1,46853
Stichleitung Y_7	5,88817	0,34500

Tabelle 5.1: Längen und Breiten des realisierten FCC-Filters mit Filterordnung $N_f = 7$

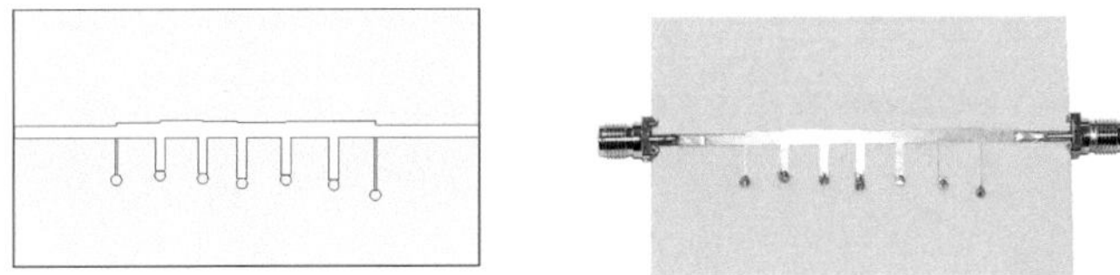

Abbildung 5.3: Links: CST-Layout des FCC UWB-Bandpassfilters; rechts: fabriziertes Filter

zu etwas niedrigeren Frequenzen verschoben ist. Weiterhin ist die Dämpfung des gemessenen Filters etwas höher. Dies lässt sich auf Verluste durch das nicht-ideale Lötmaterial zurückführen, welches zum Anlöten des Steckers und bei der Realisierung der Durchkontaktierungen zum Einsatz kommt. Dieser sogenannte Insertion Loss steigt mit der Frequenz. Bis ca. 7 dB nimmt er einen Wert kleiner als 1,5 dB an. Für größere Frequenzen steigt der Insertion Loss bis ca. 3,5 dB. Die Anpassung des Filters am Eingang $S_{11}(f)$ zeigt Abbildung 5.4 (rechts). Wiederum stimmen CST-Simulation und Messung gut überein. Die Eingangsanpassung liegt in der Simulation bei ca. -15 dB; bei der Messung werden ca. -12 dB erreicht. Zur Vollständigkeit zeigt die Abbildung 5.5 die Transmission $S_{12}(f)$ vom Ausgang auf den Eingang sowie die ausgangsseitige Anpassung $S_{22}(f)$. Aus Reziprozitätsgründen sind die simulierten S-Parameter $S_{12}(f)$ und $S_{21}(f)$ sowie $S_{22}(f)$ und $S_{11}(f)$ identisch. Infolge endlicher Nicht-Idealitäten an den zwei Steckerübergängen weichen die zugehörigen gemessenen S-Parameter geringfügig voneinander ab. Ein wichtiges Gütekriterium

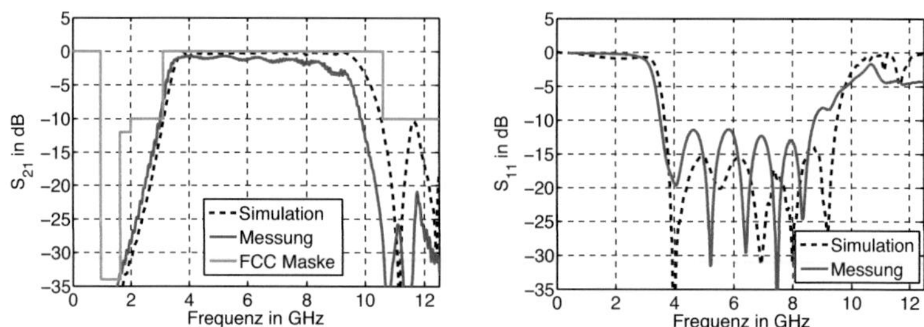

Abbildung 5.4: Links: S_{21}-Parameter des FCC UWB-Bandpassfilters; rechts: S_{11}-Parameter (CST-Simulation und Messung)

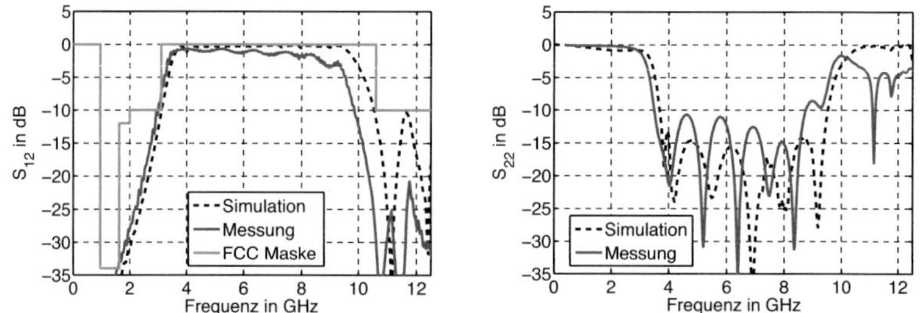

Abbildung 5.5: Links: S_{12}-Parameter des FCC UWB-Bandpassfilters; rechts: S_{22}- Parameter (CST-Simulation und Messung)

eines Filters ist dessen Linearphasigkeit bzw. daraus abgeleitet - dessen Gruppenlaufzeit. Abbildung 5.6 (links) zeigt die Phase der Transmission (CST-Simulation und Messung). Es ist zu erkennen, dass die Verläufe gut übereinstimmen und ein nahezu linearer Abfall der Phase über der Frequenz erreicht wird. Die Gruppenlaufzeit t_{gr}

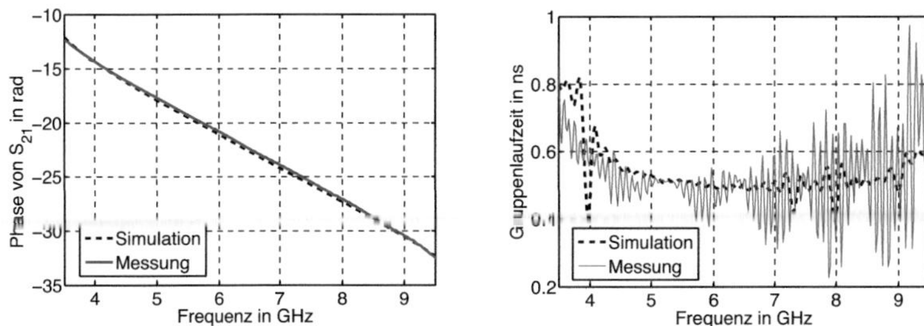

Abbildung 5.6: Links: Phase von S_{21} des FCC UWB-Bandpassfilters; rechts: Gruppenlaufzeit (CST-Simulation und Messung)

ergibt sich allgemein aus der Phase der Transmission $\varphi(f)$ wie folgt:

$$t_{\mathrm{gr}} = -\frac{1}{2\pi} \cdot \frac{d\varphi(f)}{df} \tag{5.15}$$

Im Idealfall ist Linearphasigkeit gegeben, d.h. die Gruppenlaufzeit ist konstant über der Frequenz. Abbildung 5.6 (rechts) vergleicht simulierte und gemessene Gruppenlaufzeit des entwickelten Filters. Die simulierte Gruppenlaufzeit verwendet dabei die simulierte Phase der Transmission und wendet hierauf Gleichung 5.15 an. Die gemessene Gruppenlaufzeit ergibt sich durch Verwendung der gemessenen Phase und Anwendung von Gleichung 5.15. Die Ordinatenskalierung ist so gewählt, dass das nicht-ideale, d.h. nicht-konstante Verhalten der Gruppenlaufzeit über der Frequenz sichtbar wird. Die Abszisse stellt den Frequenzbereich dar, in welchem die Anpassung besser als -10 dB ist. Bei dem dargestellten Verhalten muss zwischen langsamen und schnellen Veränderungen über der Frequenz unterschieden werden. Das Verhalten der langsamen Veränderungen stimmt in Simulation und Messung sehr gut überein. In der Messung ergeben sich jedoch stärkere Schwankungen bei den schnellen Veränderungen. Die maximale Schwankung der Gruppenlaufzeit, definiert als maximal erreichte Gruppenlaufzeit abzüglich minimal erreichter Gruppenlaufzeit, beträgt im dargestellen Frequenzbereich bei der Simulation ca. 0,42 ns und bei der Messung ca. 0,92 ns. Je größer die maximale Schwankung der Gruppenlaufzeit einer Komponente ist, desto stärker wird ein Puls verzerrt. Dies hat auch Auswirkungen auf den Systementwurf. Zur Beschränkung von Intersymbolinterferenzen kann z.B. eine ausreichend große Pulswiederholzeit gewählt werden.

Um das Filter in den Systemsimulator zu integrieren, werden die gemessenen S-Parameter für den Frequenzbereich von 0 bis 28 GHz=$1/(2 \cdot T_0)$ eingebunden. Die eigentlichen Messdaten liegen dabei für den Bereich von 2 bis 14 GHz mit 801 Frequenzpunkten vor, während der restliche Bereich mit S-Parametern eines ideal sperrenden Filters bei gleichem Frequenzschritt angesetzt wird. Der Übergang in den Zeitbereich wird im Systemsimulator durch eine 8092-Punkte IFFT durchgeführt und anschließend eine zeitliche Diskretisierung von T_0 gewählt.

5.4.2 Analogfilter für die europäische Regulierung

Die europäische Regulierung sieht zwei Frequenzbereiche vor, die für UWB-Kommunikation nutzbar sind, vgl. Abschnitt 2.2. Da das untere Band jedoch nur bis Ende des Jahres 2010 ohne Einsatz von 'mitigation techniques' nutzbar ist, konzentrieren sich die weiteren Betrachtungen auf das obere Band von 6 bis 8,5 GHz. Im Folgenden wird ein Filter entwickelt, welches das Band von 6 bis 8,5 GHz nutzt. Kaskadierte Serien- und Stichleitungen würden bei der nun kleineren Bandbreite zu breiten Stichleitungen (da kleine Impendanzwerte) führen [HL01]. Abhilfe schafft die Verwendung kaskadierter gekoppelter Leitungen. Diese Methode wird nun zum Aufbau eines Filters zur europäischen Maske herangezogen. Die Theorie gekoppelter Leitungen sagt aus, dass zwischen zwei eng benachbarten Leitungen Interaktionen auftreten bzw. Leistung überkoppeln kann. Ein Bandpassfilter kann prinzipiell durch eine Kaskadierung von gekoppelten Leitungen aufgebaut werden. Da gekoppelte Leitungen ein 4-Tor darstellen, aber ein Bandpassfilter ein 2-Tor (Vierpol) darstellt, müssen sowohl am Eingang als auch am Ausgang der gekoppelten Leitungen Abschlüsse eingefügt werden, vgl. Abbildung 5.7 . Als einfachste Möglichkeit bei Realisierung in Mikrostreifentechnologie bietet sich der Leerlauf an. Abbildung 5.7 zeigt eine schematische Darstellung gekoppelter Leitungen mit Leerlauf. In Abbildung wird die Kopp-

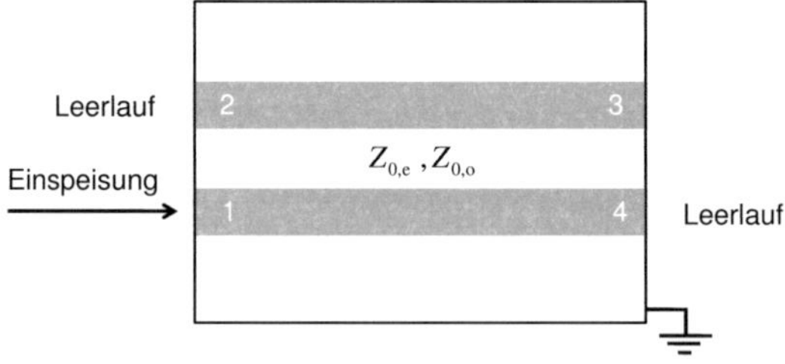

Abbildung 5.7: 2-Tor aus gekoppelten Leitungen mit Leerlauf

lungslänge l über die elektrische Länge Θ ausgedrückt, wobei gilt

$$\Theta = \beta l = \frac{2\pi}{\lambda} l \tag{5.16}$$

Zur Beschreibung der S-Parameter dieses Zweitors bietet sich die Gleich- und Gegentaktanalyse an (Even- und Odd-Analyse) [Poz98], d.h. es gibt in der Abbildung einen Wellenwiderstand $Z_{0,e}$ bzw. $Z_{0,o}$, wobei 'e' für 'even' steht und 'o' für 'odd'. Die Impedanz Z_{image} bei Speisung in Port 1 in der Abbildung 5.7 heißt Image-Impedanz [Poz98] mit

$$Z_{\mathrm{image}} = \frac{1}{2}\sqrt{(Z_{0,e} - Z_{0,o})^2 \cdot \frac{1}{\sin^2 \Theta} - (Z_{0,e} + Z_{0,o})^2 \cdot \cos^2 \Theta} \tag{5.17}$$

Für den Sonderfall $l = \lambda/4$ ergibt sich $\Theta = 90°$ und folglich

$$Z_{\mathrm{image}} = \frac{1}{2}(Z_{0,e} - Z_{0,o}) \tag{5.18}$$

Weiterhin wird in [Poz98] gezeigt, dass die Ausbreitungskonstante β wie folgt mit der elektrischen Länge Θ verknüpft ist:

$$\cos \beta = \frac{Z_{0,e} + Z_{0,o}}{Z_{0,e} - Z_{0,o}} \cos \Theta \tag{5.19}$$

Die gekoppelte Leitung von Abbildung 5.7 lässt sich durch ein Ersatzschaltbild approximieren, vgl. Abbildung 5.8 [Poz98] zeigt, dass sich die Image-Impedanz Z_{image}

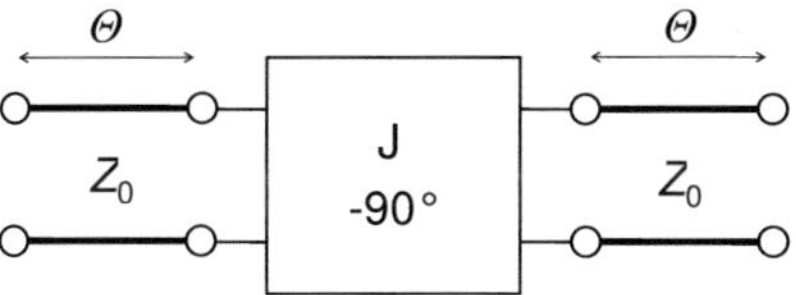

Abbildung 5.8: Ersatzschaltbild der gekoppelten Leitung

des Ersatzschaltbilds folgendermaßen berechnet:

$$Z_{\mathrm{image}} = \sqrt{\frac{J Z_0^2 \sin^2 \Theta - (1/J)\cos^2 \Theta}{(1/J Z_0^2)\sin^2 \Theta - J\cos^2 \Theta}}. \tag{5.20}$$

wobei J einen Admittanzinverter darstellt und bei $\Theta = 90°$ gilt:

$$Z_i = J Z_0^2 \tag{5.21}$$

Gleichsetzen von Gleichung 5.18 und 5.21 führt zu

$$\frac{1}{2}(Z_{0,\mathrm{e}} - Z_{0,\mathrm{o}}) = JZ_0^2. \tag{5.22}$$

Weiterhin zeigt [Poz98], dass für die Ausbreitungskonstante β folgender Zusammenhang gilt:

$$\cos\beta = (JZ_0 + \frac{1}{JZ_0})\sin\Theta\cos\Theta \tag{5.23}$$

Gleichsetzen von Gleichung 5.19 und 5.23 ergibt

$$\frac{Z_{0,\mathrm{e}} + Z_{0,\mathrm{o}}}{Z_{0,\mathrm{e}} - Z_{0,\mathrm{o}}} = JZ_0 + \frac{1}{JZ_0}. \tag{5.24}$$

Die Gleichungen 5.22 und 5.24 stellen Bestimmungsgleichungen für $Z_{0,\mathrm{e}}$ und $Z_{0,\mathrm{o}}$ dar. Die Lösungen für $Z_{0,\mathrm{e}}$ und $Z_{0,\mathrm{o}}$ lauten:

$$Z_{0,\mathrm{e}} = Z_0[1 + JZ_0 + JZ_0^2] \tag{5.25}$$

sowie

$$Z_{0,\mathrm{o}} = Z_0[1 - JZ_0 + JZ_0^2] \tag{5.26}$$

Gleichung 5.25 und 5.26 sind wichtige Gleichungen beim Filterentwurf. Für einen bekannten Wellenwiderstand $Z_0 = 50\,\Omega$ und bekanntes JZ_0 kann folglich der Even- und Odd-Wellenwiderstand berechnet werden. Bisher wurde nur eine gekoppelte Leitung untersucht. Bei einem Filter mit Filterordnung N_f werden $N_\mathrm{f} + 1$ kaskadierte gekoppelte Leitungen gemäß Abbildung 5.9 aufgebaut. Hierbei wird der 1. ge-

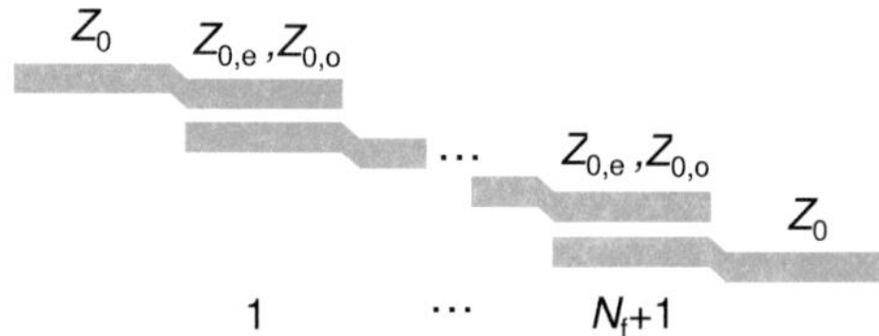

Abbildung 5.9: Kaskadierte gekoppelte Leitungen

koppelten Leitung der Term J_1Z_0 zugewiesen, der 2. gekoppelten Leitung der Term J_2Z_0 usw. Für jede gekoppelte Leitung ergibt sich damit im Allgemeinen ein anderer Gleich- und Gegentakt-Wellenwiderstand. Somit sind auch die Leitungsbreiten und -längen sowie die Spaltabstände jedes Koppelpaars verschieden. Dies ist in Abbildung 5.9 nicht wiedergegeben, da es sich lediglich um ein Prinzipbild handelt. [Poz98] zeigt, wie sich die Ausdrücke J_iZ_0 in Abhängigkeit von Filterkoeffizienten g_i

und der relativen Bandbreite FBW (Definition vgl. Gleichung 5.4) des Bandpassfilters berechnen lassen: Es gelten die Zusammenhänge:

$$J_1 Z_0 = \sqrt{\frac{\pi FBW}{2 g_1}} \tag{5.27}$$

$$J_{N_\mathrm{f}+1} Z_0 = \sqrt{\frac{\pi FBW}{2 g_{N_\mathrm{f}} g_{N_\mathrm{f}+1}}} \tag{5.28}$$

Für $n = 2..N_\mathrm{f}$ gilt:

$$J_n Z_0 = \frac{\pi FBW}{2 \sqrt{g_{n-1} g_n}} \tag{5.29}$$

Zusammenfassend wird der Entwurf des Analogfilters zur europäischen Regulierung wird wie folgt durchgeführt:

- Zunächst werden die Start- und Stopfrequenz (f_start, f_stop) des Bandpassfilters festgelegt, wobei diese nicht exakt 6 und 8,5 GHz entsprechen, sondern leicht in Richtung der Mittenfrequenz verschoben werden, um ausreichende Dämpfung außerhalb des Bandes zu erhalten. Gewählt wird $f_\mathrm{start} = 6,3$ GHz und $f_\mathrm{stop} = 8,2$ GHz. Somit beträgt die Mittenfrequenz $f_\mathrm{c} = 7,1875$ GHz und damit die relative Bandbreite $FBW = 0,2643$. Weiterhin wird die Filterordnung N_f vorgegeben (hier $N_\mathrm{f} = 7$).

- Als Filterkoeffizienten g_n werden tabellierte Tschebyscheff-Filterkoeffizienten mit 0,5 dB Welligkeit im Durchlassbereich von Tabelle A verwendet, d.h. es ergeben sich die Filterkoeffizienten g_0 bis g_8).

- Im dritten Schritt werden die Terme $J_n Z_0$ gemäß Gleichung 5.27 bis 5.28 bestimmt.

- Durch Auswerten der Gleichungen 5.25 und 5.26 ergeben sich für jedes gekoppelte Leitungspaar die Gleich- und Gegentakt-Wellenwiderstände.

- Zur Umsetzung in Mikrostreifentechnologie werden im letzten Schritt aus den Gleich- und Gegentaktwellenwiderständen sowie aus den Daten zum Substrat folgende Werte bestimmt: Breite s_i des Spalts zwischen zwei gekoppelten Leitungen sowie Breite w_i der Mikrostreifenleitung. Die Vorgehensweise wird in [Thu03] beschrieben. Die Längen l_i betragen $\lambda_\mathrm{eff}/4$. Zum Filterentwurf werden folgende Daten verwendet: Substrat Rogers 4003, $\epsilon_r = 3,38$, Dicke des Substrats $h_\mathrm{sub} = 0,81$ mm, Verlustfaktor $\tan\delta = 0,002$. Die Metallisierung besteht hierbei aus Kupfer mit einer Dicke von $t = 17,5\,\mu$m und einer Leitfähigkeit von $4,52 \cdot 10^7 / (\Omega\mathrm{m})$.

Die berechneten Größen $J_n Z_0$ sowie die zugehörigen Gleich- und Gegentakt-Wellenwiderstände sind in Tabelle 5.2 zu finden. Aus den in Tabelle 5.2 aufgeführten Größen

n	g_n	$J_n Z_0$	$Z_{0,\mathrm{e}}$ in Ω	$Z_{0,\mathrm{o}}$ in Ω
1	1,7372	0,4889	86,3965	37,5062
2	1,2583	0,2809	67,9866	39,9013
3	2,6381	0,2279	63,9925	41,2017
4	1,3444	0,2205	63,4552	41,4063
5	2,6381	0,2205	63,4552	41,4063
6	1,2583	0,2279	63,4552	41,4063
7	1,7372	0,2809	67,9866	39,9013
8	1,0000	0,4889	86,3965	37,5062

Tabelle 5.2: Filter zur europäischen Regulierung: Berechnete Größen $J_n Z_0$ sowie zugehörige Gleich- und Gegentaktwiderstände für Filterordnung $N_\mathrm{f} = 7$

können die Leitungslängen l_i, Leitungsbreiten w_i und Spaltbreiten s_i berechnet werden. Diese Werte sind in Tabelle 5.3 zusammengefasst, wobei die eingangs- und ausgangsseitige Zuleitung eine Länge von 17,5529 mm und eine Breite von 1,8883 mm aufweist. Das CST-Layout ist in Abbildung 5.10 (links) zu sehen. Die Abbildung zeigt

i	l_i in mm	w_i in mm	s_i in mm
1	6,0133	1,0758	0,1015
2	5,9104	1,5019	0,2167
3	6,0017	1,6179	0,3161
4	5,9423	1,6342	0,3441
5	6,1531	1,6100	0,3339
6	6,1069	1,5940	0,3209
7	5,9377	1,4797	0,2200
8	6,5930	1,0758	0,0985

Tabelle 5.3: Filter zur europäischen Regulierung: Längen und Breiten der gekoppelten Mikrostreifenleitungen sowie Spaltbreiten

dabei auch eine Ausschnittsvergrößerung des zweiten gekoppelten Leitungspaars und definiert die angesprochenen Längen und Breiten. Das fabrizierte Filter ist in Abbildung 5.10 (rechts) zu sehen. Abbildung 5.11 (links) visualisiert die Transmission $S_{21}(f)$ (CST-Simulation und Messung) des entwickelten Bandpassfilters für die europäische Regulierung. Wie bereites beim FCC-Filter stimmt das prinzipielle Verhalten in Simulation und Messung gut überein. Verluste am angelöteten Stecker sowie Verluste durch die endliche Leitfähigkeit der Kupferleitungen führen zu einem Insertion Loss von ca. 3 dB. Die Anpassung des Filters am Eingang $S_{11}(f)$ wird in Abbildung 5.11 (rechts) dargestellt. Die simulierte Anpassung liegt bei ca. -15 dB; bei der Messung ergeben sich ca. -10 dB. Eine Verbesserung kann durch Optimierung des Steckerübergangs erzielt werden. Die restlichen S-Parameter $S_{21}(f)$ und $S_{22}(f)$ werden in Abbildung 5.12 gezeigt (jeweils Simulation und Messung). Auch hier sind simulierte und gemessene S-Parameter in guter Übereinstimmung. Wie bereits in

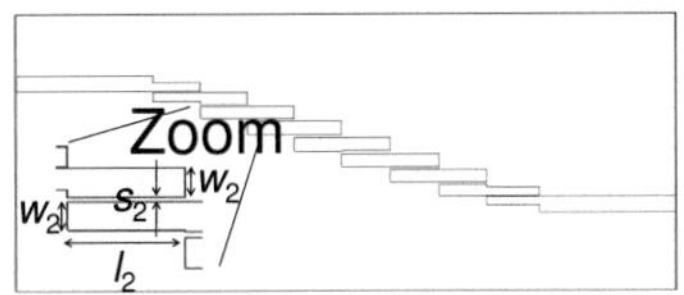

Abbildung 5.10: Links: CST-Layout zum Filter für europäische Maske; rechts: fabriziertes Filter

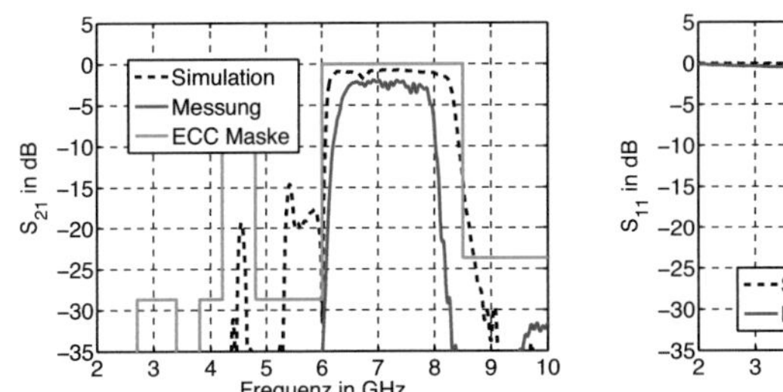

Abbildung 5.11: Links: S_{21}-Parameter des ECC UWB-Bandpassfilters; rechts: S_{11}-Parameter (CST-Simulation und Messung)

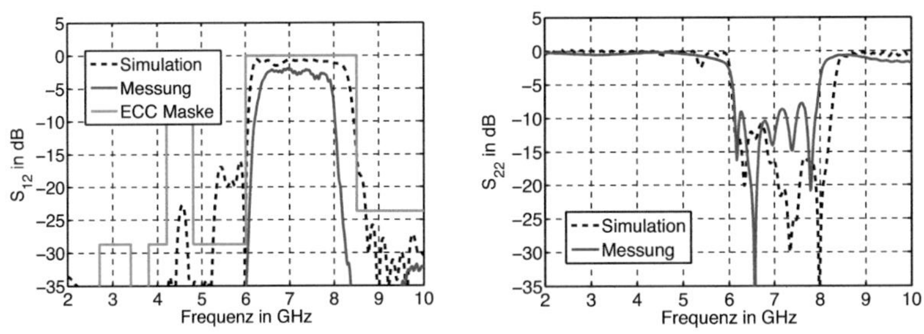

Abbildung 5.12: Links: S_{12}-Parameter des ECC UWB-Bandpassfilters; rechts: S_{22}-Parameter (CST-Simulation und Messung)

Abschnitt 5.4.1 wird auch für das Filter zur europäischen Regulierung eine Betrachtung der Linearphasigkeit und der Gruppenlaufzeit angestellt. Das Phasenverhalten über der Frequenz zeigt Abbildung 5.13 (links), wobei der gezeigte Frequenzbereich dem Durchlassbereich des Filters entspricht; die daraus resultierende Gruppenlaufzeit ist in der Abbildung rechts zu finden. Analysiert man das Verhalten der Grup-

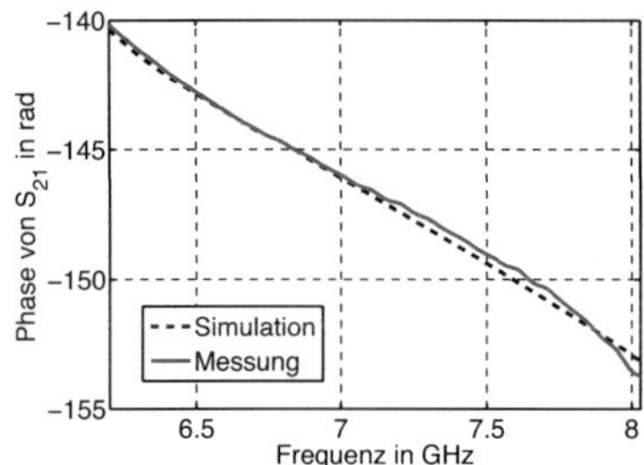

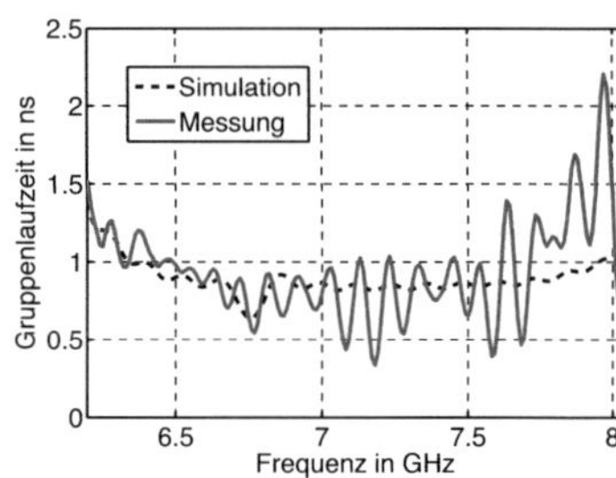

Abbildung 5.13: Links: Phase von S_{21} des ECC UWB-Bandpassfilters; rechts: Gruppenlaufzeit (CST-Simulation und Messung)

penlaufzeit, ist wie beim FCC-Filter zwischen schnellen und langsamen Schwankungen zu unterscheiden. Das Verhalten der langsamen Schwankungen über der Frequenz stimmt in Simulation und Messung gut überein. Bei der Messung zeigen sich zusätzliche schnelle Schwankungen der Gruppenlaufzeit über der Frequenz. Insgesamt ergibt sich in der Simulation eine maximale Schwankung der Gruppenlaufzeit von ca. 0,7 ns; in der Messung erreicht man einen Wert von ca. 1,7 ns. Dieser Wert ist höher als beim Filter zur FCC-Maske. Der Grund liegt darin, dass beim Filterentwurf zur europäischen Maske mit Tschebyscheff-Koeffizienten größerer Welligkeit im Durchlassbereich gearbeitet wurde (0,5 dB statt 0,1 dB). Möchte man die Variation der Gruppenlaufzeit eines Filters klein halten, sollte man folglich Filterkoeffizienten mit geringer Welligkeit verwenden. Strategien zur Optimierung von Schwankungen der Gruppenlaufzeit werden in [Pan09] gezeigt.

Insgesamt wird mit dem in diesem Abschnitt entwickelten Filter ein nicht-ideales Filter für die europäische UWB-Regulierung zur Verfügung gestellt, dessen gemessene S-Parameter in den Systemsimulator geladen werden können. Hierbei werden Daten von 0 bis 28 GHz$=1/(2 \cdot T_0)$ eingebunden, wobei die eigentlichen Messdaten im Bereich von 2 bis 10 GHz mit 801 Frequenzpunkten vorliegen und der restliche Bereich mit S-Parametern eines ideal sperrenden Filters bei gleichem Frequenzschritt angesetzt wird. Der Übergang in den Zeitbereich wird im Systemsimulator durch eine 8092-Punkte IFFT durchgeführt und anschließend eine zeitliche Diskretisierung von T_0 gewählt.

5.5 Sende- und Empfangsantenne

Die Modellierung von ultrabreitbandiger Sende- und Empfangsantenne erfolgt in der vorliegenden Dissertation durch Einbindung der gemessenen frequenzabhängigen, dreidimensionalen Richtcharakteristik in den Systemsimulator. Um die Richtcharakteristik zu erhalten, wird ein Messaufbau wie in [Sör07] gemäß Abbildung 5.14 gewählt. Beim dargestellten Messaufbau befindet sich sowohl die zu vermessende

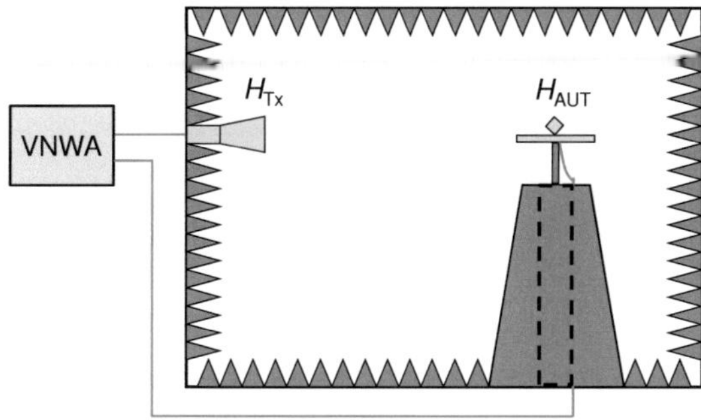

Abbildung 5.14: Antennenmesskammer: Sendeseitige Referenz-Hornantenne (Tx) und zu vermessende Monocone-Antenne (AUT)

Antenne AUT[1] als auch eine Referenzantenne (Ref) in einer mit Absorber ausgekleideten Antennenmesskammer, welche für die Frequenzen des UWB-Bandes geeignet ist. Zwischen beiden Antennen im Abstand d ist dann nur der direkte Pfad ausbreitungsfähig. Weiterhin muss die Referenzantenne mindestens den Frequenzbereich abdecken können, der für die AUT gemessen werden soll. Die AUT befindet sich auf einem drehbaren Turm im Fernfeld der Referenzantenne, sodass das Transmissionsverhalten über dem Winkel gemessen werden kann. Weiterhin befinden sich beide Antennen auf gleicher Höhe und sind an einen vektoriellen Netzwerkanalysator angeschlossen, um den frequenzabhängigen Transmissions-Streuparameter $S_{21}(f)$ zu messen. Dieser stellt das Verhältnis zwischen hinlaufender Sendespannung U_{t}^{+} und rücklaufender Empfangsspannung U_{r}^{-} dar [Sör07]. Hierbei gilt:

$$S_{21}(f) = \frac{U_{\mathrm{r}}(f)}{U_{\mathrm{t}}(f)} = j\omega H_{\mathrm{AUT}}(f) H_{\mathrm{Kabel}}(f) H_{\mathrm{Ref}}(f) \frac{e^{-j\omega d/c_0}}{2\pi d c_0} \qquad (5.30)$$

---

[1] AUT=Antenna Under Test

Der Term $j\omega$ repräsentiert die Ableitung des Sendesignals. Eine UWB-Antenne differenziert das an ihr anliegende Signal, da sich Wellen mit Gleichanteilen (bei 0 Hz) nicht ins Fernfeld ausbreiten können. Eine intensive Auseinandersetzung zu diesem Thema findet sich in [Sör07].

In Gleichung 5.30 steht H_{AUT} für die Transferfunktion der zu messenden Antenne und H_{Ref} für die Transferfunktion der Referenzantenne. Die Einheit dieser Transferfunktionen ist Meter. Der Quotient in Gleichung 5.30 stellt den Freiraumterm dar. In Gleichung 5.30 wird mit skalaren Funktionen gearbeitet. Im allgemeinen Fall muss man polarimetrische Vektoren und Matrizen ansetzen, um die vollpolarimetrischen Eigenschaften der Antennen zu erfassen [Sör07]. Da hier jedoch Co-Polarisation betrachtet wird, ist die Darstellung durch Gleichung 5.30 zulässig. Weiterhin wird in Gleichung 5.30 die dimensionslose Übertragungsfunktion der Anschlusskabel H_{AUT} berücksichtigt, welche einen nichtidealen Frequenzgang aufweisen kann. Ziel ist es, die Transferfunktion $H_{\mathrm{AUT}}(f)$ der AUT durch Messung von $S_{21}(f)$ zu erhalten. Dies lässt sich nur dann erreichen, falls $H_{\mathrm{Ref}}(f)$ und $H_{\mathrm{Kabel}}(f)$ bekannt ist. Um $H_{\mathrm{Ref}}(f)$ zu bestimmen, kann z.B. eine Zwei- oder Dreiantennenmethode angewendet werden [Sör07].

Im vorliegenden Fall wird die 2-Antennen-Methode verwendet: $H_{\mathrm{AUT}}(f)$ ist dann mit $H_{\mathrm{Ref}}(f)$ identisch, und Gleichung 5.30 kann nach $H_{\mathrm{Ref}}(f)$ aufgelöst werden. Da Abstand d und $S_{21}(f)$ durch Messung bekannt sind, ist $H_{\mathrm{Ref}}(f)$ nur noch von einer Unbekannten abhängig, nämlich der Kabelübertragungsfunktion. Diese lässt sich in einer Kalibrationsmessung getrennt messen. Somit sind alle Größen in Gleichung 5.30 bestimmt und das System kalibriert. Mit Hilfe der gemessenen Transferfunktion $H_{\mathrm{AUT}}(f)$ der AUT kann man deren Gewinn G_{AUT} gemäß [Sör07] wie folgt berechnen:

$$G_{\mathrm{AUT}}(f) = \frac{(2\pi f)^2}{\pi c_0{}^2}|H_{\mathrm{AUT}}(f)^2| \tag{5.31}$$

Durch Auswerten von Gleichung 5.30 und 5.31 für alle Drehwinkel der AUT lässt sich ein winkelabhängiges Gewinndiagramm bei gegebener Frequenz bestimmen. Hierbei ist zu beachten, dass man mit der Messanordnung gemäß Abbildung 5.14 nur Schnitte der dreidimensionalen Richtcharakteristik bestimmen kann. Die in dieser Dissertation verwendete und daher zu vermessende Antenne ist eine Monocone Antenne. Dieser Antennentyp eignet sich gut für UWB-Kommunikation, da die Richtcharakteristik im Azimut ein nahezu omnidirektionales Verhalten zeigt. Abbildung 5.15 zeigt die zu vermessende Monocone Antenne, welche am Institut für Hochfrequenztechnik und Elektronik entwickelt wurde [SKW04]. Die Abbildung enthält außerdem die Definition des Elevationswinkels Θ. Die bei der Messung verwendete Referenzantenne ist das Breitbandhorn Model 6100 von Singer Dalmo Victor Division. Weitere Details zum Messaufbau finden sich in [Sör07].

Eine Messung der Azimut-Charakteristik zeigt aufgrund der Symmetrieeigenschaften der Antenne nur sehr geringe Abweichungen von einer omnidirektionalen Cha-

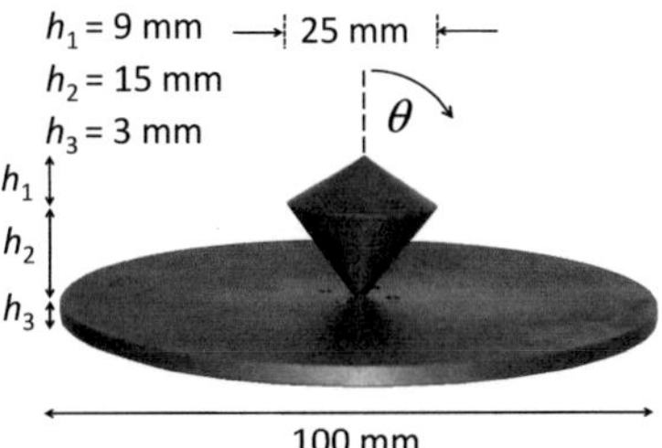

Abbildung 5.15: Monocone Antenne mit Definition des Elevationswinkels Θ

rakteristik, sodass in guter Näherung eine ideale omnidirektionale Azimut-Charakteristik angesetzt wird. Es genügt daher, lediglich das Elevationsdiagramm bei einem beliebigen Azimutwinkel zu bestimmen und dieses Elevationsdiagramm für jeden Azimut-Winkel anzusetzen. Somit ergibt sich die dreidimensionale Richtcharakteristik der Antenne. In der Abbildung 5.16 ist der Antennengewinn in dBi über dem

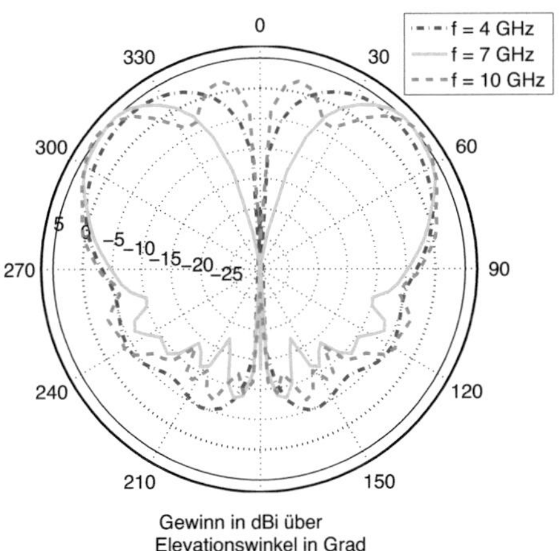

Abbildung 5.16: Gewinn der Monocone Antenne in dBi über dem Elevationswinkel θ für verschiedene Frequenzen

Elevationswinkel θ für drei verschiedene vermessene Frequenzen dargestellt, wobei Co-Polarisation betrachtet wird. Bei $\theta = 0$ und $\theta = 180°$ besitzt das Diagramm stets eine Nullstelle, da in Richtung der Symmetrieachse keine Abstrahlung erfolgen kann. Man erkennt weiterhin eine gewisse Frequenzabhängigkeit des Diagramms.

Der Elevationswinkel, unter welchem die Hauptstrahlrichtung auftritt, ist frequenzabhängig und in Abbildung 5.17 wiedergegeben. Hierbei ist der Frequenzbereich von 3,1 bis 10,6 GHz dargestellt. Da die Antenne mit einer Winkel-Diskretisierung von 4° gemessen wurde, tritt auch in der Abbildung diese Diskretisierung auf. Die Abbildung zeigt eine Variation der Richtung von 16°. Weiter erkennt man in Abbildung

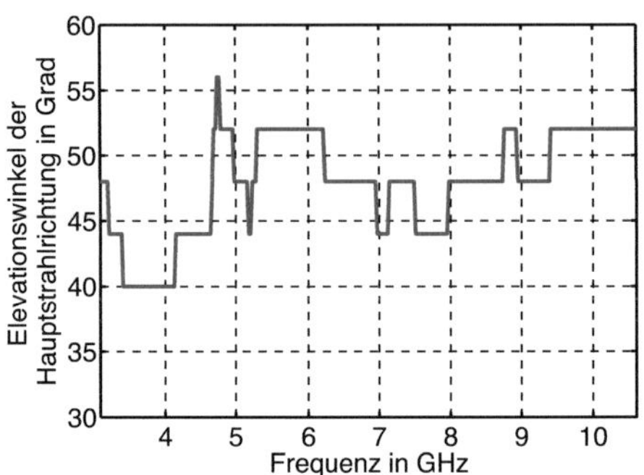

Abbildung 5.17: Abhängigkeit der Richtung der Hauptkeule von der Frequenz

5.16 die Frequenzabhängigkeit des maximalen Antennengewinns. Er nimmt für die drei dargestellten Frequenzen Werte von ca. 4 bis 6 dBi an. Untersucht man den gesamten relevanten Frequenzbereich von 3,1 bis 10,6 GHz und bildet das Maximum über alle auftretenden Gewinne, findet man den größten auftretenden Gewinn von 6,397 dBi. Er tritt bei einer Frequenz von 10,2 GHz unter dem Winkel 52° auf.

Die dargelegten Untersuchungen zeigen, dass ultrabreitbandige Antennen Nichtidealitäten aufweisen können, welche nicht ohne weiteres zu vernachlässigen sind. Eindrucksvoll wird dies auch in Abbildung 5.18 gezeigt. Hier wird der frequenzabhängige Gewinn für eine Elevation von $\theta = 90°$ visualisiert. Er tritt auf, wenn Sender und Empfänger die gleiche Höhe aufweisen. In der vorliegenden Dissertation werden Antennen durch die gemessene frequenzabhängige Richtcharakteristik im Bereich von 2,5 bis 12,5 GHz mit einem Schritt von 6,25 MHz modelliert. Abschnitt 5.6 erläutert, warum ein Frequenzschritt von 6,25 MHz sinnvoll ist. Im Vorgriff auf den nächsten Abschnitt sei weiterhin angemerkt, dass die Richtcharakteristik eine Gewichtung der gefundenen Ausbreitungspfade zwischen Sender und Empfänger ausübt. Im Systemsimulator wird dann die Gesamt-Übertragungsfunktion aus Sendeantenne, Kanal und Empfangsantenne verwendet. Hierbei werden Daten von 0 bis 28 GHz eingebunden, wobei nur der Bereich von 2,5 bis 12,5 GHz physikalische Daten enthält und der Rest durch Zeropadding bei gleichem Frequenzschritt aufgefüllt wird. In der Dissertation wird stets davon ausgegangen, dass die Massefläche der Monocone Antenne parallel zum Boden orientiert ist, d.h. es findet keine Verkippung

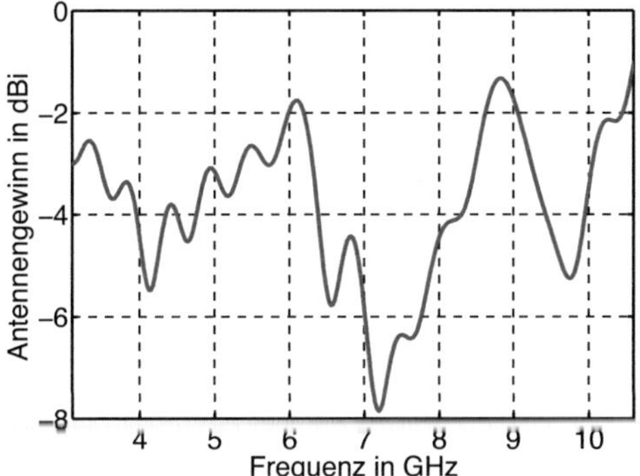

Abbildung 5.18: Frequenzabhängigkeit des Antennengewinns beim Elevationswinkel 90°

der Monocone Antenne statt. Eine entsprechende Verkippung ist prinzipiell möglich und kann im Ray Tracing Kanalmodell (vgl. nächster Abschnitt) eingestellt werden. Im Systemsimulator wird sowohl für die Sende- als auch für die Empfangsantenne die vorgestellte Monocone Antenne verwendet.

5.6 UWB-Funkkanal

Zur Beschreibung des ultrabreitbandigen Kanals kann prinzipiell ein stochastisches oder ein deterministisches Modell verwendet werden. Ein stochastisches Kanalmodell stellt beispielsweise das Kanalmodell IEEE 802.15.4a [MBC+04] dar, welches auf Messdaten beruht. Auch in [Muq03] wird der UWB-Kanal durch Messdaten beschrieben. Realistische Kanalmodelle gewährleisten dabei örtliche und zeitliche Kohärenz. Unter örtlicher Kohärenz versteht man dabei, dass örtlich benachbarte Kanäle miteinander korreliert sind. Zeitliche Kohärenz bedeutet hingegen, dass der gleiche Kanal gesehen wird, wenn ein Nutzer nach einer bestimmten Zeit an seinen Ursprungsort zurückkehrt. Die Wahrung von örtlicher und zeitlicher Kohärenz kann z.B. nötig sein, um den Einfluss des Kanals in Lokalisierungsanwendungen zu untersuchen. Bei der vorliegenden Arbeit ist man daran interessiert, die Winkelinformation der Antennencharakteristik zu verwenden und benötigt ein richtungsauflösendes, pfadbasiertes Kanalmodell, welches die Übertragungswege mit der Antennencharakteristik gewichtet. Das eingesetzte Kanalmodell beruht auf einem Ray Tracing Ansatz und kann der Klasse der deterministischen Kanalmodelle zugeordnet werden. Bei Ray Tracing werden für eine gegebene Frequenz f alle relevanten Ausbreitungswege zwischen Sende- und Empfangsantenne in einer vorgegebenen dreidimensionalen Umgebung vollpolarimetrisch ermittelt, indem physikalische Ausbreitungseffekte wie Freiraumpfad, Reflexion, Streuung und Beugung berücksichtigt werden. Details zum verwendeten Ray Tracing Modell bei gegebener Frequenz sind in [Did00], [Mau05], [FMK+06] und [FPK+06] zu finden, wobei bei UWB-Signalen die Betrachtung eines Sets von Frequenzpunkten erforderlich wird. Bei gegebener Frequenz werden alle gefundenen Pfade mit der Richtcharakteristik der Sende- und Empfangsantenne gewichtet. Addiert man alle durch Ray Tracing gefundenen und gewichteten Pfade, welche jeweils einen Betrag und eine Phase besitzen, kohärent auf, so erhält man eine komplexe Empfangsspannung. Setzt man diese ins Verhältnis zur Sendespannung und nimmt an, dass die Antennenimpedanz der Sende- und der Empfangsantenne identisch ist, so ergibt sich der komplexe Übertragungskoeffizient $H(f)$ zu [GW98]:

$$
\begin{aligned}
H(f) = {} & \sqrt{\left(\frac{c_0}{4\pi f}\right)^2 G_{\mathrm{r}}(f) G_{\mathrm{t}}(f)} \cdot \\
& \sum_{i=1}^{N_{\mathrm{m}}} \begin{pmatrix} C_\theta^{\mathrm{Rx}} \\ C_\psi^{\mathrm{Rx}} \end{pmatrix}^{\mathrm{T}} \begin{bmatrix} T_{\theta\theta,i} & T_{\theta\psi,i} \\ T_{\psi\theta,i} & T_{\psi\theta,i} \end{bmatrix} \begin{pmatrix} C_\theta^{\mathrm{Tx}} \\ C_\psi^{\mathrm{Tx}} \end{pmatrix}
\end{aligned}
\tag{5.32}
$$

In Gleichung 5.32 kennzeichnet i den Index des i-ten Ausbreitungspfads von insgesamt N_{m} Pfaden, Tx den Sender, Rx den Empfänger sowie θ und ψ den Anteil in Co- bzw. Kreuzpolarisation. C_θ^{Rx} und C_ψ^{Rx} entsprechen der komplexen, vektoriellen Richtcharakteristik der Empfangsantenne für Co- bzw. Kreuzpolarisation. C_θ^{Tx} und C_ψ^{Tx} stellen die entsprechenden Größen für die Sendeantenne dar. Die Matrix $[T]$ enthält vollpolarimetrische Informationen über die insgesamt N_{m} frequenzabhängigen Ausbreitungspfade bei Mehrwegeausbreitung. Weitere Details sind [GW98] zu entnehmen.

Wie bereits angesprochen reicht es bei einem UWB-Signal nicht aus, den Kanal lediglich bei einer Frequenz, z.B. der Mittenfrequenz, zu beschreiben. Um den Ray Tracing Ansatz auf UWB zu erweitern, wird das UWB-Band in eine große Anzahl von Einzelfrequenzen zerlegt, wobei das Kanalverhalten jeder Einzelfrequenz gemäß Formel 5.32 berechnet wird. In dieser Dissertation wird der UWB-Kanal im Intervall $I = [2,5\ 12,5]$ GHz modelliert, wobei der nutzbare Frequenzbereich gemäß der FCC-Maske zwischen 3,1 GHz und 10,6 GHz liegt. Es stellt sich nun die Frage, in wieviele Einzelfrequenzen das Intervall I zerlegt werden soll bzw. wie groß der Frequenzschritt Δf gewählt werden soll. Hierzu muss man folgendes beachten:

Ein im Frequenzbereich mit Δf diskretisiertes Signal weist nach Durchführung der inversen diskreten Fouriertransformation im Zeitbereich einen Eindeutigkeitsbereich $t_{\max}$ von

$$
t_{\max} = \frac{1}{\Delta f}
\tag{5.33}
$$

auf. Aus dem Eindeutigkeitsbereich ergibt sich die größte auflösbare Pfadlänge des Kanalmodells gemäß

$$
l_{\max} = c_0 t_{\max}.
\tag{5.34}
$$

Zerlegt man z.B. das Frequenzintervall I in 1601 Einzelfrequenzen, so erhält man einen Frequenzschritt von $\triangle f = 6,25$ MHz und gemäß Gleichung 5.33 einen Eindeutigkeitsbereich von 160 ns. Mit Gleichung 5.34 folgt, dass die maximale Pfadlänge zwischen Sende- und Empfangsantenne, welche sich z.B. durch eine Mehrfachreflexion an Objekten innerhalb eines Raumes ergibt, höchstens 48 m betragen darf. Bei einer angesetzten Raumgröße von z.B. 7,25 x 6,25 x 3 Metern kann davon ausgegangen werden, dass relevante Ausbreitungspfade eine geringere Länge als 48 m besitzen, weshalb die Diskretisierung von $\triangle f = 6,25$ MHz als sinnvolle betrachtet wird und im Folgenden stets Verwendung findet.

Das in dieser Dissertation eingesetze Ray Tracing Kanalmodell wird daher im Intervall I betrachtet, welches diskrete Frequenzen im Abstand $\triangle f$ enthält. Das zugrundegelegte deterministische Ausbreitungsszenario wird durch ein Polygonmodell beschrieben. Hierbei wird ein Laborraum mit Außenwand, Mobiliar, Tischpfosten und Geräten nachgebildet, wobei jedes Objekt durch seine komplexe Permittivität, Permeabilität und Leitfähigkeit modelliert wird. Abbildung 5.19 zeigt die Laborumgebung. Tabelle 5.6 enthält die angesetzten physikalischen Parameter zur Modellierung der Objekte. Hierbei definiert $\Re(\epsilon_{\mathrm{r}})$ den Realteil der Permittivität, $\Im(\epsilon_{\mathrm{r}})$ den Imaginärteil der Permittivität inclusive dielektrische und ohmsche Verluste, $\Re(\epsilon_{\mu r})$ den Realteil der Permeabiltät, $\Im(\epsilon_{\mathrm{r}})$ den Imaginärteil der Permeabilität und σ_{objekt} die Standardabweichung der Oberflächenrauhigkeit in mm.

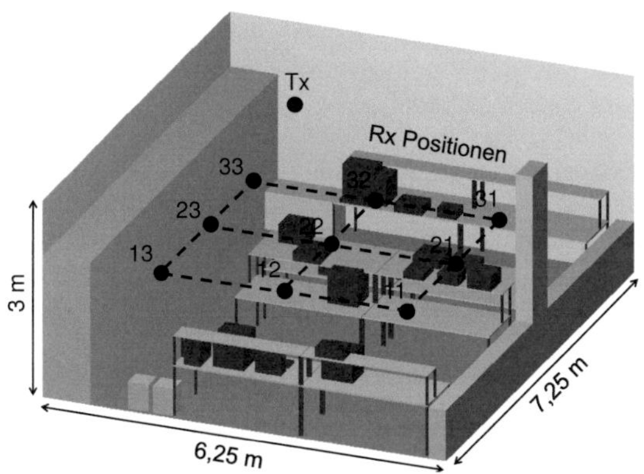

Abbildung 5.19: Modellierte Laborumgebung mit Senderposition (Tx) und verschiedenen Empfängerpositionen (Rx)

Innerhalb des definierten Szenarios können Sender- und Empfängerpositionen definiert werden. Für eine gegebene Kombination aus Sender- und Empfängerposition bestimmt dann der Ray Tracing Algorithmus für alle 1601 Frequenzen innerhalb des Intervalls I den jeweiligen komplexen Kanal-Übertragungskoeffizienten. Die gefun-

Objekt	$\Re(\epsilon_\mathrm{r})$	$\Im(\epsilon_\mathrm{r})$	$\Re(\mu_\mathrm{r})$	$\Im(\mu_\mathrm{r})$	σ_objekt in mm
Außenwand	5	0,1	1	0	1
Pfosten, Geräte	1	1e9	10	0	0,01
Mobiliar	2,5	0,1	1	0	0

Tabelle 5.4: Modellierung der Objekte im Ray Tracing Szenario

dene Funktion $H(f)$ wird Kanalübertragungsfunktion genannt. Abbildung 5.19 zeigt eine fixe Senderposition 'Tx' und neun verschiedene Empfängerpositionen 'Rx', wobei sowohl die Sender- als auch die Empfängerhöhe 2 m beträgt. Beim Kanal '32' ergibt sich z.B. eine Distanz von 3,57 m zwischen Sender und Empfänger. Zur Einbindung in den Systemsimulator wird die Kanalübertragungsfunktion im Bereich von 0 bis 28 GHz verwendet, wobei außerhalb des Intervalls I ein Zeropadding mit gleichem Frequenzschritt wie in I erfolgt. Der Übergang in den Zeitbereich erfolgt durch eine 8092-Punkte IFFT mit anschließender Diskretisierung von T_0. Die Simulation eines UWB-Kanals erfordert somit im Vergleich zu Schmalbandsystemen einen deutlich größeren Rechenaufwand, d.h. eine deutlich größere Simulationszeit. Für die in dieser Arbeit durchgeführten Systemsimulationen werden 9 UWB-Kanäle (vgl. Abbildung 5.19) betrachtet. Diese Anzahl ist ein Kompromiss zwischen akzeptablen Simulationszeiten und dem Wunsch, das prinzipielle nicht-ideales Systemverhalten für möglichst viele Systemkonfigurationen zu untersuchen (z.B. Einfluss der Datenrate, des Modulationsverfahren, der Demodulationsstrategie usw.). Hat man sich auf eine spezielle Systemkonfiguration festgelegt, kann dann eine Systemsimulation bei vergrößerter Anzahl von UWB-Kanälen erfolgen.

Nachdem die Modellierung von Kanal und Antenne beschrieben wurde, soll nun die Wirkung von Kanal und Antennen untersucht werden. Physikalisch gesehen findet eine Gewichtung der gefundenen Pfade mit der Charakteristik der Sende- und Empfangsantennen statt, d.h. es ergibt sich ein kombinierter Effekt. Um jedoch differenzieren zu können, ob der Mehrwege UWB-Kanal oder die Antenne ausschlaggebend für einen bestimmten Effekt ist, wird zunächst das Mehrwege-Kanalmodell ausgeschaltet und eine einfache Freiraumausbreitung inkl. Antenneneffekte verwendet. Das Transmissionsverhalten für den Kanal 32 von Abbildung 5.19 (Abstand 3,57 m) mit Freiraumausbreitung inkl. Sende- und Empfangsantenne ist in Abbildung 5.20 dargestellt. Es ist zu erkennen, dass die Dämpfung tendenziell mit der Frequenz zunimmt, aber starken Schwankungen unterliegt, die von der Antenne stammen. Zur Beurteilung der Pulsstörung ist eine Betrachtung der Gruppenlaufzeit sinnvoll. Diese ist in Abbildung 5.21 dargestellt. Abbildung 5.21 zeigt, dass die mittlere Gruppenlaufzeit von Freiraumkanal inkl. Sende- und Empfangsantenne ca. 12,8 ns entspricht. Dieser Wert lässt sich wie folgt erklären: Die physikalische Distanz zwischen Sender und Empfänger beträgt 3,57 m, was einer Ausbreitungszeit von 11,87ns entspricht. Die Differenz zu 12,8 ns ergibt sich durch die additive Laufzeit durch beide Antennen. Die maximale Schwankung der Gruppenlaufzeit beträgt ca. 1 ns, d.h. bei-

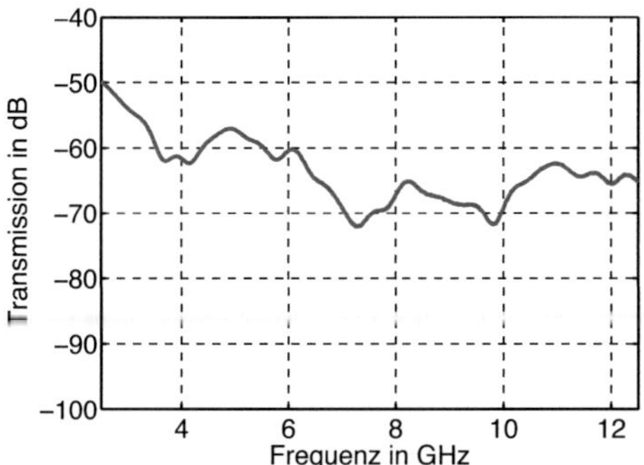

Abbildung 5.20: Transmission von Freiraum-Kanal inkl. Antenneneffekte

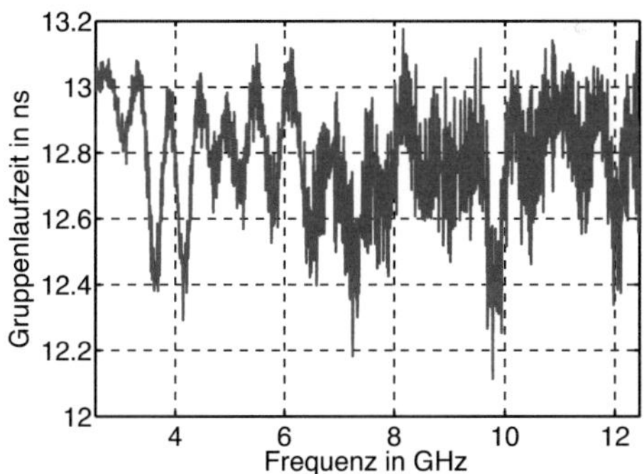

Abbildung 5.21: Gruppenlaufzeit von Freiraum-Kanal inkl. Antenneneffekte

de Antennen zusammen tragen mit ca. 1 ns Schwankung der Gruppenlaufzeit zum Gesamtsystem bei.

Nun wird statt des Freiraum-Modells der Mehrwege-Kanal verwendet, und es werden die gleichen Untersuchungen durchgeführt. Abbildung 5.22 zeigt die Transmis-

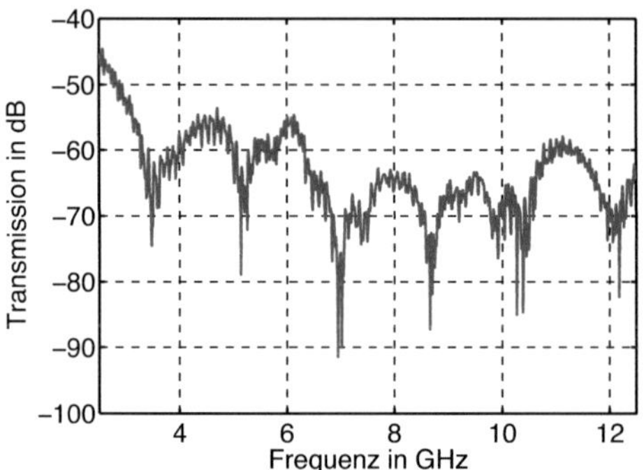

Abbildung 5.22: Transmission von Mehrwege-Kanal inkl. Antenneneffekte

sion von Mehrwege-Kanal inkl. Antenneneffekte über der Frequenz für den gleichen Ordinatenbereich wie in Abbildung 5.20. Es ist zu erkennen, dass das Transmissionsverhalten im Vergleich zu Abbildung 5.20 zwar ähnlich, aber zusätzlich durch schnelle Schwankungen über der Frequenz geprägt ist.

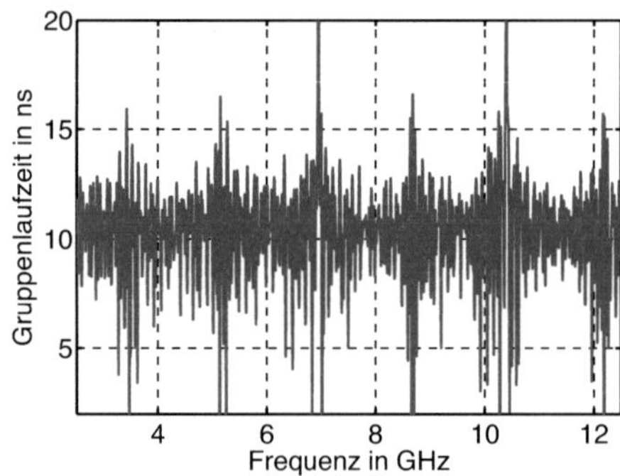

Abbildung 5.23: Gruppenlaufzeit von Mehrwege-Kanal inkl. Antenneneffekte

Abbildung 5.23 zeigt die Gruppenlaufzeit von Mehrwegekanal inkl. Antenneneffekte. Hierbei fällt folgendes auf: Die mittlere Gruppenlaufzeit ist mit der von Abbildung 5.21 vergleichbar. Allerdings treten beim Mehrwegekanal wesentlich stärkere Schwankungen der Gruppenlaufzeit auf. Bei singulären Frequenzen zeigt die Gruppenlaufzeit lokale Maxima und Minima; sieht man von diesen Effekten ab (Erklärung der Singularitäten im Anschluss), liegt die Schwankung der Gruppenlaufzeit von Mehrwegekanal inkl. Antennen in einem Bereich von ca. 10 ns und ist damit erheblich größer als die maximale Schwankung von Freiraumkanal plus Antennen, die nur ca. 1 ns betrug. Der Kanal liefert somit den bisher größten Beitrag zur maximalen Schwankung der Gruppenlaufzeit im System. Ergänzend soll nun das Auftreten der Singularitäten der Gruppenlaufzeit erklärt werden: Zunächst beobachtet man, dass die Singularitäten bei Frequenzen auftreten, an welchen das Transmissionsverhalten in Abbildung 5.22 lokale Minima besitzt. Diese Minima haben zueinander einen konstanten Frequenzabstand, d.h. sie weisen eine Periode auf. Wie bereits erwähnt, treten an diesen Frequenzstellen lokale Maxima und lokale Minima der Gruppenlaufzeit auf. Alle beobachteten Effekte im Line of Sight Ray Tracing Kanal lassen sich auf die Phänomene des sogenannten Zweistrahlmodells zurückführen, welches Mehrwegeausbreitung durch einen direkten und einen Umwegpfad modelliert, der z.B. durch Reflexion oder Streuung zustande kommt. Die Impulsantwort des Zweistrahlmodelles lässt sich wie folgt modellieren [VB08]:

$$h(\tau) = \delta(\tau) + a_{\mathrm{Pfad2}}e^{j\alpha_{\mathrm{Pfad2}}} \cdot \delta(\tau - \tau_{\mathrm{Pfad2}}) \tag{5.35}$$

Hierbei stellt $a_{\mathrm{Pfad2}}e^{j\alpha_{\mathrm{Pfad2}}}$ die komplexe Amplitude des zweiten Pfades dar, und τ_{Pfad2} ist die Zeitdifferenz im Vergleich zum Eintreffzeitpunkt des direkten Pfades. [VB08] zeigt, dass dieses Kanalmodell zu periodischen Einbrüchen des Transmissionsverhaltens führt und bei diesen singulären Frequenzen starke betragsmäßige Überhöhungen der Gruppenlaufzeit auftreten. Weiterhin wird in [VB08] gezeigt, dass das Vorzeichen dieser Singularitäten von a_{Pfad2} abhängt. Für $a_{\mathrm{Pfad2}} < 1$ wird an den singulären Frequenzen des Zweistrahl Pathloss Modells eine negative Gruppenlaufzeit erreicht, für $a_{\mathrm{Pfad2}} > 1$ eine positive Gruppenlaufzeit. Dies führt zu singulär auftretenden lokalen Maxima bzw. lokalen Minima der Gruppenlaufzeit. Beim Ray Tracing Mehrwegekanal beobachtet man in der Gruppenlaufzeit sowohl lokale Maxima, als auch lokale Minima. Dies lässt sich darauf zurückführen, dass im Ray Tracing Modell mehr als 2 Pfade ausbreitungsfähig sind und frequenzabhängige Ausbreitungseffekte wirken, die zu unterschiedlichem a_{Pfad2} führen.

Zuletzt soll noch der Kanal inkl. Antenneneffekte im Zeitbereich untersucht werden: Eine Rücktransformation des Transmissionsverhaltens in den Zeitbereich ergibt die Impulsantwort. Logarithmiert man das Quadrat der Impulsantwort, ergibt sich das Power Delay Profile (PDP). Abbildung 5.24 zeigt einen Ausschnitt des PDPs: Es wird deutlich, dass der erste Pfad, d.h. der Line of Sight Pfad, nach ca. 13 ns eintrifft. Der zweitstärkste Pfad trifft z.B. nach ca. 21 ns ein und ist bereits stark gedämpft.

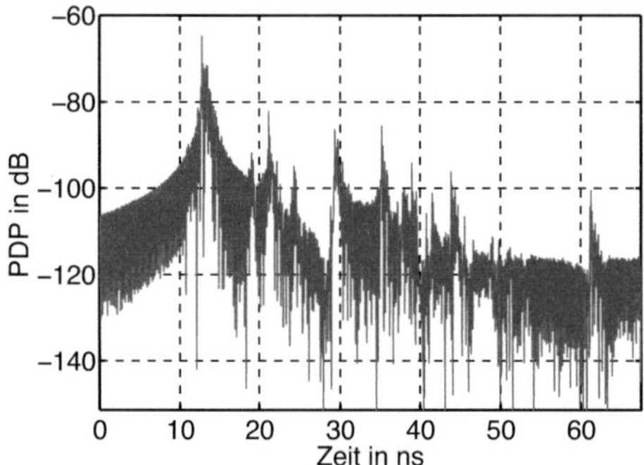

Abbildung 5.24: Power Delay Profile (PDP) von Mehrwege-Kanal inkl. Antenneneffekte

5.6.1 Verifikation des UWB-Kanalmodells

Im Folgenden wird von einer isotropen Antenne ausgegangen. Beträgt die zwischen $f_{\text{start}} = 3,1$ GHz und $f_{\text{stop}} = 10,6$ GHz liegende Sendeleistung P_{t} und die durch das oben eingeführte UWB-Kanalmodell gedämpfte Empfangsleistung im gleichen Frequenzbereich P_{r}, so wird die durch den Kanal verursachte Leistungsdämpfung D_{UWB} in diesem Frequenzbereich wie folgt berechnet [Ree05]:

$$D_{\text{UWB}} = \frac{P_{\text{r}}}{P_{\text{t}}} = \int\limits_{f_{\text{start}}}^{f_{\text{stop}}} |H(f)|^2 df \tag{5.36}$$

Liegt der Kanal nur an diskreten Frequenzen f_i vor, geht das Integral in eine Summe über, d.h. es ergibt sich

$$D_{\text{UWB,diskret}} = \Delta f \cdot \sum_{i=i_1}^{i_2} |H(f_i)|^2 \tag{5.37}$$

wobei i_1 und i_2 die Indices der Frequenzen darstellen, welche f_{start} und f_{stop} entsprechen. $H(f_i)$ ist der Übertragunskoeffizient gemäß Gleichung 5.32. Die Leistungsdämpfung kann nun für verschiedene Distanzen zwischen Sender und Empfänger simuliert werden, um das frequenzabhängige Dämpfungsverhalten des Kanalmodells zu erhalten. Hierbei werden die Line of Sight Kanäle von Abbildung 5.19 betrachtet, d.h. Sender- und Empfängerhöhe betragen 2 m. Zur Verifizierung des resultierenden Dämpfungsverhaltens werden im Folgenden vereinfachte UWB Pathloss Modelle eingeführt, bei 2 m Höhe ausgewertet und ein Vergleich mit den Ray Tracing Ergebnissen durchgeführt.

UWB Freiraum Pathloss Modell

Zunächst wird die Leistungsdämpfung berechnet, die sich bei Freiraumausbreitung und isotropen Sende- und Empfangsantennen ergeben würde. In [PT04] ist ein Dämpfungsmodell (Pathloss-Modell) zu finden, welches die Leistungsdämpfung eines UWB-Signals bei Freiraumausbreitung beschreibt: Wenn f_{start} die unterste und f_{stop} die oberste relevante Frequenz eines UWB-Signals und d den Abstand zwischen Sender und Empfänger ist, so lässt sich eine auf das UWB-Band erweiterte Friis-Gleichung gemäß Gleichung 5.38 angeben [PT04]:

$$D_{\text{Freiraum}} = \frac{c_0{}^2}{(4\pi d)^2 f_{\text{start}} f_{\text{stop}}} \tag{5.38}$$

Hier wird $f_{\text{start}} = 3,1\,\text{GHz}$ und $f_{\text{stop}} = 10,6\,\text{GHz}$ gewählt.

UWB Zweistrahl Pathloss Modell

Ein weiteres UWB Pathloss Modell ist in [SK04] zu finden. Dieses berücksichtigt neben dem direkten Pfad zwischen Sender und Empfänger außerdem den Pfad einer Bodenreflexion. Die distanzabhängige Dämpfung $D_{\text{Zweistrahl}}$ wird dann durch folgende Gleichung bestimmt:

$$D_{\text{Zweistrahl}} = \frac{1}{f_{\text{stop}} - f_{\text{start}}} \cdot$$
$$\int\limits_{f_{\text{start}}}^{f_{\text{stop}}} \left(\frac{c_0}{f 4\pi d}\right)^2 \left(1 + a_{\text{Pfad2}}{}^2 + 2a_{\text{Pfad2}} \cos\left(\frac{2f\pi\Delta l}{c_0} + \alpha_{\text{Pfad2}}\right)\right) df \tag{5.39}$$

mit

$$\Delta l = \frac{2h_t h_r}{d}. \tag{5.40}$$

In Gleichung 5.39 bzw. 5.40 bezeichnet h_t und h_r die Höhe von Sender und Empfänger und $a_{\text{Pfad2}} e^{j\alpha_{\text{Pfad2}}}$ den komplexen Reflexionskoeffizient am Boden, welcher für den bodenreflektierten Pfad angesetzt wird. Für den Sonderfall $a_{\text{Pfad2}} = 0$ geht Gleichung 5.39 direkt in Gleichung 5.38 über, d.h. das Zweistrahlmodell reduziert sich zum Freiraummodell.

Analog zum Mehrwegeszenario von Abbildung 5.19 werden Sende- und Empfängerhöhe auf 2 m gesetzt. Für den Reflexionskoeffizient wird angenommen: $a_{\text{Pfad2}} = 1$ und $\alpha_{\text{Pfad2}} = \pi$.

Abbildung 5.25 zeigt die Leistungsdämpfung im UWB Ray Tracing Kanalmodell ohne Antenneneffekte für die in Abbildung 5.19 gezeigten Kanäle und zum Vergleich sowohl die Leistungsdämpfung gemäß des UWB Freiraum Pathloss Modells als auch die Leistungsdämpfung des UWB Zweistrahl Pathloss Modells. Der Vergleich zeigt, dass die Leistungsdämpfung im UWB Ray Tracing Kanalmodell meist etwas kleiner als die Leistungsdämpfung des UWB Freiraum Modells ist und etwas

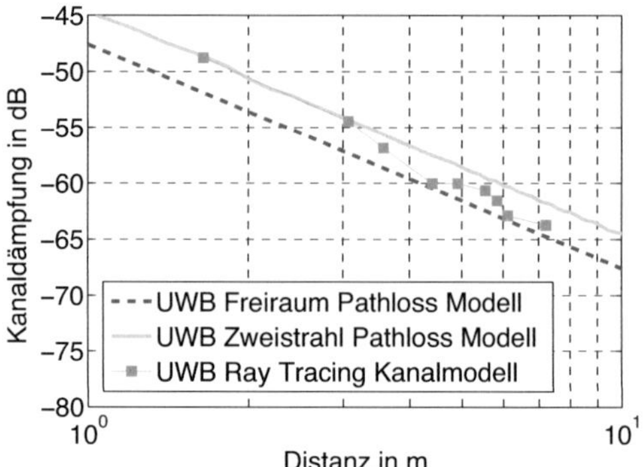

Abbildung 5.25: Dämpfung der UWB-Leistung in dB für verschiedene UWB-Kanalmodelle

größer als die Leistungsdämpfung des UWB Zweistrahl Modells (angesetzte Werte: $a_{\text{Pfad2}} = 1$, $\alpha_{\text{Pfad2}} = \pi$). Dies ist leicht zu erklären: Die untersuchten Kanäle beschreiben starke LOS-Kanäle, bei denen nicht immer ein starker zweiter Pfad auftritt, d.h. a_{Pfad2} ist i.d.R. kleiner als 1. Folglich liegt die auftretende Dämpfung zwischen dem Freiraum- und dem mit $a_{\text{Pfad2}} = 1$ parametrisierten Zweistrahlmodell. Insgesamt zeigt Abbildung 5.25, dass das eingesetzte UWB Ray Tracing Kanalmodell im Vergleich mit existenten UWB-Kanalmodellen realistische Werte für die abstandsabhängige Leistungsdämpfung erzeugt. Eine weitere Verifikation des Kanalmodells durch Vergleich von simulierter und gemessener Impulsantwort in Indoor-Umgebungen wurde erfolgreich in [PKW07] durchgeführt. [PKW07] untersucht neben dem normalen Ray Tracing Ansatz, welcher in der vorliegenden Dissertation zum Einsatz kommt, zusätzlich ein hybrides FDTD[2]/Ray Tracing Modell, welches die Streuung an kleinen Objekten durch einen FDTD-Ansatz beschreibt. Insgesamt kann davon ausgegangen werden, dass das UWB Ray Tracing Kanalmodell eine sehr realistische Approximation an den tatsächlichen UWB-Funkkanal darstellt. Eine Veröffentlichung zum Vergleich von Freiraum- und Mehrwegedämpfung ist in [TPS+07] zu finden.

5.7 Rauschen

Es wird davon ausgegangen, dass sich sowohl der Sender als auch der Empfänger innerhalb eines Gebäudes befinden und somit von einer Indoor-Umgebung ausgegangen werden kann. Die Empfangsantenne empfängt neben dem eigentlichen Sendesignal ein Rauschsignal, welches als Additives Weisses Gauß'sches Rauschen (AWGN)

---

[2]FDTD = Finite-Difference Time-Domain

modelliert wird. Dies bedeutet, dass die Signalwerte im Zeitbereich Gauß-verteilt sind mit einer Varianz von σ_n^2. Im Frequenzbereich liegt dann eine konstante Leistungsdichte vor. Die empfangene Rauschleistung N beträgt bei Leistungsanpassung [Lu06]

$$N = \sigma_n^2 = kTB. \tag{5.41}$$

Hierbei steht k für die Boltzmannkonstante, B für die Bandbreite und T für die absolute Temperatur. Da die Empfangsantenne im Indoor-Szenario plaziert ist, kann $T = 300$ K angesetzt werden. Die Rausch-Leistungsdichte beträgt dann -113.83 dBm/MHz. Bei einer Bandbreite B von $(10,6 - 3,1) = 7,5$ GHz ergibt sich eine Rauschleistung von ca. -75,08 dBm.

5.8 Interferenz

Prinzipiell kann die Wirkung eines UWB-Signals auf ein schmalbandiges, breitbandiges oder ultrabreitbandiges Signal betrachtet werden oder umgekehrt die Wirkung eines schmal- bzw. breitbandigen Signals auf ein UWB-Signal. Die Wirkung eines UWB-Signals auf ein schmalbandiges System wird z.B. in [EJW+06] betrachtet und ermittelt, unter welchen Voraussetzungen das gestörte Schmalbandsystem ein Additives Weisses Gauß'sches Rauschen sieht. Hierbei zeigt sich, dass gutes Dithering sowie ein genügend kleiner Pulsabstand nötig sind. [Eis06] hingegen analysiert die Wirkung eines UWB-Signals auf ein anderes UWB-Signal.

In der vorliegenden Dissertation wird der Fall betrachtet, dass ein UWB Impulse Radio Signal einer ultrabreitbandigen AWGN Interferenz ausgesetzt wird. Durch den modularen Aufbau des Systemsimulators ist es jedoch möglich, auch andere Arten von Interferenz einzubinden.

5.9 Rauscharmer Verstärker (LNA)

Am Ausgang der Empfangsantenne liegt ein schwaches Signal vor, welches durch einen rauscharmen Verstärker (LNA) verstärkt werden muss. Hierbei sollte ein Verstärker gewählt werden, welcher einen möglichst konstanten Verstärkungsfaktor über den gesamten ultrabreitbandigen Frequenzbereich aufweist. Weiterhin sollte der Phasengang möglichst linear sein, damit sich eine möglichst konstante Gruppenlaufzeit über der Frequenz ergibt und die Pulsform kaum gestört wird.
Weiterhin sollte der LNA einen hohen Gewinn G_{LNA} bei gleichzeitig kleiner Rauschzahl F_{LNA} aufweisen, damit die Gesamtrauschzahl des Empfängers F_{ges} gemäß Gleichung 5.42

$$F_{ges} = F_{LNA} + \frac{F_2 - 1}{G_{LNA}} \tag{5.42}$$

minimiert wird. Hierbei steht F_2 für die Rauschzahl der Empfängereinheit.
Ein kommerziell erhältlicher UWB-Verstärker der Firma Hittite, welcher die o.g. An-

forderungen im relevanten Frequenzbereich von 3,1 GHz bis 10,6 GHz erfüllt, ist in Abbildung 5.26 zu sehen.

Im Folgenden werden die vollständigen Messdaten der S-Parameter dieses Verstärkers im Frequenzbereich von 2,5 GHz bis 12,5 GHz dargestellt. Abbildung 5.27 (links) zeigt den frequenzabhängigen Transmissionskoeffizienten S_{21} in dB. Im relevanten

Abbildung 5.26: UWB-Verstärker HMC-C022 der Firma Hittite

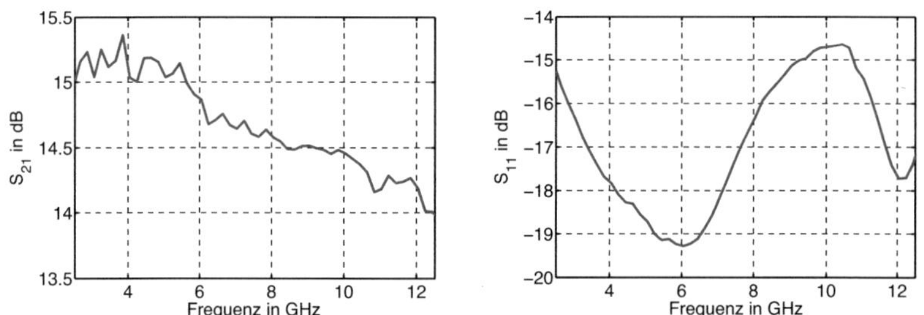

Abbildung 5.27: Links: S_{21}-Parameter des Verstärkers HMC-C022B; rechts: S_{11}-Parameter

Frequenzbereich von 3,1 bis 10,6 GHz weist der Verstärker eine maximale Verstärkung von 15,36 dB (bei 3,85 GHz) auf sowie eine minimale Verstärkung von 14,33 dB (bei 10,6 GHz), d.h. die Gewinnschwankung ist gering und beträgt ca. +/- 0,5 dB. Abbildung 5.27 (rechts) zeigt die Eingangsanpassung $S_{11}(f)$. Die Anpassung des Verstärkers ist gut und beträgt weniger als -14 dB. Zur Vollständigkeit zeigt Abbildung 5.28 (links) die Transmission des Ausgangs auf den Eingang $S_{12}(f)$ und Abbildung 5.28 (rechts) die Ausgangsanpassung $S_{22}(f)$. Wie man Abbildung 5.28 (rechts) entnimmt, ist auch der Ausgang gut angepasst mit Werten besser als -13 dB. Der Verstärker HMC-C022 ist im relevanten Frequenzbereich sehr linearphasig. Abbildung 5.29 zeigt die aus der Phase von $S_{21}(f)$ berechnete Gruppenlaufzeit gemäß Gleichung 5.15. Der Abbildung 5.29 ist zu entnehmen, dass die maximale Schwankung der Gruppenlaufzeit im relevanten Bereich von 3,1 GHz bis 10,6 GHz

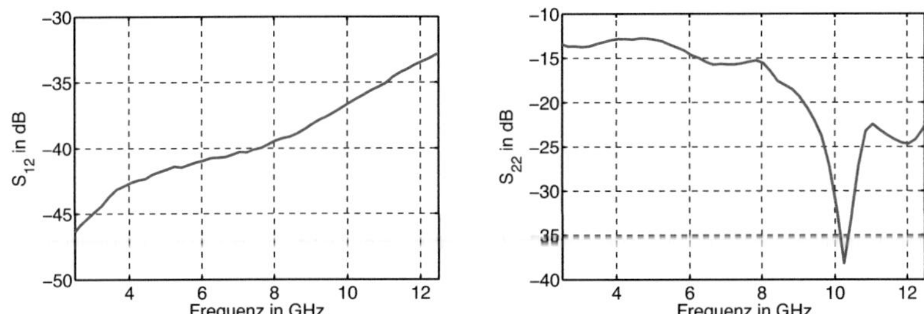

Abbildung 5.28: Links: S_{12}-Parameter des Verstärkers HMC-C022B; rechts: S_{22}-Parameter

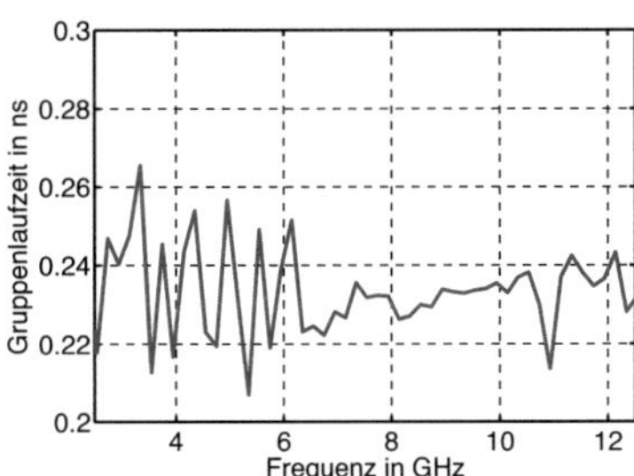

Abbildung 5.29: Gruppenlaufzeit des Verstärkers HMC-C022B

ca. $(0,2654 - 0,2069)$ ns=0,0585 ns beträgt. Somit weist der Verstärker eine sehr kleine Schwankung der Gruppenlaufzeit auf und ist daher zur Verstärkung von UWB-Signalen geeignet.

Bei der Mittenfrequenz beträgt die Rauschzahl des Verstärkers ca. 2,5 dB, die 1 dB Kompressionsleistung am Ausgang 17 dBm, die Sättigungsleistung 22 dBm und die Ausgangsleistung am Intercept-Punkt 3. Ordnung (IP3) 28 dBm.
Im Systemmodell wird der rauscharme Verstärker durch die vollständigen gemessenen S-Parameter beschrieben sowie durch die genannten Werte für Rauschzahl, Kompressionsleistung, Sättigungs- und IP3-Leistung. Die in den Systemsimulator integrierten S-Parameter decken den Bereich von 0 bis 28 GHz ab.

Arbeiten zur Enwicklung von ultrabreitbandigen LNAs findet sich z.B. in [Lee02] und [Sha05].

5.10 Empfangsfilter

Das Empfangsfilter dient dazu, den relevanten Frequenzbereich aus dem Empfangssignal zu extrahieren. Somit werden Störungen und Rauschen außerhalb des Durchlassbereichs unterdrückt bzw. stark gedämpft. Als Empfangsfilter wird in der vorliegenden Dissertation das gleiche Filter benutzt wie auf der Senderseite gemäß Abschnitt 5.4. Das Einbinden der Daten in den Systemsimulator erfolgt ebenfalls wie in Abschnitt 5.4.

5.11 Analog-Digital-Wandler

Wie bereits erwähnt, erfolgt die Systemsimulation in der Ptolemy-Umgebung von Advanced Design System 2008 Update 1 anhand einer digitalen Simulation, d.h. analoge Signale werden in zeitdiskrete Signale mit Zeitschritt T_0 überführt und dem Systemsimulator zugeführt. Eine Quantisierung der Funktionswerte im Sinne einer A/D-Wandlung erfolgt dabei nicht. Bei diesem Vorgehen nimmt man eine A/D-Wandlung wie in [Kuh06] als idealisiert an.

Entstandene Veröffentlichungen zur UWB-Systemmodellierung sind in [TPW+08], [TPW2+10] und [Bec08] zu finden.

6 Modellierung diverser Empfängerarchitekturen

In diesem Abschnitt werden diverse Empfängerarchitekturen modelliert und die verwendeten Demodulationsstrategien vorgestellt. Prinzipiell lassen sich die untersuchten Empfängerstrukturen in kohärente und inkohärente Strukturen unterteilen. Die Empfängerarchitekturen hängen dabei auch von der eingesetzten Modulation ab.

Empfehlenswerte Literatur zu UWB-Empfängerarchitekturen findet sich z.B. in [Rab00].

6.1 Kohärenter Empfänger für PPM und OOK Modulation

Das Prinzip des kohärenten Empfängers ist in Abbildung 6.1 dargestellt. Der kohären-

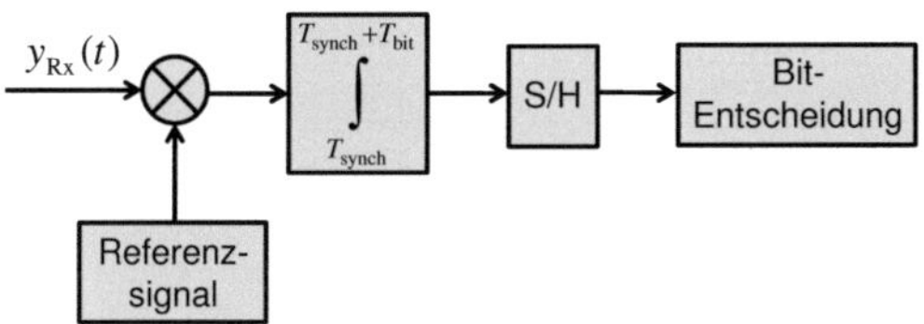

Abbildung 6.1: Kohärenter Empfänger

te Empfänger multipliziert das Empfangssignal mit einem Referenzsignal, welches die gleiche Pulswiederholzeit und den gleichen TH-Code wie das Sendesignal aufweist und integriert das Ergebnis über der Zeit. Nach Durchführen von 'Sample and Hold' (S/H) wird der Wert mit dem Schwellwert Null verglichen und eine Bitentscheidung getroffen. Das Referenzsignal selbst enthält Template-Pulse (Templates), wobei die Form des Templates einen entscheidenden Einfluss auf die Bitfehlerrate hat. Optimale Templates sind dabei immer optimal bezüglich eines zugrundegelegten Systemmodells. Zur Bestimmung optimaler Templates werden im Folgenden Systemmodelle mit verschiedener Komplexität betrachtet:

- Systemmodell 1: Das einfachste Systemmodell geht von idealer Hardware und einem Kanal aus, der lediglich durch Additives Weisses Gauß'sches Rauschen (AWGN) beschrieben wird.

- Systemmodell 2: Die Hardware ist als idealisiert angenommen. Der Kanal zeichnet sich durch Mehrwegeausbreitung und AWGN aus.

- Systemmodell 3: Die Hardware ist nicht-ideal. Der Kanal beinhaltet Mehrwegeausbreitung und AWGN.

6.1.1 Verhalten bei AWGN-Störung

Das Empfangssignal $r(t)$ setze sich aus dem Signalanteil $s(t)$ und dem Rauschanteil $n(t)$ zusammen, wobei $n(t)$ durch das AWGN-Rauschen zustande kommt. Weist das Empfangssignal die Amplitude $\sqrt{E_\mathrm{p}}$ auf, kann man formulieren

$$r(t) = \sqrt{E_\mathrm{p}} \cdot s(t) + n(t). \tag{6.1}$$

Es wird zunächst von Systemmodell 1 ausgegangen. Wie bereits erwähnt, findet beim kohärenten Empfänger eine Multiplikation des Empfangssignals $r(t)$ mit einem Template-Signal $p(t)$ statt sowie eine anschließende Integration des Produkts über die Bitdauer T_b gemäß Gleichung 6.2

$$y(t) = \int_0^{T_\mathrm{b}} r(t)p(t)dt. \tag{6.2}$$

Im Folgenden soll das Signal-zu-Rausch-Verhältnis hergeleitet werden, welches sich am Ausgang des Integrators ergibt (vgl. [Lu06], [Zen05], [Lee02]). Hierzu sei angenommen, dass Empfangssignal und Template-Signal nicht exakt synchronisiert sind, sondern ein Zeitfehler τ auftritt. Für die Rauschleistungsdichte N_0 gilt

$$N_0 = kT. \tag{6.3}$$

Die Autokorrelation des Rauschsignals ergibt sich damit zu

$$r_{nn}(t_1, t_2) = N_0\delta(t_1 - t_2). \tag{6.4}$$

Die Kreuzkorrelation r_{sp} zwischen dem Signalanteil $s(t)$ im Empfangssignal und dem Template $p(t)$ ist definiert als

$$r_{sp}(\tau) = \int_0^{T_\mathrm{b}} s(t)p(t - \tau)dt. \tag{6.5}$$

Die Autokorrelation des Template-Signals $p(t)$ lautet

$$r_{pp}(\tau) = \int_0^{T_\mathrm{b}} p(t)p(t - \tau)dt. \tag{6.6}$$

Somit kann man die gesamte Rauschleistung N wie folgt berechnen:

$$N = N_0 r_{pp}(0) \tag{6.7}$$

Das SNR des Empfangssignals ergibt sich dann zu

$$SNR = \frac{E_\mathrm{p}}{N_0} \cdot \frac{r_{sp}^2(\tau)}{r_{pp}(0)}.$$ (6.8)

Gleichung 6.8 stellt das Signal-zu-Rausch-Verhältnis am Ausgang des Korrelators dar, wenn ein beliebiges Templatesignal $p(t)$ gewählt wird und ein zeitlicher Synchronisierungsfehler von τ vorliegt. Stimmt das Template exakt mit dem Signalanteil (ohne Rauschen) des Empfangssignals überein, d.h. gilt $p(t) = s(t)$ ($r_{sp} = r_{ss}, r_{pp} = r_{ss}$) und wird perfekte Synchronisierung angenommen, d.h. $\tau = 0$, so wird Gleichung 6.8 maximiert. Für diesen Fall vereinfacht sich Gleichung 6.8 zu

$$SNR = \frac{E_\mathrm{p}}{N_0} \cdot r_{ss}(0).$$ (6.9)

Das optimale Template für Systemmodell 1 ist daher mit der Sendepulsform identisch und wird AWGN-Template genannt [Mer09]. Weicht das Template-Signal von der Sendepulsform ab, ergibt sich ein entsprechender Verlust des Signal-zu-Rausch-Verhältnisses, d.h. die Bitfehlerrate steigt.

Die Detektion mit Hilfe des Referenzsignals und eines Integrators läuft dann (bei OOK- und PPM- Modulation) wie folgt ab: Es wird ein Referenzsignal gebildet, welches - synchronisiert zum Empfangssignal - einen Differenzpuls $p(t) = p_0(t) - p_1(t)$ bildet und diesen im Abstand der Pulswiederholzeit setzt. Hierbei sind $p_0(t)$ und $p_1(t)$ z.B. die AWGN-Templates, d.h. die Sendepulsformen für das Bit 0 bzw. 1. Bei OOK-Modulation ist $p_0(t) = 0$; bei PPM-Modulation unterscheiden sich die Funktionen $p_0(t)$ und $p_1(t)$ lediglich durch den PPM-Offset. Abbildung 6.2 visualisiert zunächst ein PPM-moduliertes Empfangssignal (1. Puls: ohne PPM-Offset, 2. Puls: mit PPM-Offset) und darunter das Referenzsignal (Pulsform: Gauß'scher Monocycle; Pulsdauer: 0,7 ns, PPM-Offset: 1 ns, Pulswiederholzeit: 3 ns). Multipliziert man Empfangs- und Referenzsignal, integriert das Produkt auf und nullt den Integratorstand nach Vielfachen der Pulswiederholzeit, ergibt sich die dritte Darstellung in Abbildung 6.2. Zur Rekonstruktion der Bits betrachet man den Integratorwert direkt vor dem Nullen. Im gezeigten Beispiel ist er für das erste Bit positiv, für das zweite negativ. Bei PPM-Modulation lässt sich also anhand des Vorzeichens des Integratorstands auf die Bits schließen, d.h. der Schwellwert ist Null. Dieses Prinzip ist auch anwendbar, wenn das Signal im Rauschen verschwunden ist. Bei OOK-Modulation ergibt sich bei Abwesenheit von Rauschen je nach Wert des Bits der Integratorwert Null bzw. ein positiver Integratorstand; bei Hinzunahme von Rauschen lässt sich aus der unterschiedlichen Höhe des Integratorstands auf die Bits schließen. Allerdings muss hierzu ein optimaler Schwellwert gefunden werden.

Im Folgenden werden noch zwei weitere Überlegungen zur Gleichung 6.9 angestellt: Um ein hohes SNR am Ausgang des Integrators zu erhalten, sollte eine Sendepulsform gewählt werden, deren Autokorrelation bei $\tau = 0$ möglichst groß ist. Zweitens

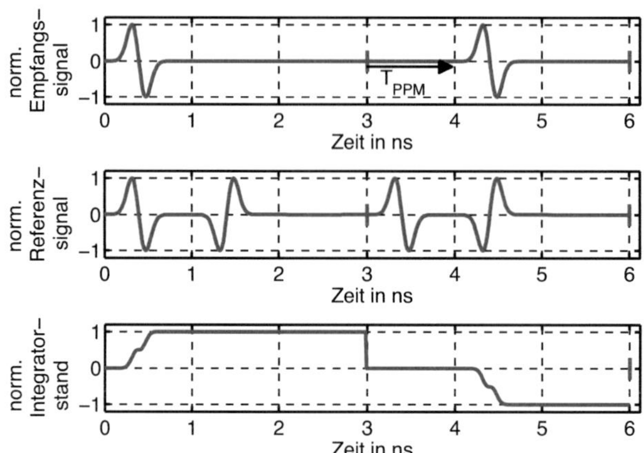

Abbildung 6.2: Prinzip zur Bildung des Referenzsignals (Template)

interessiert die Frage, ob sich das SNR durch Verwendung mehrerer Pulse pro Bit erhöhen lässt. Bei Verwendung von j Pulsen pro Bit erhöht sich der Signalanteil $s(t)$ um den Faktor j, d.h. die Signalleistung steigt mit j^2. Weiterhin vergrößert sich die Rauschleistung um den Faktor j. Insgesamt resultiert daraus ein Anstieg des SNR um den Faktor j. Gleichzeitig verringert sich die Datenrate um den Faktor j. Durch Verwendung von mehreren Pulsen pro Bit kann also insgesamt eine flexible Datenrate erzeugt werden, je nach Erfordernissen an das Signal-zu-Rausch-Verhältnis [Lu06].

Abschließend betrachtet stellt der Korrelationsempfänger den optimalen Empfänger für einen reinen AWGN-Kanal mit genau einem Nutzer dar. Die Performance wird optimiert, wenn als Template die Sendepulsform herangezogen wird und zugleich der optimale PPM-Offset verwendet wird, welcher eine Funktion der verwendeten Pulsform ist.

6.1.2 Verhalten bei Mehrwegekanal und AWGN-Störung

Es wird von Systemmodell 2 ausgegangen. Bei Vorhandensein eines Mehrwegekanals (und AWGN) ist die empfangene Pulsform infolge des Mehrwegekanals verzerrt. Es ist nun zu unterscheiden, ob empfängerseitig eine Kanalkenntnis vorliegt oder nicht. Mit Kanalkenntnis kann ein optimales Template generiert werden. Es handelt sich dabei um das signalangepasste (matched) Template, d.h. um ein Template, welches die Störungen des Kanals beinhaltet. Dies führt dann zum gleichen $BER - E_b/N_0$-Verhalten wie in Abschnitt 6.1.1. Wenn hingegen keine empfängerseitige Kanalkenntnis vorhanden ist, besteht eine einfache Möglichkeit darin, als Template die ungestörte Sendepulsform heranzuziehen. Gegenüber dem optimalen Template führt ein solches Vorgehen jedoch zu einem Verlust im SNR [Mer09].

6.1.3 Verhalten bei nicht-idealer Hardware

Zuletzt wird von Systemmodell 3 ausgegangen. Wenn zusätzlich zum Mehrwegekanal die modellierte nicht-ideale Hardware in den Frontends gemäß Kapitel 5 einbezogen wird, ist eine analytische Beschreibung der Bitfehlerrate nicht einfach möglich. Vielmehr macht es Sinn, in diesem Fall das Verhalten durch Systemsimulationen zu untersuchen. Ingesamt ist man weiterhin daran interessiert, ein Template zu erzeugen, welches dem Empfangspuls möglichst nahe kommt. Die Form des Empfangspulses ist allerdings von der Richtung abhängig, da z.B. die Antennen eine richtungsabhängige Impulsantwort aufweisen. Um das optimale Template zu erhalten, müsste folglich eine Schätzung der System-Übertragungsfunktion erfolgen. Um die Komplexität zu reduzieren, ist es sinnvoll, als Template entweder die Sendepulsform (d.h. das AWGN-Template) oder eine seiner Ableitungen zu verwenden. Hierdurch wird z.B. der differenzierenden Wirkung der Sendeantenne Rechnung getragen. In der vorliegenden Arbeit wird das AWGN-Template verwendet.

6.2 Inkohärenter Empfänger

Um ein PPM moduliertes Signal inkohärent zu detektieren, reicht ein einzelner Integrator nicht aus, da sowohl für Bit 0 als auch für Bit 1 die gleiche Energie aufintegriert wird. Es bedarf daher einer Empfängerarchitektur, welche zusätzlich zur Energie eine Zeitinformation liefert. Dies kann erreicht werden, indem die Bitdauer in N_{int} Schlitze zerlegt und eine Parallelstruktur aus N_{int} inkohärenten Empfängern aufgebaut wird, wobei jeder Integrator nur über einen Teilbereich der Pulswiederholzeit, d.h. über einen Zeitschlitz, integriert. Die Verteilung der integrierten Energie über den Zeitschlitzen kann dann für die Bitentscheidung herangezogen werden.

6.2.1 Detektion mit MAX-Methode

Eine einfache Möglichkeit der Detektion ist in Abbildung 6.3 dargestellt. Hier wird der Zeitschlitz gesucht, welcher die maximale Energie beinhaltet [SO06],[RMC+05], [PAU04]. Diese Methode wird auch MAX-Methode genannt. Wenn der ausgewählte Zeitschlitz eine Zeit beschreibt, die größer als die Hälfte des verwendeten PPM-Offsets ist, wird auf Bit 1 entschieden, ansonsten auf Bit 0. Die zur Demodulation nötige Hardware in Abbildung 6.3 wird hierbei als ideal angenommen (Quadrierer, Integrator, S/H-Komponente). Dies geschieht vor dem Hintergrund, verschiedene Demodulationsstrategien fair miteinander vergleichen zu können.

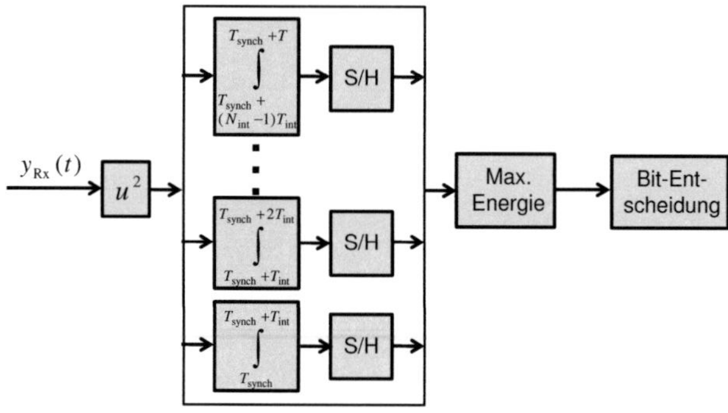

Abbildung 6.3: Inkohärenter Empfänger für PPM-Modulation: Detektion des maximalen Integratorwerts (MAX-Methode)

6.3 Empfänger für orthogonale Modulation

Der Empfänger für orthogonale Modulation ist in Abbildung 6.4 zu sehen. Hier wird das ankommende Signal mit den insgesamt N_{ortho} verschiedenen Template-Pulsformen korreliert. Diese sind mit den möglichen N_{ortho} Sendepulsen identisch. Der Template-Puls, welcher zum maximalen Korrelationswert führt, wird zur Bitentscheidung herangezogen. Aus den gleichen Gründen wie im vorherigen Abschnitt wird die zur Demodulation nötige Hardware als idealisiert angenommen.

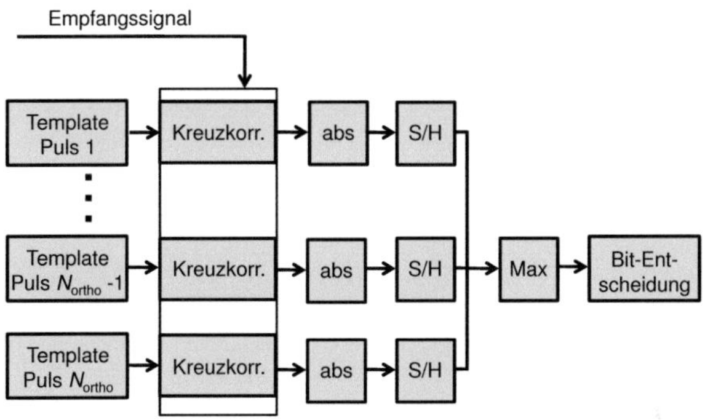

Abbildung 6.4: Empfänger für Modulation mit N_{ortho} orthogonalen Pulsen

7 Analyse des Systemverhaltens

In diesem Kapitel wird das nicht-ideale Systemverhalten unter den verschiedensten Blickwinkeln beleuchtet. Zunächst wird der Einfluss von Modulation und Codierung sowie der Einfluss jeder einzelnen nicht-idealen Komponente gemäß Kapitel 5 auf das UWB-Signal untersucht. Die Darstellung erfolgt hierbei sowohl im Zeitbereich als auch im Frequenzbereich, um das Wirken von Nicht-Idealitäten vollständig zu veranschaulichen. Unter der Annahme eines kohärenten Empfängers mit PPM-Modulation wird danach die Performance des Systems für diverse Konfigurationen betrachtet: Hierbei wird zunächst der Einfluss verschiedener Systemparameter (Datenrate, Synchronisierungsfehler, Jitter) auf die Bitfehlerrate analysiert. Weiterhin erfolgt ein Vergleich der Performance bei Verwendung von konventioneller bzw. optimaler Pulsform. Zuletzt wird die Performance bei Einsatz von realen FCC- bzw. ECC-Filtern verglichen und aufgezeigt, durch welche Methoden die Signalqualität und damit die Performance verbessert werden kann. Veröffentlichungen zur Performance eines nicht-idealen UWB-Systems sind in [TPW+08], [TAP+08], [TPW2+10], [Kal09] und [PTZ2+10] zu finden.

7.1 Systemeffekte im Zeitbereich und Frequenzbereich

Im folgenden Abschnitt wird das UWB-Signal von der Modulation bis zur Demodulation schrittweise im Zeitbereich und im Frequenzbereich dargestellt. Dies ermöglicht einen direkten Einblick, welche Effekte durch Modulation und Codierung auf der einen Seite, sowie durch die einzelnen Hardware-Komponenten auf der anderen Seite, hervorgerufen werden. Für die nachfolgende Untersuchung gelten folgende Systemeinstellungen:

Die zeitliche Diskretisierung des Systemsimulators beträgt $T_0 = 1/(2 \cdot 28\,\mathrm{GHz}) = 17,86$ ps, wobei die nicht-idealen Systemkomponenten bis 28 GHz charakterisiert sind. Die Pulswiederholzeit wird auf $T = 1600 \cdot T_0 = 28,57$ ns gesetzt, die Modulationsart ist PPM, und der PPM-Offset wird zu $T_{\mathrm{PPM}} = 200 \cdot T_0$ gewählt. Ein Bit wird durch $N_\mathrm{p} = 2$ Pulse repräsentiert. Der verwendete Puls ist der durch konvexe Optimierung in Abschnitt 3.3.1 bestimmte Optimalpuls. Die Amplitude ist im Vergleich zu Abbildung 3.15 trotz gleich angesetzter Pulswiederholzeit um 6,397 dB (Faktor 2,09) reduziert. Dies liegt daran, dass im Gegensatz zu Abbildung 3.15 nicht die FCC-Maske, sondern eine um den maximalen Antennengewinn von $6,397$ dBi reduzierte FCC-Maske verwendet wird. Nach Multiplikation mit diesem Gewinn ergibt sich dann wieder der FCC-Grenzwert von -41,3 dBm/MHz. Weiterhin wird zur Reduktion diskreter Spektrallinien eine zweistufige TH-Codierung vorgenommen (grob und fein). Zunächst wird die Pulswiederholzeit in 4 Schlitze geteilt ($T_{\mathrm{TH},1} = 400 \cdot T_0$) und eine grobe Verwürfelung der erzeugten Pulspositionen durch einen PN-Code (m-Sequenz) generiert. Innerhalb des TH-Schlitzes erfolgt im nächsten Schritt eine feine Verschiebung des Pulses um bis zu $31 \cdot T_0$, wobei diese Verschiebung ebenfalls durch einen PN-Code festgelegt wird. Die maximal mögliche Verschiebung eines Pulses innerhab der Pulswiederholzeit beträgt somit

$$t_{\max} = (4 - 1) \cdot 400 \cdot T_0 + 200 \cdot T_0 + 31 \cdot T_0 = 1431 \cdot T_0. \tag{7.1}$$

Da $t_{\max} < T$, wird somit ein Schutzabstand zum Beginn der nächsten Pulswiederholzeit eingehalten, welcher eine mögliche Intersymbolinterferenz begrenzt.

Die Darstellung des UWB-Signals erfolgt im Zeitbereich und im Frequenzbereich. Im Zeitbereich umfasst die Visualisierung über das Zeitintervall [0 300] ns, d.h. es werden größenordnungsmäßig 10 Pulse gezeigt. Diese Darstellung eignet sich z.B. zur Visualisierung von Mehrwegen. In einer gesonderten Darstellung wird der erste empfangene Puls näher betrachtet und über einen Zeitraum von 4 ns gezeigt. Hierdurch kann die Störung der Pulsform beobachtet werden. Im Frequenzbereich wird stets das Leistungsdichtespektrum in dBm/MHz dargestellt, wobei zur Bildung des Spektrums eine Messbandbreite von 1 MHz sowie eine Mittelung über 400 Pulswiederholzeiten erfolgt. Der Bezugswiderstand beträgt 50 Ω.

7.1.1 Einfluss der PPM-Modulation

Abbildung 7.1 zeigt das unmodulierte UWB-Signal im Zeit- und Frequenzbereich. Abbildung 7.2 visualisiert eine Ausschnittsvergrößerung des Zeitbereichs und zeigt die verwendete Pulsform. Im Leistungsdichtespektrum ist zu erkennen, dass im ge-

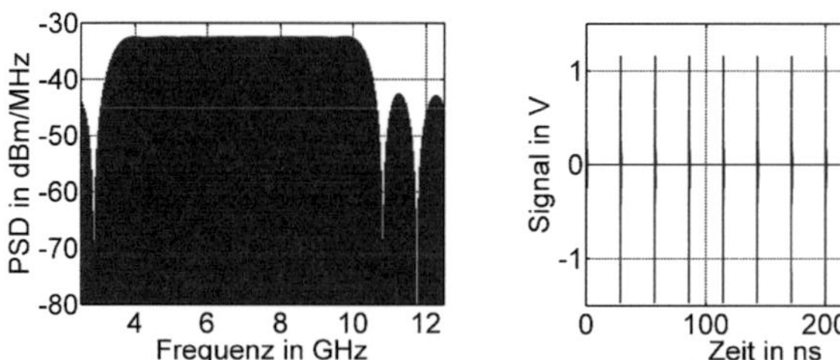

Abbildung 7.1: Unmoduliertes Signal

samten relevanten Frequenzbereich Frequenzanteile deutlich über dem angesetzten Grenzwert von $-41,3 - 6,397 = -47,697$ dBm/MHz liegen. Dies geschieht, obwohl die Amplitude des Pulses so eingestellt ist, dass sich bei einer Beobachtungszeit gleich Pulswiederholzeit der Grenzwert -47,697 dBm/MHz ergibt. Die Ursache für die Überhöhung liegt darin begründet, dass eine Periodizität im Zeitbereich zu diskreten Linien im Frequenzbereich führt. Diese können den angesetzten Grenzwert

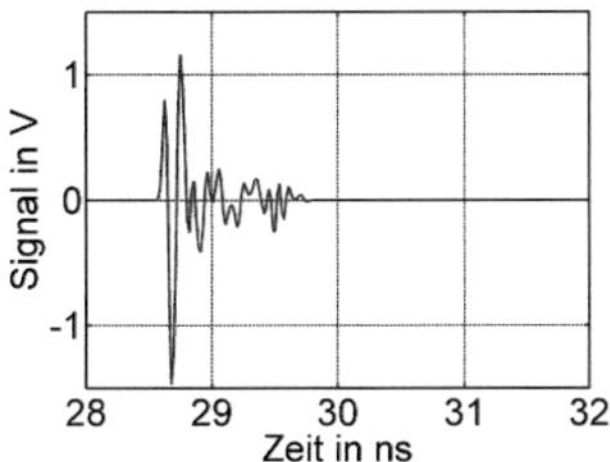

Abbildung 7.2: Pulsform des unmodulierten Signals im Zeitbereich

übersteigen. Eine ausführliche Diskussion zu diesem Thema wird in [PKT03] geführt. Berechnet man für das gezeigte Leistungsdichtespektrum des unmodulierten Signals die Gesamtleistung innerhalb $[3, 1\ 10, 6]$ GHz (Bandbreite 7500 MHz), findet sich in der Systemsimulation ein Wert von -9,4 dBm. Zum Vergleich beträgt die Leistung des Einzelpulses $P_{\text{Einzelpuls,dBm}}$ für eine Beobachtungszeit gleich Pulswiederholzeit T durch analytische Rechnung:

$$P_{\text{Einzelpuls,dBm}} = 10 \cdot \log(\eta \cdot 7500 \cdot 10^{\frac{-47.697}{10}}) = -9,4 \tag{7.2}$$

Die mittlere Leistung des unmodulierten Signals stimmt also mit der des Einzelpulses bei einer Beobachtungszeit von T überein und zeigt, dass die Amplitude richtig eingestellt ist. Allein die zeitliche Verteilung der Pulse über der Zeit ist ungünstig. Das Ziel besteht daher darin, die Periodizität im Zeitbereich aufzubrechen und nur noch im Mittel zwischen zwei Pulsen einen zeitlichen Abstand der Pulswiederholfrequenz zu haben. Die mittlere Leistung bleibt dann konstant, aber das Spektrum glättet sich. Das Aufbrechen der Periodizität geschieht durch Modulation und Codierung. Diese Schritte werden im Folgenden untersucht.

Abbildung 7.3 zeigt das PPM-modulierte UWB-Signal im Zeit- und Frequenzbereich. Die Pulsform ist unverändert. Da statistisch gesehen in 50 Prozent aller Fälle ein

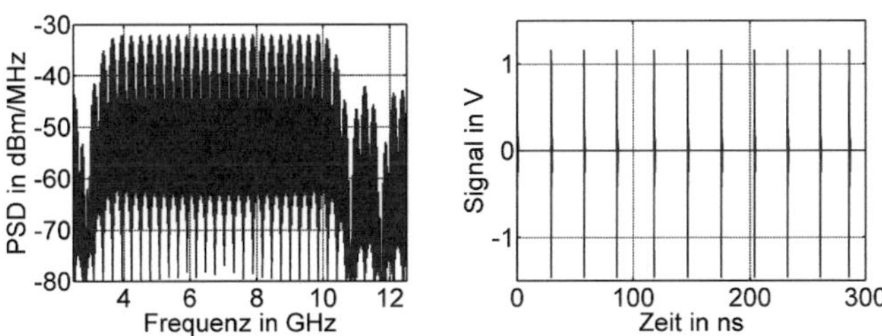

Abbildung 7.3: PPM-moduliertes Signal im Zeitbereich

zeitlicher PPM-Offset auftritt, ist die Periodizität des Signals leicht gestört, und das Leistungsdichtespektrum zeigt weniger Verletzungen des Grenzwertes von -47,697 dBm/MHz. Integriert man die Leistungsdichte im relevanten Bereich, ergibt sich unverändert ein Wert von -9,4 dBm, da sich im Mittel der Abstand zwischen zwei Pulsen nicht geändert hat.

7.1.2 Einfluss der TH-Codierung

In Abbildung 7.4 ist der Einfluss einer groben TH-Codierung zu sehen. Die Verletzungen des angesetzten Grenzwerts im Leistungsdichtespektrum reduzieren sich weiter, d.h. das Spektrum ist weiter geglättet. Deutlich zu erkennen sind die weiterhin vorhandenen typischen diskreten Spektrallinien im Abstand der Pulswiederholfrequenz. Im Zeitbereich sind die Pulse im Vergleich zu Abbildung 7.3 um die Werte $[0;1;2;3]/4$ der Pulswiederholzeit verschoben. Die Leistung innerhalb $[3, 1\ 10, 6]$ GHz beträgt weiterhin -9,4 dBm, da sich durch die TH-Codierung der Abstand zwischen zwei Pulsen im Mittel nicht ändert. Eine deutliche Dämpfung der diskreten Spek-

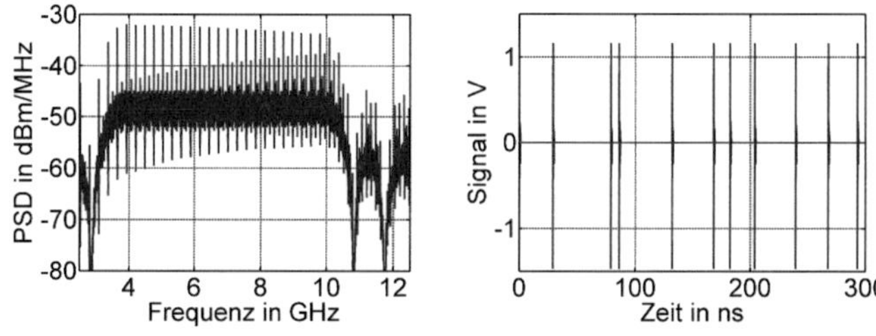

Abbildung 7.4: Signal nach grober TH-Codierung

trallinien erreicht man durch einen nachgeschalteten feinen TH-Code. Abbildung 7.5 zeigt das zugehörige UWB-Signal und das geglättete Spektrum. Wiederum beträgt

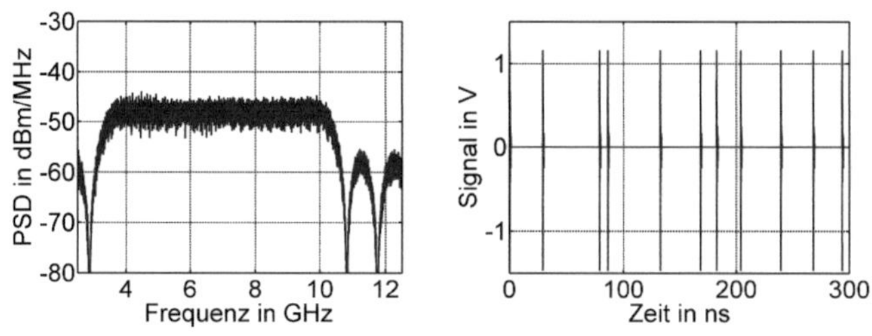

Abbildung 7.5: Signal nach feiner TH-Codierung

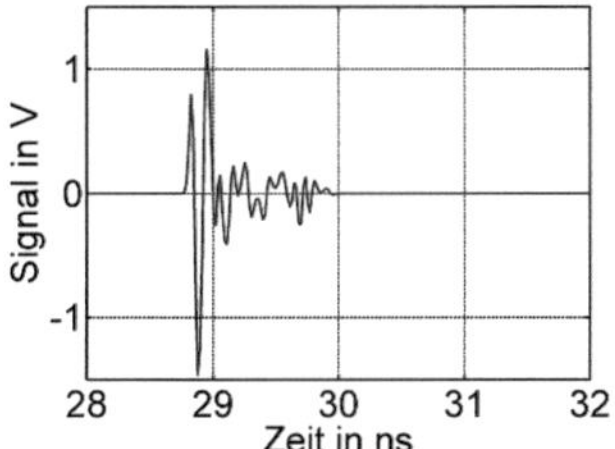

Abbildung 7.6: Pulsform nach feiner TH-Codierung

die Signalleistung unverändert -9,4 dBm. Die Pulsform des ersten Pulses im UWB-Signal nach feiner TH-Codierung ist in Abbildung 7.6 dargestellt. Sie ist identisch mit der Pulsform des unmodulierten Signals von Abbildung 7.2, da PPM-Offset, grober und feiner TH-Code lediglich Zeitverschiebungen, aber keine Störung der Pulsform bewirken. Im vorliegenden Fall wirkt für den ersten Puls kein PPM-Offset, ein grober TH-Offset von $T_{\text{TH},2} = 0$ und ein feiner TH-Offset von $T_{\text{TH},2} = 11 \cdot 17,86 \text{ ps} \approx 0,2 \text{ ns}$.

7.1.3 Einfluss des Sendefilters

Abbildung 7.7 visualisiert das Signal nach Durchgang durch das in Abschnitt 5.4.1 entworfene FCC-Sendefilter. Im Frequenzbereich erkennt man im Vergleich zum Spektrum aus Abbildung 7.5 ein leichtes Abfallen des Spektrums über der Frequenz. Dies ist auf die Charakteristik des Filters zurückzuführen, dessen Dämpfung mit der Frequenz leicht ansteigt. Integriert man das Leistungsdichtespektrum im relevanten Frequenzbereich, ergibt sich ein Wert von -11,305 dBm. Insgesamt wird damit die Leistung infolge des Filters um 1,905 dB gedämpft. Dieser Wert entspricht der mittleren Dämpfung des Sendefilters im relevanten Frequenzbereich, vgl. Abbildung 5.4. Die

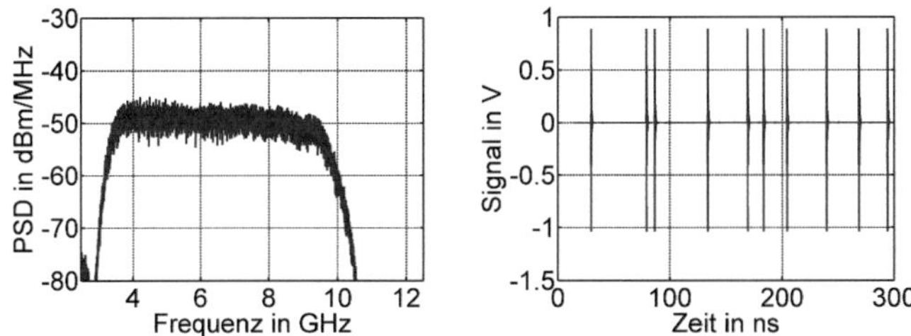

Abbildung 7.7: Signal nach FCC Sendefilter

durch das Filter gestörte Pulsform ist in Abbildung 7.8 dargestellt. Zusätzlich zur Störung der Pulsform ist eine zeitliche Verschiebung infolge des Filters zu erkennen.

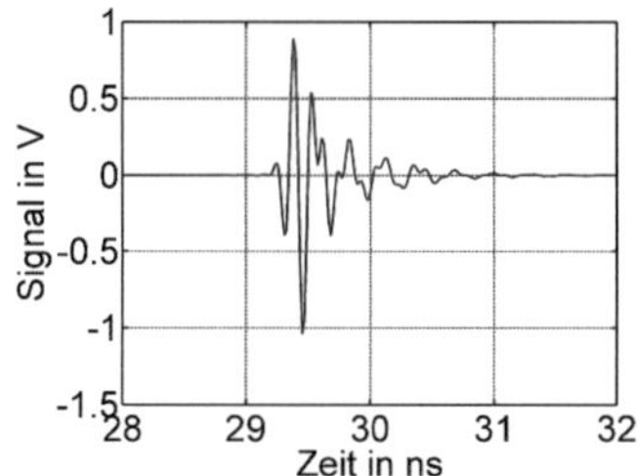

Abbildung 7.8: Pulsform nach Tx Filter

7.1.4 Einfluss von Antennen und Kanal

Sendeantenne, Kanal und Empfangsantenne bewirken eine weitere Verzerrung und
Verschiebung des Pulses. Im Wesentlichen wird die Verschiebung durch den geo-
metrischen Abstand zwischen Sender und Empfänger bestimmt. Die physikalische
Ausdehnung der Antennen bewirkt jedoch eine zusätzliche Verzögerung. Abbildung

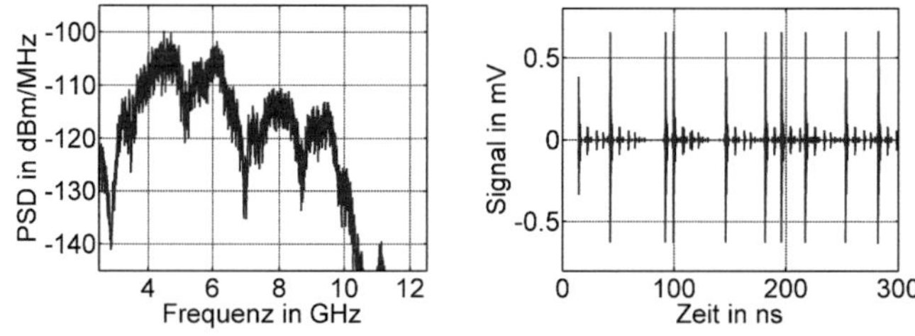

Abbildung 7.9: Signal nach Empfangsantenne

7.9 zeigt das Signal nach der Empfangsantenne. Im Frequenzbereich ist eine deutliche Verzerrung des Spektrums sowie eine starke Dämpfung gegenüber Abbildung
7.7 zu erkennen. Das Spektrum fällt im Mittel deutlich mit der Frequenz, was auf
den Kanaleinfluss zurückzuführen ist. Integriert man wiederum die Leistungsdichte, ergibt sich eine Leistung von -72,14 dBm. Dies entspricht einer Dämpfung der
Leistung um 60,835 dB. Der Abstand zwischen Sender und Empfänger beträgt ca.
3,57 m. Dieser Dämpfungswert lässt sich wie folgt erklären:
Ohne Antenneneinfluss ergibt sich laut Abbildung 5.25 eine Dämpfung von ca. 55
dB, da eine Distanz von 3,57 m betrachtet wird. Die Differenz zu 60,835 dB von ca.
6 dB entsteht durch den Einfluss beider Antennen. Laut Abbildung 5.18 beträgt der
mittlere Antennengewinn bei einer Elevation von 90° ca. -3 dBi pro Antenne, d.h.
beide Antennen zusammen bewirken eine zusätzliche Dämpfung von ca. 6 dB.

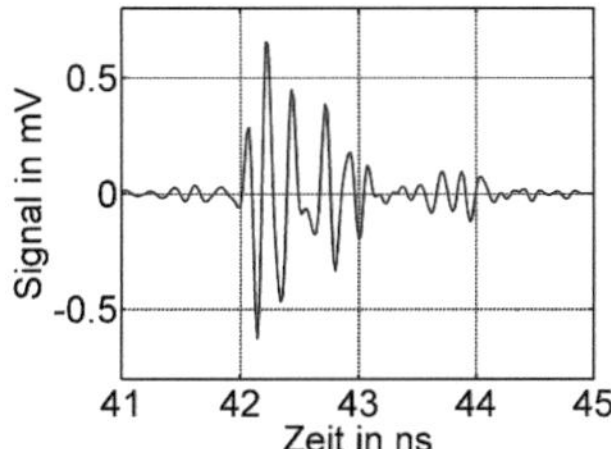

Abbildung 7.10: Pulsform nach Empfangsantenne

7.1.5 Einfluss von AWGN Rauschen

Die Empfangsantenne sammelt additives Weißes Gauss'sches Rauschen auf, welches mit einer Rauschtemperatur von $T = 300$ K modelliert wird. Die Rauschleistungsdichte $k \cdot T$ berechnet sich mit $k = 1,3806504 \cdot 10^{-23}$ Ws/K zu ca. -113,83 dBm/MHz. Abbildung 7.11 visualisiert das Signal mit addiertem Rauschen. Gegenüber Abbil-

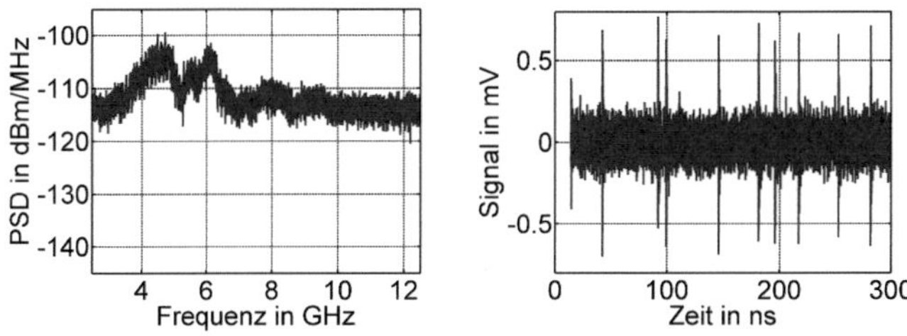

Abbildung 7.11: Signal nach Rauschen

dung 7.10 ist zu erkennen, dass die Leistungsdichte am Rand nun einen Mittelwert von ca. -113,83 dBm/MHz aufweist. Integriert man die Leistungsdichte zwischen 3,1 und 10,6 GHz, ergibt sich eine Gesamtleistung inkl. Rauschen von -70,37 dBm. Das Zeitsignal ist entsprechend verrauscht. Die Pulsform ist ergänzend in Abbildung 7.12 zu sehen.

7.1.6 Einfluss des Low Noise Amplifiers

Der Low Noise Amplifier hat die Aufgabe, das Signal zu verstärken. Abbildung 7.13 visualisiert das verstärkte Signal. Die integrierte Leistungsdichte zwischen 3,1 und 10,6 GHz ergibt einen Wert von -55,4 dBm. Im Vergleich zum Wert von -70,37 dBm wird das Signal um 14,97 dB verstärkt. Hätte man ein Signal mit glattem Eingangsspektrum in einem Frequenzintervall I verstärkt, könnte man 14,97 dB als mittlere Verstärkung des Verstärkers innerhalb von I auffassen. Im vorliegenden Fall

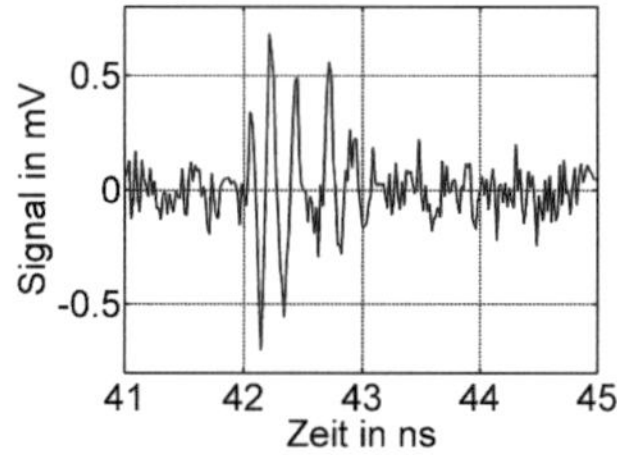

Abbildung 7.12: Pulsform nach Addition von AWGN Rauschen

weist das Eingangssignal innerhalb I=[4 6,5] GHz wesentliche Signalanteile auf, ist aber nicht glatt. Insofern kann 14,97 dB lediglich als Approximation der mittleren Verstärkung des Verstärkers innerhalb I verstanden werden. Ein Vergleich mit Abbildung 5.27 zeigt, dass dies eine sehr gute Approximation ist. Zuletzt wird noch die

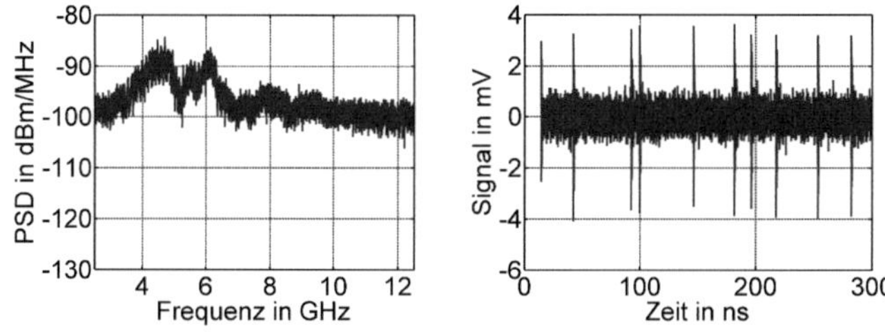

Abbildung 7.13: Signal nach LNA

Pulsform des ersten Pulses im UWB-Signal nach dem LNA visualisiert: Durch den Verstärker wird die Pulsform weiter gestört und zeitversetzt, vgl. Abbildung 7.14.

7.1.7 Einfluss des Empfangsfilters

Zuletzt wirkt das Empfangsfilter. Sende- und Empfangsfilter sind hier als identisch angenommen. Das Signal im Zeit- und Frequenzbereich zeigt Abbildung 7.15. Das integrierte Leistungsdichtespektrum zwischen 3,1 und 10,6 GHz ergibt eine Leistung von -56,783 dBm. Dies entspricht einer weiteren Dämpfung der Gesamtleistung von 1,383 dBm. Dieser Wert ist etwas kleiner als die Dämpfung beim Durchgang durch das mit gleichen Daten modellierte Sendefilter. Erklären lässt sich dieser Effekt wie folgt: Das Sendesignal hat im gesamten relevanten Frequenzbereich gleich hohe Signalanteile, sodass die Dämpfung des Sendesignals der mittleren Dämpfung des Filters im relevanten Frequenzbereich entspricht. Empfängerseitig liegt jedoch ein Signal vor, welches infolge des abfallenden Kanalspektrums nur dominante Anteile

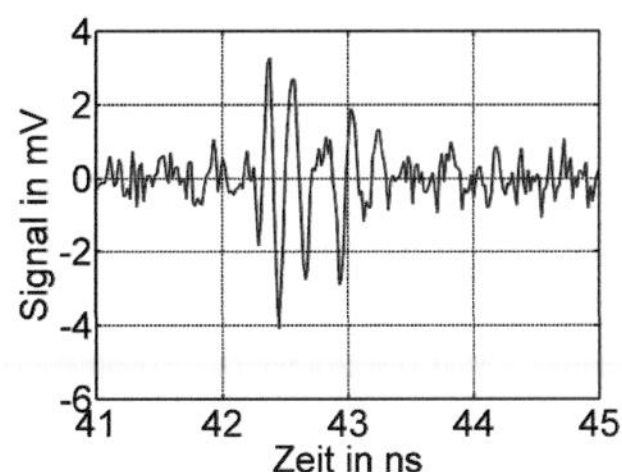

Abbildung 7.14: Pulsform nach LNA

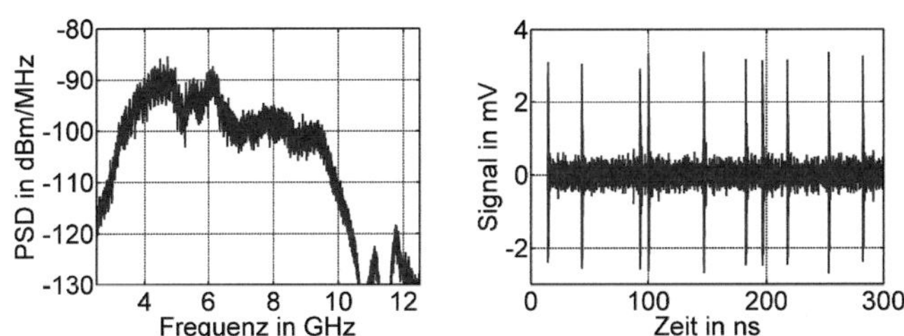

Abbildung 7.15: Signal nach Rx Filter (vor Multiplikation mit dem Template)

bei kleineren Frequenzen aufweist. Dort ist jedoch die Dämpfung des Filters noch gering, sodass sich insgesamt eine geringe Dämpfung ergibt. Abbildung 7.16 zeigt

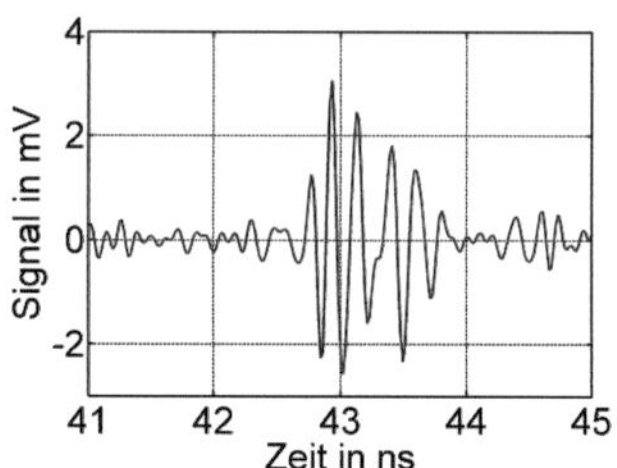

Abbildung 7.16: Pulsform nach Rx Filter (vor Mischer)

die Pulsform nach Durchgang durch das Empfangsfilter.

7.1.8 Referenzsignal

Das Referenzsignal mit gleichem TH-Code (grob und fein) und gleicher FCC-optimaler Pulsform wie im Sendesignal ist in Abbildung 7.17 dargestellt. Den zum Puls

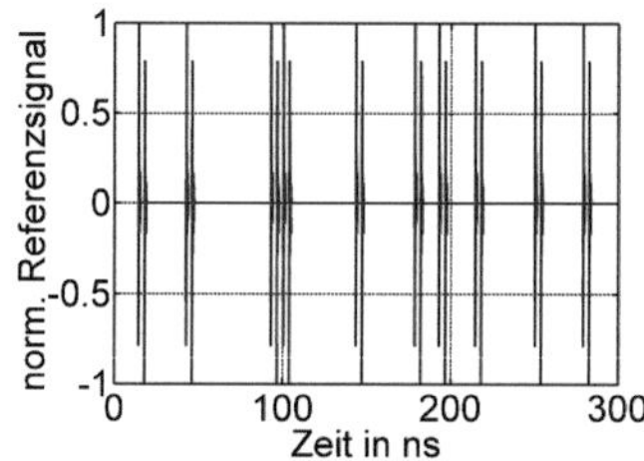

Abbildung 7.17: Referenzsignal mit gleichem TH Code

7.16 passenden Ausschnitt aus dem Referenzsignal zeigt Abbildung 7.18. Der unmittelbare Vergleich zwischen Abbildung 7.16 und 7.18 zeigt, dass ein Durchgang durch eine Serie nicht-idealer Komponenten zur Aufspreizung des originären Pulses und zu additiven Nulldurchgängen führt, was approximativ durch eine n-te Ableitung modelliert werden kann. Weiterhin zeigt der Vergleich, dass sowohl das globale Maximum als auch das globale Minimum beider Pulse zu gleichen Zeiten auftritt. Aus diesem Grund kann dieses Referenzsignal gut zur Demodulation des gestörten Empfangssignals herangezogen werden. Veröffentlichungen zum Einfluss einzelner Komponenten im Zeit- und Frequenzbereich sind auch in [TMW07] und [TPS2+07] zu finden.

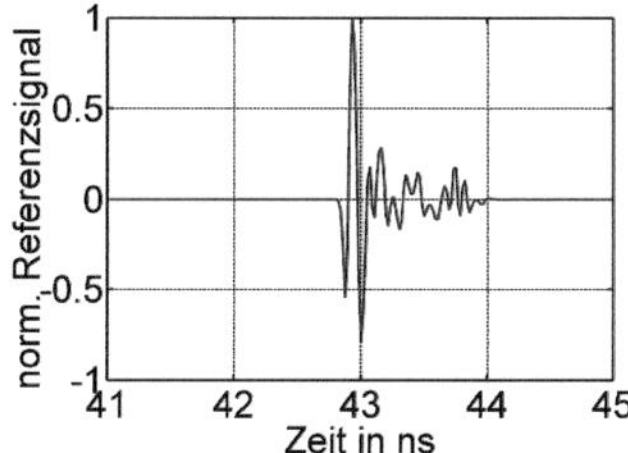

Abbildung 7.18: Teil des gezeigten Referenzsignals als Ausschnittsvergrößerung von Abbildung 7.17

7.2 Performance bei Variation von Systemparametern

Im folgenden Abschnitt wird der Einfluss einiger Systemparameter auf die Performance untersucht. Hierbei wird das Systemverhalten bei variablen Datenraten, einem variablen Synchronisierungsfehler sowie einem variablen Systemjitter analysiert. Dies ermöglicht ein tieferes Verständnis, wie sich Nichtidealitäten in einem realen UWB-System auswirken. Aufgrund der Vielzahl möglicher Analysen sind die im folgenden Abschnitt erzielten Ergebnisse als erste Ergebnisse anzusehen. Aufgrund der Allgemeinheit des Systemmodells besteht das Ziel der Arbeit darin, prinzipielle nicht-ideale Effekte und deren Wirkung im Gesamtsystem für eine Vielzahl von Systemkonfigurationen (variable Datenrate, Modulation, Demodulationsstrategie etc.) aufzuzeigen. Da UWB-Kanäle eine deutlich längere Simulationszeit als Schmalbandkanäle erfordern, muss die Anzahl der untersuchten Kanäle entsprechend eingeschränkt werden, vgl. Abschnitt 5.6. Für die folgenden Systemsimulationen werden ausschließlich die 9 UWB-Kanäle von Abbildung 5.19 herangezogen. Hat man Interesse an einer speziellen Systemkonfiguration, macht es Sinn, anschließend die Anzahl der Kanäle zu erhöhen. Dies führt einerseits zu einem erhöhten Simulationsaufwand, reduziert aber andererseits die Streuung der Ergebnisse. Bei den folgenden Betrachtungen des Kapitels wird die TH-Codierung deaktiviert, da kein kombinierter Effekt aus Code und Hardwareeinfluss aufgezeichnet werden soll. Aktivierte nicht-ideale Effekte umfassen: FCC-Sendefilter, Mehrwegekanal, Monocone-Antennen, FCC-Empfangsfilter, AWGN Rauschen, AWGN Interferenz und LNA. Es soll bestimmt werden, welche Auswirkungen Hardware und Kanal auf die Performance bei Variation der Datenrate ausüben. Hierzu wird die optimale Pulsform von Abschnitt 7.1 verwendet und PPM-Modulation angenommen. Die zeitliche Diskretisierung des Systemsimulators beträgt wiederum $T_{\text{Step}} = 1/(2 \cdot 28\,\text{GHz}) \approx 17,86$ ps. Die optimale Pulsform hat damit die Pulsdauer $71 \cdot T_0 \approx 1,27$ ns. Der PPM-Offset wird als $72 \cdot T_0$ angenommen. Die Pulswiederholzeit beträgt, sofern nicht anders angegeben, $200 \cdot T_0$, und es wird 1 Puls pro Bit verwendet, was zu einer Datenrate von 280 Mbit/s führt.

7.2.1 Einfluss der Datenrate

Im Folgenden wird der Einfluss der Datenrate auf die Performance bei Präsenz nicht-idealer Komponenten untersucht. Hierzu wird die Bitfehlerrate über dem E_b/N_0 betrachtet, wobei E_b für die Bitenergie nach der Empfangsantenne und N_0 für die Rauschleistungsdichte steht. Zur Variation der Datenrate wird die Pulswiederholzeit variiert. Hierbei werden die Fälle $T = [400; 200; 145] \cdot T_0 \approx [14, 29; 7, 14; 3, 57; 2, 59]$ ns untersucht, was den Datenraten [140; 280; 386] Mbit/s entspricht. Die kleinste mögliche Pulswiederholzeit (und damit höchste Datenrate, genannt Grenzdatenrate) bei der Systemauslegung ergibt sich durch die Addition von Pulsdauer und PPM-Offset und beträgt hier $143 \cdot T_0$; dann ist allerdings beim Setzen des PPM-Offsets keine Schutzzeit bis zum Beginn der nächsten Pulswiederholzeit vorhanden. In realen Kanälen mit Mehrwegeausbreitung und bei Präsenz nicht-idealer Hardware kann dies zu starken Intersymbolinterferenzen führen, weshalb das System nicht bei der Grenzdatenrate betrieben werden sollte. Je kürzer die Pulsdauer des verwendeten Pulses ist, desto höhere Grenzdatenraten lassen sich prinzipiell erzielen. Allgemein sollte man beachten, dass zur Vermeidung starker Intersymbolinterferenzen die Pulswiederholzeit nicht wesentlich kleiner als der Delay Spread des Kanals gewählt werden sollte. Im vorliegenden Fall wird exemplarisch eine Distanz von 3,57 m betrachtet; danach werden bei gegebener Datenrate verschiedene AWGN Störleistungen betrachtet, um damit verschiedene Punkte der $BER - E_b/N_0$ Kurve zu erhalten. Insgesamt wird dies für alle drei Datenraten durchgeführt. Abbildung 7.19 zeigt die erzielte Performance im Sinne von Bitfehlerrate über E_b/N_0 bei variabler Datenrate.

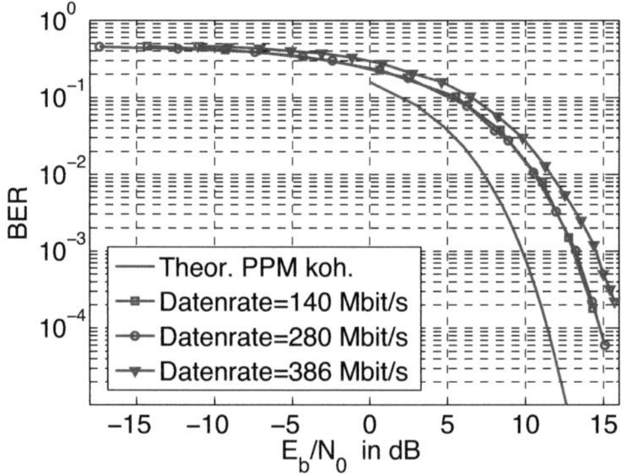

Abbildung 7.19: Bitfehlerrate versus E_b/N_0 für verschiedene Datenraten

In der Abbildung ist auch eine Theoriekurve eingezeichnet, welche einen reinen AWGN-Kanal mit matched filter und (orthogonaler) PPM-Modulation annimmt [Eis06]. Die zugehörige Bitfehlerrate berechnet sich dabei wie folgt:

$$BER = Q\left(\sqrt{\frac{E_\mathrm{b}}{N_0}}\right) \tag{7.3}$$

mit der Fehlerfunktion Q

$$Q = \frac{1}{\sqrt{2\pi}} \int\limits_{x}^{\infty} e^{-\frac{t^2}{2}}\,dt. \tag{7.4}$$

In Abbildung 7.19 ist folgendes zu erkennen:

- Für die Datenraten 140 und 280 Mbit/s stellt sich die gleiche Kurve, d.h. die gleiche Systemperformance, ein. Die Verschlechterung zur Theoriekurve eines vereinfachten AWGN-Systemmodells beträgt unabhängig von der Bitfehlerrate ca. 3 dB.

- Bei einer erhöhten Datenrate von 386 Mbit/s verschlechtert sich die Performance im Vergleich zu 280 Mbit/s. Die Kurve ist um einen konstanten Wert (ca. 1,5 dB) verschoben. Dies ist auf Intersymbolinterferenz zurückzuführen. Bei der gezeigten Kurve verbessert sich jedoch noch die Bitfehlerrate bei Verbesserung des E_b/N_0. Intersymbolinterferenzen können aber auch zu einem Sättigungsverhalten führen, d.h eine Erhöhung des E_b/N_0 verbessert die Bitfehlerrate nicht, sondern es bleibt eine Rest-BER vorhanden. Dieses Phänomen wird auch als 'Error Floor' bezeichnet. Es wurde für Pulse festgestellt, die eine kürzere Pulsdauer aufweisen.

Abbildung 7.20 zeigt die Performance über dem Signal-zu-Rausch-Verhältnis, wobei zur Berechnung des SNR aus E_b/N_0 der Zusammenhang von Gleichung 2.22 benutzt wurde. Es ist zu erkennen, dass die Kurven für 140 und 280 Mbit/s lediglich zueinander verschoben sind. Die Verschiebung entspricht dem Processing Gain [TPA+08], d.h. eine Verdopplung der Datenrate erhöht den Processing Gain um den Faktor 2, und die Kurve verschiebt sich um 3 dB nach rechts. Für 386 Mbit/s ist wiederum ein leichtes Abflachen der Kurve erkennbar. Weiterhin ist in Abbildung 7.20 die Theoriekurve für einen vereinfachten reinen AWGN-Kanal mit (orthogonaler) PPM Modulation eingezeichnet. Sie ergibt sich durch Anwenden des Zusammenhangs 2.22 auf Gleichung 7.3. Wiederum sieht man ca. 3 dB Verschlechterung des realen Systems gegenüber dem vereinfachten System. Die Untersuchung der Datenrate zeigt, dass der Mehrwegekanal inkl. Antenneneinfluss in der UWB-Kommunikation Störungen hervorrufen kann. Auch in anderen UWB-Anwendungen wie z.B. beim UWB-Imaging können Mehrwegeausbreitung und Antennen zu Störungen führen. Dies wird in [PST+08] und [PTS+08] thematisiert.

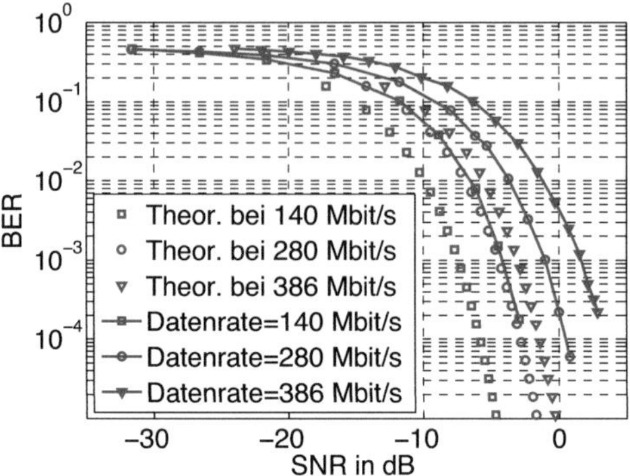

Abbildung 7.20: Bitfehlerrate versus SNR für verschiedene Datenraten und Vergleich zum reinen AWGN Kanal

7.2.2 Einfluss eines Synchronisierungsfehlers

Ein kohärenter Empfänger muss das Referenzsignal so setzen, dass dessen Maximum mit dem Maximum des Empfangspulses übereinstimmt. Es kommt daher auf eine genaue Synchronisation an. Im Folgenden wird untersucht, wie sich ein Synchronisierungsfehler bei Präsenz nicht-idealer Komponenten auf die Performance auswirkt. Die Pulsform ist unverändert die FCC-optimale Pulsform, und es werden für eine Datenrate von 280 Mbit/s folgende Fälle untersucht: Synchronisierungsfehler=$\pm[0;\ 1;\ 2;\ 4] \cdot T_0 \approx \pm[0;\ 17,86;\ 35,71;\ 71,43]$ ps. Ein positiver Synchronisierungsfehler bedeutet dabei, dass das Referenzsignal dem empfangenen Puls vorauseilt. Die genannten Werte stellen dabei typische Werte für Synchronisierungsfehler dar. In [CZ07] wird beispielsweise ein Wert von ca. 50 ps diskutiert. Sinnvolle Werte bewegen sich dabei stets in einem Bereich, in welchem die Autokorrelation der verwendeten Pulsform noch nicht deutlich abgeklungen ist, weil nur dann das Signal gut demoduliert werden kann. Die Performance bei variablen Synchronisierungsfehlern ist in Abbildung 7.21 veranschaulicht. Es ist deutlich zu erkennen, dass Synchronisierungsfehler die Systemperformance verschlechtern. Bei einem Synchronisierungsfehler von 17,86 ps ist die Performance nur wenig verschlechtert. Bei 35,71 ps verschlechtert sich die Performance bei einem $E_b/N_0 = 15$ dB bereits um 2 Dekaden. Für einen Synchronisierungsfehler von 71,43 ps ist das System nicht mehr als brauchbar zu bezeichnen. Bei einem Synchronisierungsfehler von -35,71 ps ist die Bitfehlerrate sogar nahezu 0,5. Wie ein solcher Wert zustandekommen kann, wird im Folgenden erklärt: Zur eindeutigen kohärenten PPM-Detektion erwartet der Korrelationsempfänger eine perfekte Synchronisation, d.h. ein positiver Peak des Empfangssignals stößt je nach Wert des Bits auf einen positiven oder negativen Peak des Referenzsignals. In beiden Fällen wird der Absolutbetrag des Produktes maximiert, und

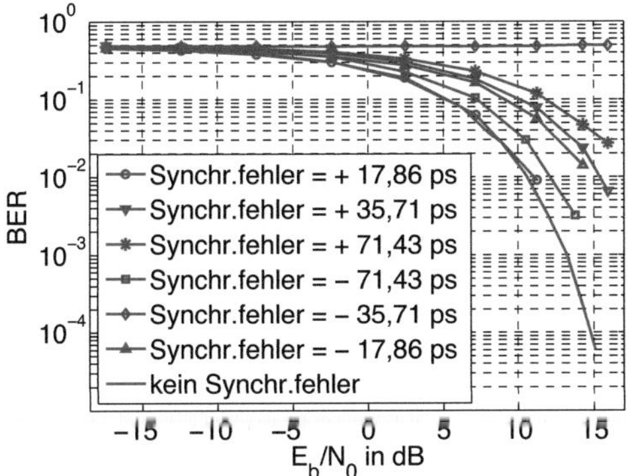

Abbildung 7.21: Auswirkung eines Synchronisierungsfehlers auf die Systemperformance

die Aufintegration ergibt einen großen positiven oder einen großen negativen Beitrag im Vergleich zur Detektionsschwelle von Null. Eine eindeutige Bitrekonstruktion ist daher bei perfekter Synchronisation gut möglich. Bei einem ungünstigen Synchronisierungsfehler hingegen trifft der positive Peak des Referenzsignals auf einen Nulldurchgang des empfangenen Pulses, sodass das Produkt für diesen wichtigen Beitrag Null ergibt. Der am Integrator abgegriffene Werte unterscheidet sich nicht mehr von der Detektionsschwelle, sodass eine Bitfehlerrate von 0,5 resultieren kann. Weiterhin zeigt die Abbildung, dass ein Synchronisierungsfehler in positiver Richtung nicht zur gleichen Bitfehlerrate führt wie ein gleich großer Synchronisierungsfehler in negativer Richtung. Dies lässt sich dadurch erklären, dass die verwendete Pulsform im System nicht symmetrisch ist. Selbst wenn die verwendete Pulsform symmetrisch ist, weist das gestörte Signal gegenüber dem ungestörten Referenzsignal infolge von ableitenden Effekten des Systems zusätzliche Nulldurchgänge auf, sodass die Kreuzkorrelationsfunktion zwischen Empfangspuls und Referenzpuls nicht symmetrisch ist und folglich wiederum ein unterschiedliches Verhalten der Bitfehlerrate für positive und negative Synchronisierungsfehler zu erwarten ist.

7.2.3 Einfluss von Jitter

In der Literatur finden sich Untersuchungen zum Einfluss des Jitters auf die Systemperformance eines idealisierten Systems. So wird z.B. in [Mer09] untersucht, wie sich Gauß'scher Jitter in einem AWGN-Szenario mit Matched Filter auswirkt. Für den Fall, dass ein Bit durch mehrere Pulse repräsentiert wird, leitet [Mer09] einen analytischen Ausdruck für die Verschlechterung der $BER\text{-}SNR$ Kurve her, welche von der Pulsform und der Varianz des Jitters abhängt. Als Pulsform wird in [Mer09] ein Gauß-Puls 2. Ableitung verwendet. Weitere Untersuchungen zum Einfluss von Jitter finden sich z.B. in [Onu06] und [YG04]. Im Unterschied zur Literatur untersucht die vorliegende Arbeit den Einfluss von Gauß'schem Jitter in einem System, welches nicht-ideale Hardware aufweist. Abbildung 7.22 zeigt die Systemperformance für verschiedene Jitter-Standardabweichungen (rms Jitter) sowie die Referenzkurve für den Fall ohne Jitter, wobei stets die nicht-idealen Systemkomponenten aktiviert sind. Die aufgetragenen Werte für den rms Jitter von $\pm17,86$ ps bis $\pm71,43$ ps entsprechen dabei typischen Werten in UWB-Systemen. So nennt z.B. [Onu06] einen typischen Wertebereich des rms Jitters in UWB-Systemen von 15 bis 150 ps, und [LC03] diskutiert einen Wert von ca. 20 ps. Alle Betrachtungen werden für eine Datenrate von 280

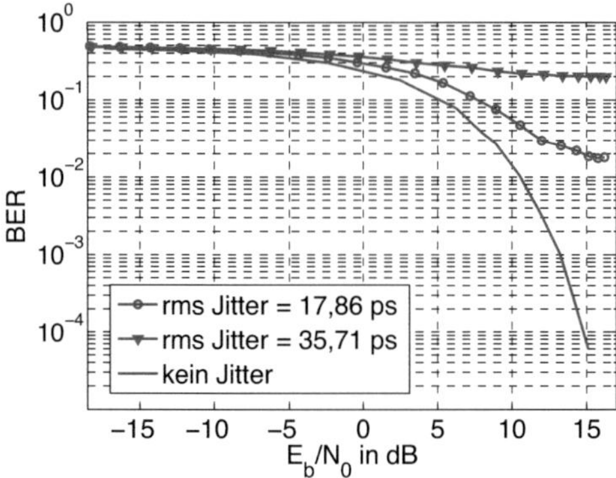

Abbildung 7.22: Auswirkung eines Systemjitters auf die Systemperformance

Mbit/s durchgeführt. Jitter wird im System dadurch realisiert, dass das Signal um Vielfache des Zeitschritts versetzt wird, wobei die Versetzungen durch eine mittelwertfreie Gauß'sche Wahrscheinlichkeitsdichtefunktion erzeugt werden. Wie man in der Abbildung sieht, bewirkt bereits eine rms Standardabweichung des Jitters von 17,86 ps eine erhebliche Verschlechterung gegenüber dem Fall ohne Jitter. Die Bitfehlerrate strebt einem Sättigungswert von ca. 0,01 zu. Dies lässt sich dadurch erklären, dass mit einer gewissen Wahrscheinlichkeit eine diskretisierte Abweichung von -35,71 ps erreicht wird, welche gemäß Abbildung 7.21 eine Bitfehlerrate von 0,5 generiert.

Auch in [Mer09] und [YG04], welche von vereinfachten Systemmodellen ausgehen, wird ein solcher Sättigungseffekt beobachtet. Bei einer Standardabweichung von 35,71 ps hat sich in Abbildung 7.22 der Sättigungswert der Bitfehlerrate bereits auf 0,2 verschlechtert. Diese Verschlechterung kann man dadurch erklären, dass ein vergrößerter rms Jitter von 17,86 ps auf 35,71 ps die Wahrscheinlichkeit erhöht, gerade die ungünstige diskretisierte Versetzung von -35,71 ps zu erreichen.

Insgesamt führt die Untersuchung zu folgenden Schlussfolgerungen:

- Um ein jitterrobustes System zu erhalten, spielt die Pulsform eine wesentliche Rolle. Sowohl beim Empfangspuls als auch beim Referenzpuls sollte der erste Nulldurchgang weit vom Maximalwert des Pulses entfernt sein. Im Idealfall sind hierzu beide Pulse gleich, d.h. der Referenzpuls ist auf den Empfangspuls zugeschnitten (d.h. signalangepasst) oder zumindest eine Approximation des Empfangssignals.

- Eine Asymmetrie des Pulses kann aufgrund der unsymmetrischen Korrelationsfunktion zu schlechtem Jitterverhalten im Korrelationsempfänger führen.

7.3 Performance-Vergleich für konventionelle und optimale Pulsform

Bisher wurde stets der durch konvexe Optimierung bestimmte Puls verwendet, welcher eine hohe Effizienz aufweist. Andererseits erfordert die Erzeugung eines solchen Pulses eine erhöhte Komplexität. Im Folgenden soll untersucht werden, mit welchem Einbruch der Performance zu rechnen ist, wenn man auf einen konventionellen Puls übergeht. Als konventioneller Puls wird der Gauß-Puls 6. Ordnung von Abbildung 2.4 verwendet. In beiden Fällen wird die Amplitude des Pulses so eingestellt, dass nach Addition des maximalen Antennengewinns von 6,397 dBi ein Grenzwert von -41,3 dBm/MHz erreicht wird. Als konventioneller Puls wird hierbei der Puls von Abbildung 2.4 verwendet, welcher eine Effizienz von 43,3 Prozent aufweist. Aktivierte Effekte sind wiederum FCC-Sendefilter, Kanal, Antennen, FCC-Empfangsfilter, AWGN Rauschen und LNA bei einer Datenrate von 280 Mbit/s. Interferenz ist deaktiviert. Abbildung 7.23 zeigt zunächst das empfangene E_b/N_0 über der Distanz sowohl für den Optimalpuls als auch für den konventionellen Puls. Weiterhin ist die Differenz des E_b/N_0 eingezeichnet. Es fällt auf, dass die Differenz einen Wert von ca. 3,5 dB annimmt. Dieser Wert lässt sich wie folgt erklären: Die dem Sendefilter zugeführte Leistung beträgt

$$P = \eta P_\mathrm{FCC,red} \tag{7.5}$$

wobei η die Effizienz des Pulses ist und $P_\mathrm{FCC,red}$ die maximal erlaubte Leistung zwischen 3,1 und 10,6 GHz der um 6,397 dB reduzierten FCC-Maske beträgt mit

$$P_\mathrm{FCC,red} = 7500\,\mathrm{MHz} \cdot 10^{-\frac{41,3-6,397}{10}}\,\frac{\mathrm{mW}}{\mathrm{MHz}} = 0,127\,\mathrm{mW} \tag{7.6}$$

Führt man dem Sendefilter im Fall 1 den Optimalpuls mit Effizienz η_opt zu und im Fall 2 den konventionellen Puls mit Effizienz η_konv, so beträgt das Leistungsverhältnis ΔP_dB (in dB) der dem Sendefilter zugeführten Leistungen

$$\Delta P_\mathrm{dB} = 10\log\left(\frac{\eta_\mathrm{opt} P_\mathrm{FCC,red}}{\eta_\mathrm{konv} P_\mathrm{FCC,red}}\right) = 10\log\left(\frac{\eta_\mathrm{opt}}{\eta_\mathrm{konv}}\right) \tag{7.7}$$

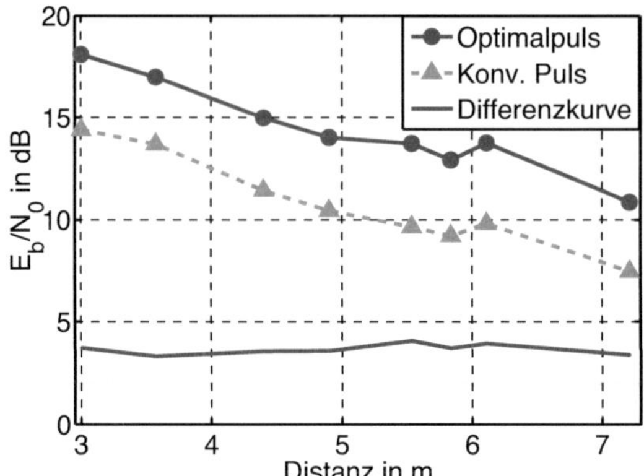

Abbildung 7.23: Empfangenes E_b/N_0 versus Distanz für Optimalpuls und konventionellen Puls

Die eingesetzten Pulse weisen eine Effizienz von $\eta_\mathrm{opt} = 0,9$ und $\eta_\mathrm{konv} = 0,433$ auf. Hieraus ergibt sich $\Delta P_\mathrm{dB} = 3,18$. Auf beide Pulse wirken die gleichen Hardware-Komponenten und der gleiche Kanal. Im Fall eines idealen Sendefilters, idealer Antennen, reiner Freiraumausbreitung und AWGN-Rauschen ergäbe sich ein um 3,18 dB höheres empfangenes E_b/N_0. Aufgrund der Nicht-Idealitäten der genannten Komponenten wird in der Systemsimulation der angesprochene Wert von ca. 3,5 dB erreicht. Für jede Distanz wird die Bitfehlerrate ermittelt. Zunächst zeigt Abbildung 7.24 die Bitfehlerrate über dem E_b/N_0 für die beiden Pulsformen sowie eine approximierte Kurve aller Werte. In der Abbildung bedeutet $H_{11,\mathrm{opt}}$, dass die Distanz des Kanals 11 von Abbildung 5.19 betrachtet wird und der optimale Puls gesendet wird. $H_{11,\mathrm{konv}}$ entspricht dem gleichen Kanal bei Verwendung der konventionellen Pulsform. Die zugehörigen Werte des E_b/N_0 weisen aus den oben genannten Gründen eine Verschiebung von ca. 3,5 dB auf. Dies gilt auch für die anderen Distanzen. Beide Pulsformen leuchten die gleiche Kurve aus. Abbildung 7.25 zeigt die Bitfehlerrate über der Distanz für die beiden Pulsformen. Wie erwartet ist die Bitfehlerrate des Optimalpulses besser als die des konventionellen Pulses. Die Verbesserung der Bitfehlerrate ist bei kleinen Distanzen (d.h. großem E_b/N_0) besonders ausgeprägt, da hier der Gradient der BER versus E_b/N_0 Kurve besonders steil ist ('Wasserfall-Kurve').

7.4 Performance-Vergleich für europäische und FCC Regulierung

Es wird nun untersucht, wie sich die Performance unterscheidet, wenn im Fall 1 das Filter für die FCC-Regulierung verwendet wird und im Fall 2 das Filter für die europäische Regulierung. Als Datenrate wird 280 Mbit/s gewählt bei einem PPM-

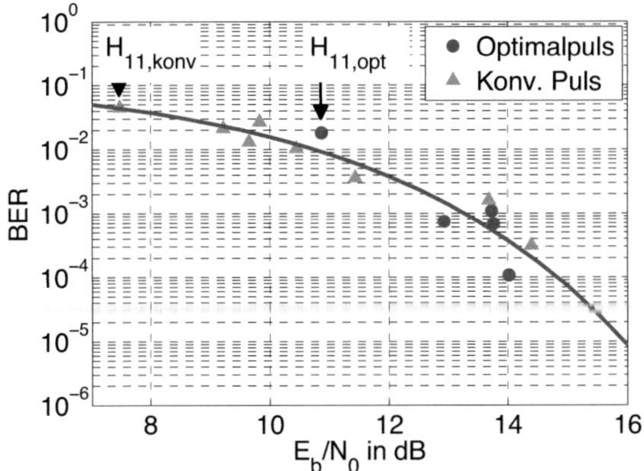

Abbildung 7.24: Bitfehlerrate versus E_b/N_0 für Optimalpuls und konventionellen Puls

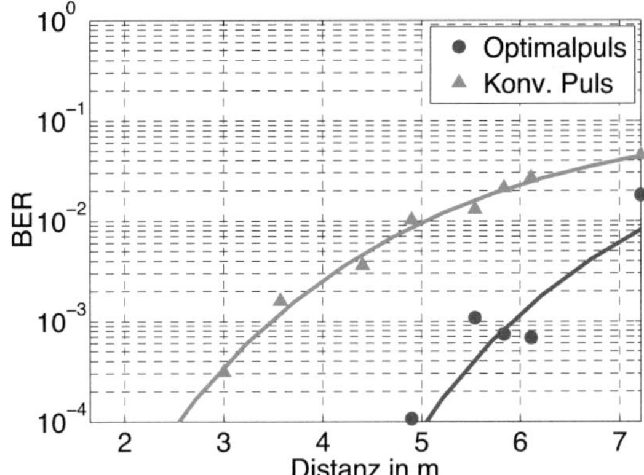

Abbildung 7.25: Bitfehlerrate versus Distanz für Optimalpuls und konventionellen Puls

Offset von 72 Zeitschritten T_0. AWGN Störungen werden allein durch thermisches Rauschen bei 300K einbezogen. Sonstige Interferenz ist deaktiviert. Exemplarisch wird eine Distanz von 3,57 m betrachtet, um Systemeffekte zu verdeutlichen. Die Simulation ergibt, dass bei Einsatz des ECC-Filters eine Verschlechterung des empfangenen E_b/N_0 von 12,29 dB gegenüber dem Einsatz eines FCC-Filters erreicht wird. Dieser Wert soll im Folgenden erläutert werden: Das ECC-Filter weist eine kleinere Bandbreite und einen etwas höheren Insertion Loss als das FCC-Filter auf, weshalb der Sendeantenne weniger Leistung zugeführt wird. Das logarithmische Leistungsverhältnis der Sendeleistungen für FCC- und ECC-Maske $\Delta P_{t,dB}$ (in dB) wird definiert als

$$\Delta P_{t,dB} = 10 \cdot \log \frac{\int 10^{\frac{S_{21,FCC,dB}(f)}{10}} df}{\int 10^{\frac{S_{21,ECC,dB}(f)}{10}} df}. \tag{7.8}$$

Setzt man die gemessene Transmission $S_{21}(f)$ der Filter von Abbildung 5.4 bzw. 5.11 in Gleichung 7.8 ein, ergibt sich dabei ein Wert von $\Delta P_{t,dB} = 7,12$ (entspricht Faktor 5,16). Da der Unterschied im E_b/N_0 jedoch 12,29 dB beträgt und nicht nur 7,12 dB, müssen die fehlenden 5,17 dB durch den Kanal inkl. Antenneneinfluss hervorgerufen werden. Genauer gesagt muss sich die mittlere Dämpfung von Kanal inkl. Antenneneinfluss bei Verwendung des FCC-Filter bzw. des ECC-Filters um 5,17 dB unterscheiden. Dies wird im Folgenden gezeigt: Als Durchlassbereich der Filter werden die -5 dB Punkte der Transmission herangezogen, sodass sich für das FCC-Filter ein Durchlassbereich von 3.3 GHz bis 9.4 GHz ('FCC-Bereich') ergibt und für die ECC-Maske ein Bereich von 6.3 GHz bis 8.0 GHz ('ECC-Bereich'). Für diese beiden Frequenzbereiche wird nun das Verhalten von Kanal inkl. Antennen untersucht. Zu zeigen ist, dass sich die mittlere Dämpfung von Ray Tracing Kanal inkl. Sende- und Empfangsantenne für die beiden Durchlassbereiche um 5,17 dB unterscheidet. Von Interesse ist dabei zusätzlich die Frage, ob maßgeblich die Antenne oder der Kanal zu einem Unterschied von 5,17 dB führt.

- Fall 1: Zunächst wird der einfachste Fall betrachtet, nämlich eine Freiraumausbreitung ohne Antenneneinfluss. Die frequenzabhängige Dämpfung bei Freiraumausbreitung wird durch die Friis-Formel beschrieben. Hierbei zeigt sich, dass die mittlere Dämpfung im ECC-Bereich um 0,85 dB höher ist als im FCC-Bereich.

- Fall 2: Im zweiten Schritt wird eine Freiraumausbreitung inkl. Antenneneinfluss betrachtet. Da sich Sender und Empfänger auf gleicher Höhe befinden, ist das frequenzabhängige Verhalten der Antenne bei einer Elevation von 90° relevant, welches durch Abbildung 5.18 beschrieben wird. Im ECC-Bereich weist der Gewinn einen tiefen Einbruch auf. Man berechnet, dass der mittlere Gewinn im ECC-Bereich um 1,83 dBi kleiner ist als im FCC-Bereich. Da Sende- und Empfangsantenne identisch sind, muss man diesen Verlust doppelt zählen, d.h. es ergibt sich ein Unterschied der mittleren Dämpfung durch die Antennen von 3,66 dB. Hinzu kommt noch der Freiraumkanal, welcher alleine genommen einen Beitrag von 0,85 dB ergab. Allerdings darf man die mittleren Verluste von

3,66 und 0,85 nicht addieren, um den mittleren Verlust des kombinierten Einflusses zu erhalten. Stattdessen wertet man Abbildung 5.20 aus und bestimmt die mittlere Dämpfung für den FCC-Bereich und den ECC-Bereich. Für den ECC-Bereich ergibt sich eine um 5,56 dB höhere Dämpfung.

- Fall 3: Zuletzt wird der Ray Tracing Kanal inkl. Antenneneinfluss untersucht. Hierzu wertet man Abbildung 5.22 aus und findet durch Rechnung, dass die mittlere Dämpfung im ECC-Bereich um 5,17 dB höher ist als im FCC-Bereich. Genau dies sollte gezeigt werden.

Insgeamt lässt sich schlussfolgern:

- Da das E_b/N_0 eine von der Bandbreite unabhängige Größe ist, wird die Verschlechterung des empfangenen E_b/N_0 direkt durch die Verschlechterung der Bitenergie E_b und damit durch die Verschlechterung der empfangenenen Signalleistung bestimmt. Die Verschlechterung der empfangenen Signalleistung entspricht daher der Verschlechterung des E_b/N_0.

- Je kleiner die Bandbreite und je größer der Insertion Loss eines Filters ist, desto geringer ist die der Sendeantenne zugeführte Leistung. Diese Verringerung entspricht nur unter idealisierten Voraussetzungen direkt der Reduktion des empfangenen E_b/N_0. Dies trifft nur dann zu, wenn die Pulsform ein glattes Spektrum besitzt und die Frequenzselektivität der Antennen sowie der Kanaleinfluss vernachlässigt wird. Ansonsten kann ein zusätzlicher Dämpfungsterm auftreten.

- Der oben angesprochene zusätzliche Dämpfungsterm von 5,17 dB im E_b/N_0 ergibt sich aus der Tatsache, dass im ECC-Bereich eine um 5,17 dB größere mittlere Dämpfung von Kanal inkl. Antenneneinfluss im Vergleich zum FCC-Bereich auftritt.

- Der grösste Teil des zusätzlichen Dämpfungsterms wird durch das frequenzselektive Verhalten der Antenne in Line of Sight Richtung (90° Elevation) verursacht, da die verwendete Monocone Antenne im ECC-Bereich einen kleineren mittleren Gewinn als im FCC-Bereich aufweist.

Im Folgenden soll nun die Bitfehlerrate über der Distanz aufgetragen werden für die beiden Fälle, dass sender- und empfängerseitig das FCC bzw. das ECC-Filter eingesetzt wird (weitere aktivierte Effekte vgl. oben). Zunächst werden einige Vorüberlegungen angestellt:

Aufgrund des großen Verlustes an E_b/N_0 beim Übergang vom FCC- auf das ECC-Filter, welcher bei 3,57 m Distanz z.B. 12,29 dB beträgt, ist beim ECC-Filter mit einer erheblich schlechteren Bitfehlerrate zu rechnen. Zur Veranschaulichung der Distanzabhängigkeit werden die 9 Distanzen zwischen Sender und Empfänger von Abbildung 5.19 verwendet. Hierbei handelt es sich um Distanzen, bei denen sich Sender und Empfänger in gleicher Höhe befinden, d.h. der Antenneneinfluss ist aufgrund des konstanten Elevationswinkels für alle Distanzen vergleichbar. Da für alle Kanäle starke Sichtverbindung herrscht, ist auch das Kanalverhalten vergleichbar. Insgesamt müsste sich damit für alle betrachteten Distanzen eine der Abbildung 5.22 vergleichbare Transmissionscharakteristik von Kanal inkl. Antenneneffekte ergeben, welche dann zu vergleichbarem Verlust an E_b/N_0 beim Übergang vom FCC- auf das ECC-Filter führt. Um dies zu verifizieren, wird für beide Filter das empfangene E_b/N_0 über der Distanz untersucht. Abbildung 7.26 zeigt das empfangene E_b/N_0 versus

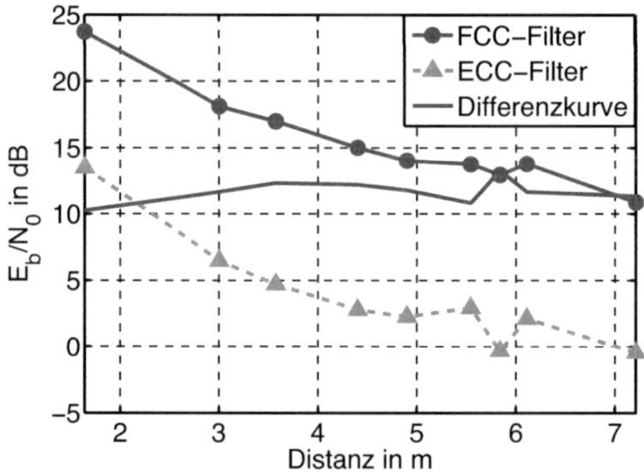

Abbildung 7.26: Empfangenes E_b/N_0 versus Distanz bei Verwendung des FCC- bzw. des ECC-Filters sowie Differenzkurve

Distanz bei Verwendung des FCC- bzw. des ECC-Filters sowie die Differenzkurve. Diese stellt die Verschlechterung des E_b/N_0 beim Übergang auf das ECC-Filter dar. Wie man erkennt, nimmt die Differenzkurve den oben angesprochenen Wert von 12,3 dB beim Kanal 32 (Distanz 3,57 m) an. Auch für die anderen Distanzen werden vergleichbare Werte im Bereich von ca. 12 dB angenommen. Somit bestätigt sich die Überlegung, dass das Kanalverhalten inkl. Antenneneffekte für alle 9 Kanäle ähnlich ist und es daher zu vergleichbarem Verlust an E_b/N_0 kommt. Die Bitfehlerrate über der Distanz bei Einsatz des FCC- bzw. des ECC-Filters und Verwendung eines Optimalpulses ist in Abbildung 7.27 dargestellt. Die Kurve des FCC-Filters bei Verwendung des Optimalpulses wurde bereits in Abbildung 7.25 gezeigt und ist daher mit dieser identisch. Bei Einsatz des ECC-Filters werden jedoch aufgrund des deutlichen Verlustes von E_b/N_0 wesentlich schlechtere Bitfehlerraten erreicht. Möglichkeiten zur Steigerung des E_b/N_0 liegen in der Auswahl einer Antenne mit kleinerem Gewinn, um die erforderliche Absenkung der FCC-Maske gering zu halten. Weiterhin kann durch Verkippen der Antennen eine deutliche Steigerung der Performance erreicht werden, was im nächsten Abschnitt näher erläutert wird. Bei Verwendung des FCC-Filters ergibt sich bereits im Nahbereich ohne weitere Maßnahmen eine sehr

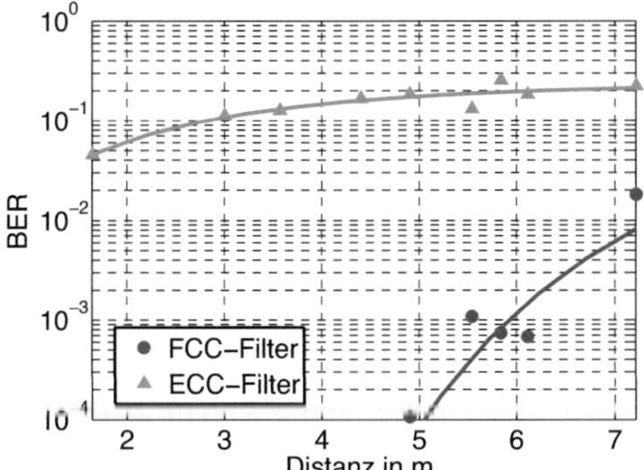

Abbildung 7.27: Bitfehlerrate versus Distanz bei Verwendung des FCC- bzw. des ECC-Filters

gute Bitfehlerrate: Für Distanzen kleiner als 5,5 m liegt die Bitfehlerrate bereits unter 10^{-4}. Für Distanzen größer als 7 m wird die Bitfehlerrate hingegen schlechter als 10^{-2}. Weitere Untersuchungen zur Performance von ECC und FCC Filtern sind in [TZP+09] zu finden.

7.5 Einfluss der Sende- und Empfangshöhe sowie von Verkippung

Eine weitere Überlegung betrifft die Frage, wie sich das System verhält, wenn die Sende- und Empfangsantenne im Gegensatz zu den Kanälen von Abbildung 5.19 unterschiedliche Höhe aufweisen. Ohne Beschränkung der Allgemeinheit sei angenommen, dass sich der Sender oberhalb des Empfängers befindet mit einer Höhendifferenz Δh bei einem Abstand von d. Der Sender sieht dann den Empfänger unter dem Elevationswinkel $90° + \theta_0$ (Definition von θ vgl. Abbildung 5.16), während der Empfänger den Sender unter $90° - \theta_0$ sieht, wobei gilt:

$$\theta_0 = 90° - \arctan\frac{d}{\Delta h} \tag{7.9}$$

Je kleiner der Abstand d ist und je größer der Höhenunterschied Δh, desto größer wird θ_0 mit $0° \leq \theta_0 \leq 90°$. Der Antennengewinn vom Sender in Richtung Empfänger (Elevationswinkel $90° + \theta_0$) sinkt bei der Monocone-Antenne gemäß Abbildung 5.16 gegenüber dem Fall gleicher Höhe ($\theta = 90°$) ab, während der Antennengewinn vom Empfänger in Richtung Sender (Elevationswinkel $90° - \theta_0$) steigt. Beide Effekte wirken somit gegeneinander.

Eine deutliche Steigerung des E_b/N_0 kann in LOS-Szenarien z.B. erreicht werden, wenn die Antennen so zueinander ausgerichtet, d.h. gekippt werden, dass die Hauptkeulen aufeinander zeigen. Bei gleicher Höhe ohne ideale Verkippung beträgt der Antennengewinn der Monocone-Antenne größenordnungsmäßig -4 dBi; im Fall einer idealen Verkippung liegt der Gewinn bereits bei ca. 6 dBi, d.h. es lassen sich pro Antenne 10 dB mehr Gewinn in Richtung des LOS-Pfades erreichen, d.h. insgesamt verbessert sich das E_b/N_0 um 20 dB. Dies führt zu erheblich besseren Bitfehlerraten. Insgesamt sind die dargelegten Überlegungen auf die jeweils eingesetzten Antennen anzuwenden.

Zur Steigerung des E_b/N_0 sollte die Hauptkeule der Antennen allgemein in Richtung des stärksten Übertragungsweges zeigen; in einem NLOS-Szenario kann dies z.B. ein bodenreflektierter Pfad sein.

8 Einfluss von Empfängerarchitektur und Modulation

Nach der Optimierung von Pulsform und Modulation, dem kompletten Hardware-
-Systementwurf, der Modellierung des Systems auf Softwareebene und der Analyse
von Systemeffekten bei Variation verschiedenster Systemparameter werden im vorliegenden Kapitel erste Ergebnisse zum Einfluss diverser Empfängerarchitekturen
bei Einsatz verschiedener Modulationsarten vorgestellt. Hierbei werden die in Kapitel 6 vorgestellten Empfänger und exemplarisch eine Distanz von 3,57 m betrachtet.
Die untersuchten Modulationsarten umfassen Pulse Position Modulation und Orthogonal Pulse Modulation. Die betrachtete Datenrate ist bei PPM stets 280 Mbit/s. Für
orthogonale Modulation werden folgende Datenraten betrachtet:

- 2-OPM: 140 Mbit/s

- 4-OPM: $2 \cdot 140$ Mbit/s = 280 Mbit/s

- 8-OPM: $3 \cdot 140$ Mbit/s = 420 Mbit/s

- 16-OPM: $4 \cdot 140$ Mbit/s = 560 Mbit/s

Für PPM wird die durch konvexe Optimierung bestimmte Pulsform verwendet und
ein PPM-Offset von $72 \cdot T_0$ verwendet mit $T_0 = 17,86$ ps. Für die folgenden Ergebnisse gilt stets ideale Synchronisierung und Abwesenheit von Jitter. Bei orthogonaler
Pulsmodulation werden die in Abschnitt 3.4 erzeugten Pulse verwendet.

8.1 Demodulation bei PPM Modulation

8.1.1 Kohärenter Empfänger

Der kohärente Empfänger wurde bereits ausführlich im vorherigen Kapitel untersucht. Das Verhalten bei 280 Mbit/s zusammen mit der Theoriekurve ist Abbildung
7.19 zu entnehmen.

8.1.2 Inkohärenter Empfänger

Abbildung 8.1 zeigt die Bitfehlerrate über dem E_b/N_0 bei nicht-idealer inkohärenter Detektion und PPM-Modulation, wobei die Nicht-Idealitäten des Systemmodells
berücksichtigt sind und die MAX-Methode zur Detektion herangezogen wird. Die
Performance ist dabei von der Anzahl der Integratoren abhängig. Zum Vergleich
ist in der Abbildung außerdem die in einem AWGN-Kanal (vereinfachtes Systemmodell) theoretisch erreichbare Bitfehlerrate für den Fall inkohärenter Detektion bei

PPM-Modulation gezeigt, d.h. der Einfluss nicht-idealer Hardware ist vernachlässigt. Allgemein berechnet sich diese Bitfehlerrate bei einem $E_b/N_0 > 8$ dB wie folgt [HL06]:

$$BER = Q\left(\sqrt{(1-\rho)\frac{E_b}{N_0}}\right) + Q\left(\sqrt{(1+\rho)\frac{E_b}{N_0}}\right) \tag{8.1}$$

wobei ρ die normierte Autokorrelation der Sendepulsform $p(t)$ darstellt mit

$$\rho = \frac{\int_0^{T_{bit}} p(t)p(t - T_{PPM})dt}{\int_0^{T_{bit}} p^2(t)dt} \tag{8.2}$$

In der durchgeführten Systemsimulation wird mit einem PPM-Offset T_{PPM} gearbeitet, der größer als die Pulsdauer ist, d.h. die Pulsformen für Bit '0' bzw. '1' überlappen sich nicht und sind orthogonal. Folglich ist das Produkt im Zähler von Gleichung 8.2 Null, woraus sich $\rho = 0$ ergibt. Gleichung 8.1 vereinfacht sich damit zu

$$BER = 2 \cdot Q\sqrt{\frac{E_b}{N_0}} \tag{8.3}$$

Der Zusammenhang von Gleichung 8.3 ist in Abbildung 8.1 als Theoriekurve eingezeichnet. Man sieht, dass sich die Performance mit zunehmender Anzahl an Inte-

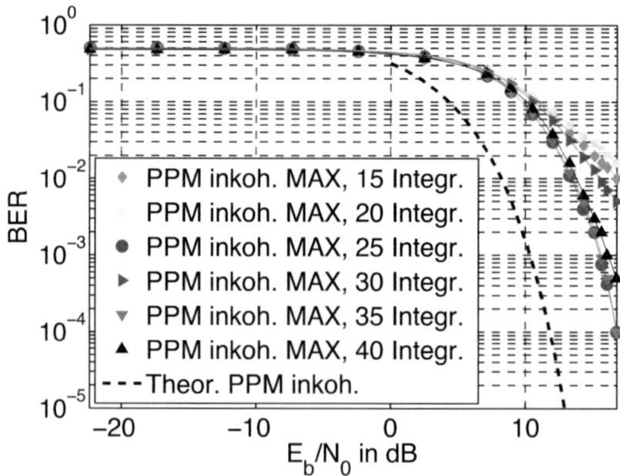

Abbildung 8.1: BER-E_b/N_0 bei variabler Anzahl der Integratoren

gratoren zunächst verbessert und dann wieder verschlechtert, wobei das Optimum bei 25 Integratoren liegt. Die anfängliche Verbesserung der Performance lässt sich dadurch erklären, dass die zeitliche Zuordnung der maximalen Energie immer genauer durchgeführt werden kann. Ist die Anzahl der Integratoren jedoch zu hoch, treten mehrere Zeitschlitze mit vergleichbarer Energie auf. Die Wahrscheinlichkeit einer fehlerfreien Detektion sinkt wieder und führt zu einer Erhöhung der Bitfehlerrate. Wie bereits erwähnt wird die beste Performance bei 25 Integratoren erreicht, d.h. die Integrationszeit eines Integrators beträgt $T/25$, wobei T die Pulswiederholzeit ist. Der 25. Integrator integriert damit bis zum Ende der Pulswiederholzeit. Um die Komplexität zu reduzieren, ist es prinzipiell denkbar, zwar die Integrationszeit beizubehalten, aber die Anzahl der Integratoren zu verringern. Der letzte Integrator sollte jedoch mindestens noch den Zeitpunkt von Pulsdauer plus PPM-Offset erfassen.

Im Folgenden wird jedoch stets von der inkohärenten Detektion gemäß Abbildung 6.3 ausgegangen und der durch konvexe Optimierung bestimmte Optimalpuls verwendet. Vergleicht man das in Abbildung 8.1 gezeigte Verhalten der optimierten inkohärenten PPM-Detektion (25 Integratoren) mit der eingezeichneten Theoriekurve, ergibt sich, wie bereits angesprochen, eine Verschlechterung der Kurve von ca. 5,4 dB. Die Ergebnisse von Abbildung 8.1 lassen sich auch in Form von Abbildung 8.2 darstellen. Bei 25 Integratoren ergibt sich in jeder Kurve die minimale Bitfehlerrate, d.h.

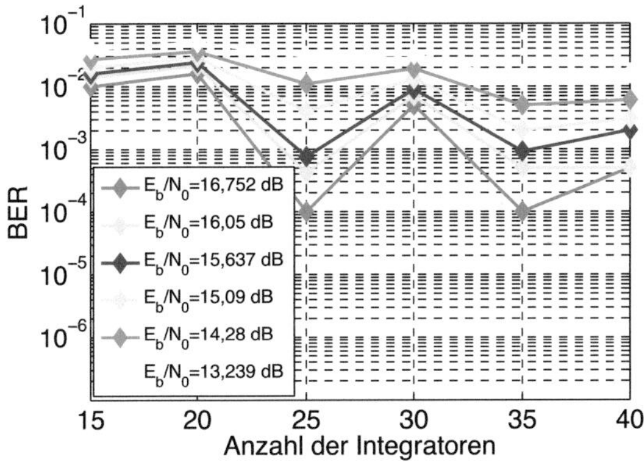

Abbildung 8.2: Einfluss der Integratoranzahl auf die Bitfehlerrate bei konstantem E_b/N_0

die beste Performance. Wenn man in Abbildung 8.2 z.B. die Kurve mit $E_b/N_0 = 16,75$ dB betrachtet, welche eine Region mit hohem E_b/N_0 beschreibt, sieht man deutlich die Verbesserung der Bitfehlerrate mit steigender Anzahl an Integratoren. Für kleine Werte von E_b/N_0 ergibt sich hingegen kein bemerkenswerter Effekt. Eine zu hohe Anzahl von Integratoren verschlechtert hingegen wieder die Performance. Je größer nämlich die Anzahl der Integratoren wird, d.h. je kleiner die Breite des Zeitschlitzes, desto schwieriger wird es, zwischen Signalenergie und Rauschen zu unterscheiden.

Folglich ist die Anzahl der Integratoren eine Größe, mit der die Performance optimiert werden kann. Da die Performance bei der MAX-Methode insgesamt von der zeitlichen Verteilung der Energie abhängt, ist sie damit auch direkt von der verwendeten Pulsform abhängig.

8.1.3 Vergleich kohärente und inkohärente Detektion

Von Interesse ist, wie sich die Performance von kohärenter und inkohärenter Detektion unterscheidet. Die Ergebnisse in Abbildung 8.3 zeigen, dass die Kurve der

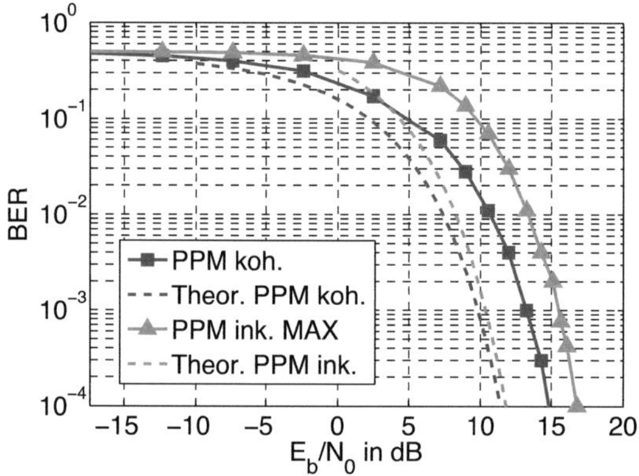

Abbildung 8.3: Performance von kohärenten und inkohärenten Empfänger bei PPM Modulation

kohärenten Detektion eine Verschlechterung von ca. 3,15 dB im Vergleich zur Theoriekurve aufweist. Für inkohärente Detektion ergibt sich eine Verschlechterung von ca. 5,4 dB gegenüber der zugehörigen Theoriekurve. Beide Theoriekurven beschreiben dabei reine AWGN-Kanäle. Weiterhin fällt auf, dass die Performance von kohärenter Detektion stets besser ist als die der inkohärenten Detektion. Dies deckt sich mit der Theorie für reine AWGN-Kanäle. Zuletzt beobachtet man sowohl in der AWGN-Theorie, als auch in der Simulation mit nicht-idealen Komponenten ein jeweiliges Annähern der Performance von kohärenter und inkohärenter Detektion für großes E_b/N_0.

8.2 Demodulation mit hocheffizienten Orthogonalpulsen (OPM)

Bisher führten sehr hohe Datenraten (z.B. 500 Mbit/s) zu starken Intersymbolinterferenzen und zu einem Sättigungsverhalten der Bitfehlerrate, da eine sehr kleine Pulswiederholzeit gewählt werden musste, die kleiner als der channel delay spread war. Mit orthogonaler Pulsmodulation (OPM) hat man die Möglichkeit, die Datenrate zu erhöhen, ohne die Pulswiederholzeit zu verkleinern. Hierdurch erhofft man sich, auch für hohe Datenraten eine akzeptable Bitfehlerrate zu erreichen.

Ziel ist, die Performance von verschiedenstufiger orthogonaler Modulation im Sinne von Bitfehlerrate versus E_b/N_0 zu erfassen. Hierfür werden die Modulationen 2-OPM, 4-OPM, 8-OPM und 16-OPM untersucht, d.h. die Datenrate verdoppelt sich mit jeder höheren Modulationsstufe. Die Pulswiederholzeit wird auf $2 \cdot 200 \cdot T_0 = 7{,}14$ ns festgelegt, wobei die verwendeten Orthogonalpulse von Abschnitt 3.4 jeweils nur Anteile von $t = 0$ bis $t = 2,5$ ns aufweisen. Die Differenz zu 7,14 ns wird als Schutz vor Intersymbolinterferenz eingeplant.

Bevor die Performance unter Berücksichtigung der nicht-idealen Systemkomponenten präsentiert wird, sei zunächst das Verhalten bei einem vereinfachten AWGN-Systemmodell betrachtet. Die Symbolfehlerwahrscheinlichkeit SER beträgt [MSW95]

$$SER = 1 - \int\limits_{-\infty}^{\infty} \left(\frac{1}{2}\mathrm{erfc}\left(-q - \sqrt{\frac{E_s}{N_0}} \right) \right)^{N_{\mathrm{ortho}}-1} \frac{e^{-q^2}}{\sqrt{\pi}}\, dq \qquad (8.4)$$

wobei E_s die Energie des Symbols darstellt und erfc die komplementäre Fehlerfunktion mit

$$\mathrm{erfc}(x) = \frac{2}{\sqrt{\pi}} \int\limits_{x}^{\infty} e^{-t^2}\, dt. \qquad (8.5)$$

Dabei gilt der Zusammenhang

$$Q(x) = \frac{1}{2}\mathrm{erfc}\left(\frac{x}{\sqrt{2}} \right). \qquad (8.6)$$

Weiterhin lässt sich die Daten-Bitrate R_b wie folgt ausdrücken:

$$R_b = \frac{1}{T_s} \qquad (8.7)$$

wobei T_s die Symboldauer ist. Um verschiedenstufige OPM-Modulationen bei der gleichen Bit-Datenrate miteinander vergleichen zu können, wird das E_b/N_0 über das E_s/N_0 ausgedrückt mit

$$\frac{E_b}{N_0} = \frac{E_s}{N_0} \cdot \frac{1}{\log_2 N_{\mathrm{ortho}}}. \qquad (8.8)$$

[MSW95] zeigt, dass sich die Bitfehlerrate bei OPM-Modulation in Abhängigkeit der Symbolfehlerrate wie folgt berechnet:

$$BER = \frac{2^{\log_2 N_{\mathrm{ortho}}-1}}{2^{N_{\mathrm{ortho}}} - 1} \cdot SER \qquad (8.9)$$

wobei SER bereits durch Gleichung 8.4 gegeben ist. Es ist also möglich, BER in Abhängigkeit von E_b/N_0 zu berechnen. Eine Obergrenze der Symbolfehlerrate SER_{max} bei OPM-Modulation ergibt sich laut [MSW95] zu

$$SER_{max} = (N_{ortho} - 1) \cdot Q\left(\sqrt{\frac{E_s}{N_0}}\right).$$ (8.10)

Einsetzen der Zusammenhänge 8.10 und 8.8 in Gleichung 8.9 ergibt schließlich die Obergrenze der Bitfehlerrate BER_{max} bei OPM-Modulation in Abhängigkeit des E_b/N_0 und N_{ortho}:

$$BER_{max} = \frac{2^{\log_2 N_{ortho}-1}}{2^{N_{ortho}} - 1} \cdot (N_{ortho} - 1) \cdot Q\left(\sqrt{\frac{\log_2 N_{ortho} \cdot E_b}{N_0}}\right)$$ (8.11)

Für $N_{ortho} = 8$ ergibt sich z.B. mit Gleichung 8.11 die Theoriekurve einer 8-OPM Modulation, welche die Obergrenze der Bitfehlerrate darstellt. Nachdem die OPM-

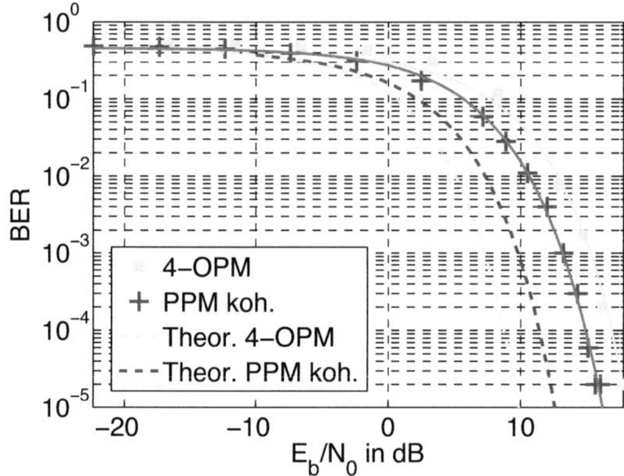

Abbildung 8.4: Performance-Vergleich von 2-PPM und 4-OPM (Datenrate jeweils 280 Mbit/s)

Modulation für AWGN-Kanäle betrachtet wurde, wird nun eine Systemsimulation inkl. nicht-idealer Hardware und Kanal durchgeführt. Zunächst zeigt Abbildung 8.4 einen Vergleich der Performance zwischen kohärenter (2-) PPM ('PPM koh.') und 4-OPM unter Berücksichtigung nicht-idealer Komponenten, jeweils bei 280 Mbit/s. Gleichzeitig sind die zugehörigen Theoriekurven für den Fall vereinfachter AWGN-Kanäle eingezeichnet. In der Theorie mit reinem AWGN-Kanal schneidet 4-OPM besser ab als PPM; in der Simulation mit nicht-idealen Effekten zeigt sich jedoch, dass die Performance von 4-OPM schlechter als die von 2-PPM ist, was sich auf die Störung der Orthogonalität zurückführen lässt. Die Frage ist, ob man durch eine höherstufige OPM-Modulation Verbesserungen gegenüber 2-PPM erzielen kann. Die Ergebnisse einer solchen Untersuchung sind in Abbildung 8.5 dargestellt. Innerhalb

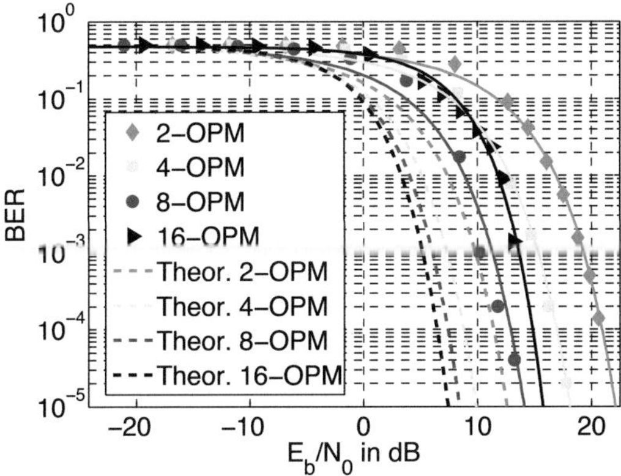

Abbildung 8.5: Performance verschiedenstufiger orthogonaler Modulation (variable Datenrate)

der 2,5 ns wird nun eine Modulation mit 2, 4, 8 bzw. 16 Orthogonalpulsen durchgeführt und jeweils die Bitfehlerrate über dem E_b/N_0 aufgetragen. In der Abbildung ist das Verhalten dieser Modulationen bei Präsenz nicht-idealer Effekte zu sehen sowie die zugehörigen Theoriekurven für vereinfachte AWGN-Kanäle. Alle Kurven, welche durch Systemsimulation mit nicht-idealen Komponenten erhalten wurden, weisen dabei einen spezifischen Implementierungsverlust gegenüber den zugehörigen AWGN-Theoriekurven auf. Die Abbildung zeigt weiterhin, dass bei einem idealen AWGN-Kanal ein höherstufiges orthogonales Modulationsverfahren stets eine Verbesserung der Performance bewirkt. Berücksichtigt man sämtliche Nicht-Idealitäten des Systemmodells, ergibt sich zunächst der gleiche prinzipielle Effekt: Der Übergang von 2-OPM auf 4-OPM verbessert die Performance. Der Übergang von 4-OPM auf 8-OPM bewirkt eine weitere Verbesserung. Geht man hingegen zu 16-OPM über, tritt eine Verschlechterung ein. Dies ist ein äußerst interessanter Effekt: Bei 16 möglichen Pulsformen innerhalb von 2,5 ns ist die Störung der Orthogonalität infolge der Nichtidealitäten so groß, dass keine weitere Verbesserung, sondern sogar eine Verschlechterung der System-Performance eintritt. Die Untersuchung zeigt somit, dass eine 8-OPM die beste Performance erzielt, d.h. pro Pulsform werden drei Bits übertragen. Abbildung 8.6 zeigt dabei, dass die Performance von 8-OPM besser ist als die von (2-)PPM, d.h. es wird ein tatsächlicher Vorteil durch orthogonale Pulsmodulation erreicht.

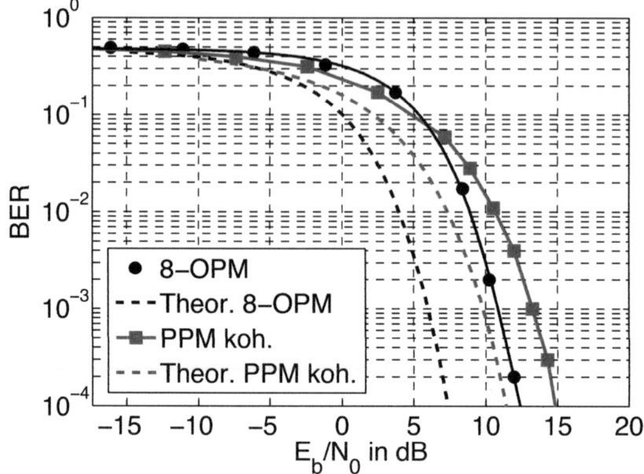

Abbildung 8.6: Vergleich der Performance von 8-OPM und PPM

Ingesamt veranschaulichen die hier erzielten Ergebnisse, dass die prinzipiell erwünschte Wirkung eines höherstufigen orthogonalen Modulationsverfahrens, nämlich verbesserte Performance, zunächst auch bei Präsenz nicht-idealer Systemkomponenten eintritt. Dies ist ein sehr erfreuliches und ermutigendes Ergebnis. Weiterhin zeigen die Systemsimulationen, mit welchen Implementierungsverlusten gegenüber vereinfachter AWGN-Theorie zu rechnen ist. Zuletzt wird deutlich, wo die Grenzen höherstufiger OPM-Modulationen bei Präsenz nicht-idealer ultrabreitbandiger Komponenten liegen. Hierbei werden die neuartigen ultraeffizienten Orthogonalpulse mit minimierter Leistungsschwankung von Kapitel 3.4 eingesetzt. Die hier erzielten Ergebnisse führen insgesamt zu wertvollen, neuen Schlussfolgerungen, welche das Verständnis orthogonaler Pulsmodulation in nicht-idealen UWB-Systemen wesentlich erweitern.

9 Systemoptimierung durch Kompensation

UWB-Regulierungen beziehen sich auf das EIRP, d.h. auf das abgestrahlte Signal. Ziel ist, das abgestrahlte Signal möglichst gut an die Maske anzupassen. Bisher wurde die Pulsform optimal an die Maske angepasst und anschließend eine Absenkung um den maximalen Antennengewinn vorgenommen, um die Maske in jedem Fall einzuhalten. Nun soll jedoch eine weitere Verbesserung der Effizienz erreicht werden, indem der frequenzabhängige Einfluss der Sendeantenne kompensiert wird. Die in diesem Kapitel gezeigten Methoden und Ergebnisse sind in [TPR+09] publiziert.

9.1 Kompensation der Sendeantenne

Der Gewinn der Sendeantenne ist sowohl richtungs- als auch frequenzabhängig. Selbst wenn die entworfene Pulsform optimal an die Zielmaske der Regulierung (z.B. FCC-Regulierung) angepasst ist, würde das abgestrahlte Signal die Regulierung bei allen Frequenzen und Richtungen verletzen, die mit einem positiven Antennengewinn verbunden sind. In [WSZ07] wird eine Methode vorgestellt, welche das Frequenzverhalten der Sendeantenne kompensiert. Hierbei wird die Übertragungsfunktion der Sendeantenne in die Zielmaske eingearbeitet und ein Satz aus orthogonalen Wavelets verwendet, um die zugehörige Pulsform zu bestimmen. Allerdings wird in [WSZ07] nicht die Richtungsabhängigkeit der Sendeantenne betrachtet.

Um die Einhaltung der Regulierung für alle Frequenzen und alle Raumrichtungen zu gewährleisten, kann der bei Betrachtung aller Frequenzen und aller Raumrichtungen gefundene maximale Antennengewinn G_{max} bestimmt und anschließend die Zielmaske um G_{max} abgesenkt werden. Dies entspricht einer Reduzierung der Signalamplitude des zuvor bestimmten Optimalpulses. Da G_{max} aber nur für eine einzige Frequenz-Winkelkombination vorliegt, wird die Regulierung in den meisten Winkel- und Frequenzbereichen nur ineffizient genutzt. Da in einem Indoor-Szenario Mehrwegeausbreitung herrscht, setzt sich konsequenterweise das Empfangssignal aus Beiträgen zusammen, die aus einer ineffizienten Nutzung der Regulierung hervorgingen.

Dieser Fall wird im Folgenden als unkompensierte Übertragung mit einem Optimalpuls bezeichnet, da zwar eine optimale Pulsform für die normierte Zielmaske vorliegt, der Antenneneinfluss jedoch nicht kompensiert wird, sondern einfach eine Absenkung der Zielmaske um G_{max} zur Einhaltung der Regulierung vorgenommen wird.

Als Optimalpuls wird beispielhaft der in Abschnitt 3.2.2 (Frequenz-Abtastungs-Methode) entworfene Puls verwendet, welcher eine Zeitdiskretisierung von 35,714 ps aufweist. Die Pulswiederholzeit beträgt 800 Zeitschritte ($\approx$ 28,57 ns), der PPM-Offset 80 Zeitschritte; es werden 2 Pulse pro Bit angenommen. Hierdurch ergibt sich eine Datenrate von 17,5 Mbit/s. In Abbildung 9.1 ist die optimale Pulsform im Zeitbereich sowie das zugehörige Leistungsdichtespektrum inkl. FCC-Regulierung zu sehen. Das Maximum des Leistungsdichtespektrums liegt hierbei wie erwünscht bei

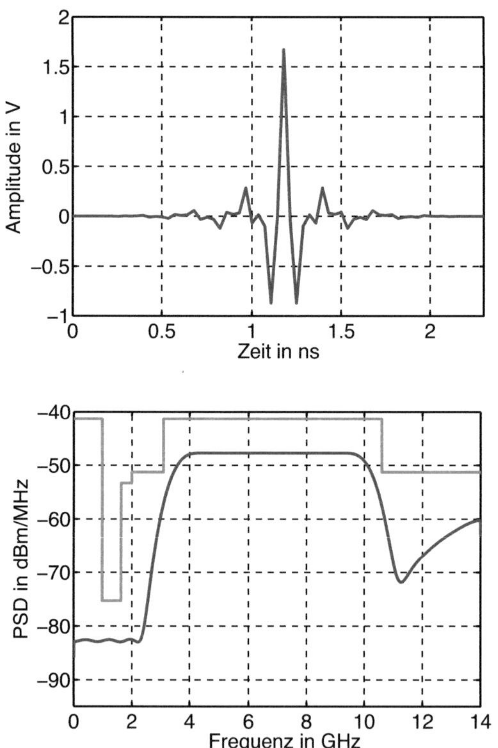

Abbildung 9.1: Pulsform im Zeitbereich für den unkompensierten Fall sowie zugehöriges Leistungsdichtespektrum

$(-41,3 - 6,397) = -47,697$ dBm/MHz, wobei $G_{\mathrm{max}} = 6,397$ dBi gilt. Dies ist der maximal auftretende Gewinn der verwendeten Monocone-Antenne, der gemäß Abschnitt 5.5 für die Kombination von $\theta = 52°$ und $f = 10,2$ GHz auftritt. Weitere aktivierte nicht-ideale Effekte umfassen den Mehrwegekanal, AWGN Rauschen, AWGN-Interferenz und den LNA gemäß Kapitel 5. Die in Abbildung 9.1 gezeigte Pulsform kann nun dem Systemsimulator übergeben werden, und es wird möglich, die Performance im Sinne von Bitfehlerraten über dem E_b/N_0 zu untersuchen.

Als zweiter Fall soll nun eine Übertragung mit Kompensation der Sendeantenne betrachtet werden, wobei die gleichen nicht-idealen Effekte aktiviert sind. Nicht-ideale Filter werden wiederum von der Betrachtung ausgeschlossen, da ansonsten senderseitig die Gesamtübertragungsfunktion bestehend aus Filter und Antenne kompensiert werden müsste, um eine optimale Ausnutzung der Maske zu erreichen. An dieser Stelle soll jedoch zur besseren Verdeutlichung nur das frequenzabhängige Verhalten der Sendeantenne kompensiert werden, um das Prinzip der Kompensation zu verdeutlichen. Selbstverständlich kann man als Zielfunktion auch die Multiplikation von Filter- und Antennenübertragungsfunktion ansetzen. Das Ziel ist also, die Sendeantenne senderseitig zu kompensieren.

Zur Kompensation wird zunächst das Frequenzverhalten der Sendeantenne ermittelt. Hierbei werden für jede Frequenz alle Winkelkombinationen durchgegangen und der maximal auftretende Gewinn pro Frequenz notiert. Die Frequenzabhängigkeit dieser Gewinnfunktion ist die zu kompensierende Funktion und in Abbildung 9.2 als 'Max. Gewinn pro Frequenz' gekennzeichnet. Wird eine Kompensation dieser Funktion vorgenommen, ist sichergestellt, dass das von der Antenne abgestrahlte Signal bei jeder Frequenz und bei allen Winkelkombinationen stets die FCC-Maske einhält.

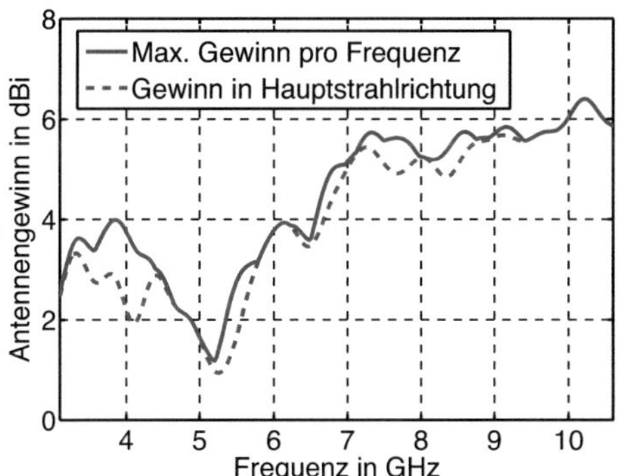

Abbildung 9.2: Maximaler Antennengewinn pro Frequenz sowie Gewinnfunktion in Hauptstrahlrichtung

Die Abbildung enthält auch eine zweite Kurve: Hierbei wird die Richtung betrachtet, bei welcher der über alle Frequenzen ermittelte maximale Antennengewinn von 6,397 dBi auftritt. Diese Hauptstrahlrichtung liegt, wie bereits oben erwähnt, bei einem Elevationswinkel von 52°. Es ist zu erkennen, dass zwar prinzipiell ein sehr ähnliches Frequenzverhalten wie bei der 'Max. Gewinn pro Frequenz' Funktion vorliegt, der Gewinn aber meistens etwas reduziert ist, teilweise um bis zu 1,5 dBi. Würde man mit dieser Funktion die Wirkung der Antenne kompensieren, so hätte man den maximal auftretenden Gewinn der Antenne pro Frequenz unterschätzt und würde die FCC-Maske in einigen von der Hauptstrahlrichtung verschiedenen Richtungen verletzen.

Dieses Beispiel verdeutlicht eindrucksvoll, dass eine Kompensation ultrabreitbandiger Antennen in Hauptstrahlrichtung im Allgemeinen unzulässig ist bzw. zur Verletzung der Regulierung führen kann. Stattdessen wird im Folgenden nur noch die Kompensation auf Basis der 'Max. Gewinn pro Frequenz' Methode untersucht. Im Rahmen dieser Arbeit werden zwei Kompensationsmethoden vorgestellt und ausgewertet, die im Folgenden näher beschrieben werden.

9.1.1 Kompensation durch modifizierte Zielmaske

Die erste Möglichkeit arbeitet die frequenzabhängige Gewinnfunktion in die Zielmaske ein, d.h. es wird eine modifizierte Zielmaske aufgestellt, und anschließend wird die hierfür passende, optimale Pulsform gesucht. Diese Methode wird im Folgenden als 'Kompensation durch modifizierte Zielmaske' bezeichnet. Das Leistungsdichtespektrum des durch Direkte Maximierung des NESP (vgl. Abschnitt 3.2.3) gefundenen Pulses zur modifizierten Zielmaske sieht man in Abbildung 9.3. Es ist zu erkennen, dass die modifizierte Zielmaske nicht vollständig approximiert wird. Allerdings liegt das Leistungsdichtespektrum höher als bei Absenkung um G_{max}, d.h. es wird eine größere Sendeleistung abgestrahlt und damit ein besseres E_{b}/N_0 erzielt.

9.1.2 Kompensation durch inverse Gewinnfunktion

Bei der zweiten Möglichkeit wird die Zielmaske nicht verändert, sondern eine optimale Pulsform bezüglich der unveränderten Zielmaske genommen und mit der inversen 'Maximaler Gewinn pro Frequenz Funktion' multipliziert. Dies bewirkt wiederum, dass das Spektrum nicht grundsätzlich um G_{max} abgesenkt wird, sondern um einen Wert kleiner gleich G_{max}. Gegenüber dem unkompensierten Fall wird der Antenne mehr Leistung zugeführt, d.h. auch mehr Leistung abgestrahlt und somit das E_{b}/N_0 verbessert, ohne dass die Maske in irgendeiner Richtung verletzt wird. Diese Methode wird im Folgenden als 'Kompensation durch inverse Gewinnfunktion' bezeichnet.
Als Optimalpuls wird der durch die Frequenzabtastungs-Methode bestimmte Puls genommen, wobei die Amplitude so gewählt ist, dass der FCC-Grenzwert von -41,3 dBm/MHz erreicht wird.

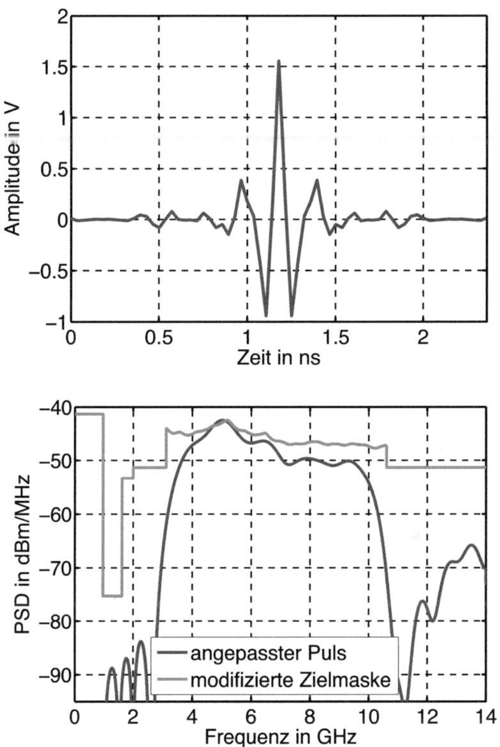

Abbildung 9.3: Pulsform und Leistungsdichte des erzeugten Pulses bei Verwendung der modifizierten Zielmaske

9.1.3 Vergleich der Performance

Bisher wurden drei Pulsformen gezeigt, welche der Sendeantenne zugeführt werden können:

- Fall 1: Optimalpuls bzgl. der um den maximalen Antennengewinn abgesenkten FCC-Maske

- Fall 2: Optimalpuls bzgl. einer modifizierten Zielmaske

- Fall 3: Optimalpuls bzgl. FCC-Maske und Multiplikation mit inverser 'Maximaler Gewinn pro Frequenz Funktion'

Es soll nun untersucht werden, welche der drei Methoden zum größten empfangenen E_b/N_0 führt. Hierzu werden folgende Betrachtungen angestellt: Obige Pulse sind noch nicht die abgestrahlten, sondern lediglich die der Antenne zugeführten Pulse. Bei N_m ausbreitungsfähigen Übertragungswegen und damit Übertragungsrichtungen gewichtet die Sendeantenne das Spektrum des Pulses mit den zugehörigen N_m frequenz- und winkelabhängigen Gewinnfunktionen der Antenne. Bei einem starken Line of Sight Kanal darf man davon ausgehen, dass die Line of Sight Richtung einen wesentlichen Beitrag zum Empfangssignal liefert. Im vorliegenden Fall werden Szenarien betrachtet, in welchen sich Sender und Empfänger auf gleicher Höhe befinden, d.h. der Line of Sight Pfad liegt bei einem Elevationswinkel von 90° vor. Der Antennengewinn für diesen Elevationswinkel wurde bereits in Abbildung 5.18 dargestellt. In dieser Richtung ist der Antennengewinn in dBi negativ.

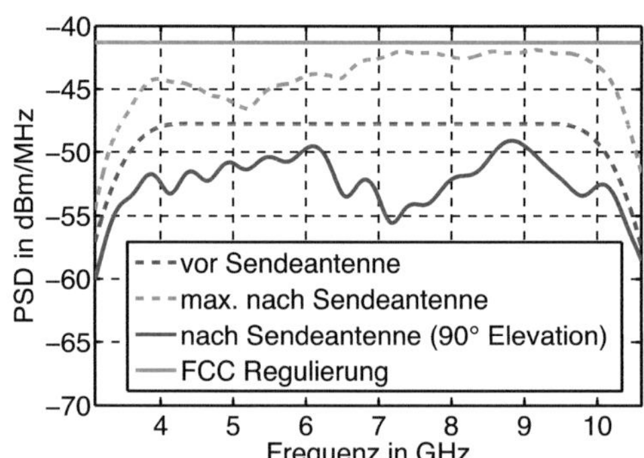

Abbildung 9.4: Unkompensierter Fall: Leistungsdichtespektrum des Pulses vor der Antenne, max. nach der Antenne und in LOS Richtung (90° Elevation) nach der Antenne

Abbildung 9.4 zeigt das Spektrum des Pulses für den unkompensierten Fall vor der Sendeantenne sowie nach der Sendeantenne für zwei Fälle: bei Multiplikation mit der max. Gewinn pro Frequenz Funktion und bei Multiplikation mit der Gewinnfunktion in Richtung der Line of Sight Richtung von 90°. Wie man sieht, wird in keinem Fall die Maske überschritten. Der Grenzwert von -41,3 dBm/MHZ wird bei 10,2 GHz nicht gänzlich erreicht, da der Optimalpuls bei dieser Frequenz aufgrund der endlichen Filtersteilheit des FIR-Filters bereits abfällt. Abbildung 9.5 verdeutlicht

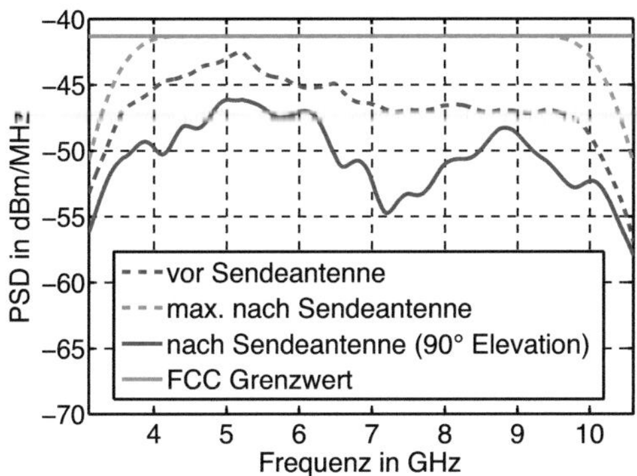

Abbildung 9.5: Kompensierter Fall (Inverse Gewinn Methode): Leistungsdichtespektrum des Pulses vor der Antenne, max. nach der Antenne und in LOS Richtung (90° Elevation) nach der Antenne

die Verhältnisse bei Kompensation gemäß der Inversen Gewinn Methode. Auch hier wird die Maske nie verletzt. Es fällt auf, dass die Leistungsdichte nach der Antenne im Mittel höher ist als bei der unkompensierten Übertragung von Abbildung 9.4, und zwar sowohl bei der Betrachtung der Richtung $\theta = 90°$ als auch bei Betrachtung der Kurve 'max. nach Sendeantenne'. Die erzielte Verbesserung im Leistungsdichtespektrum beträgt im Vergleich zu Abbildung 9.4 bei einzelnen Frequenzen bis zu 6 dB. Eine Kompensation mittels der Inversen Gewinn Methode bringt also mehr Sendeleistung und damit ein besseres E_b/N_0.

Bei einem realen Szenario wird nicht nur die Line of Sight Richtung betrachtet, sondern es müssen alle Raumrichtungen berücksichtigt werden, in welchen Ausbreitungspfade auftreten. Es kann durchaus der Fall eintreten, dass ein Mehrwegepfad in Richtung der Hauptkeule mehr Leistung transportiert als ein Line of Sight Pfad, welcher mit einem nur kleinen Antennengewinn gewichtet wird. Der Gesamtgewinn an E_b/N_0 kann daher nicht unmittelbar der Abbildung 9.4 und 9.5 entnommen werden. Er hängt von der Verteilung der Pfadrichtungen ab. Für den Fall, dass sich Sender und Empfänger in gleicher Höhe und bei einem Abstand von 3,57 m befinden, wird bespielhaft eine Systemsimulation durchgeführt, um den Gewinn an E_b/N_0 in diesem Szenario zu bestimmen. Hierbei zeigt sich eine Verbesserung des E_b/N_0 durch die Kompensation von 3,651 dB.

Nun soll auch die Kompensation durch Wahl einer modifizierten Zielmaske betrachtet werden. Abbildung 9.6 zeigt u.a. die modifizierte FCC-Zielmaske, den hierzu durch direkte Maximierung des NESP gefundenen Puls ('vor Sendeantenne'), die Gewichtung mit der 'Max Gewinn pro Frequenz' Funktion ('max. nach Sendeantenne') sowie die Gewichtung in einer Elevationsrichtung von 90° ('nach Sendeantenne (90° Elevation)'). Beispielhaft wird nun das Verhalten nach der Sendeantenne bei

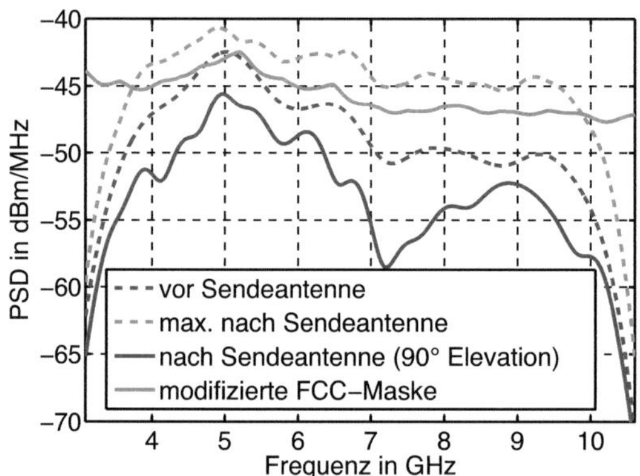

Abbildung 9.6: Kompensierter Fall (modifizierte Zielmaske): Leistungsdichtespektrum des Pulses vor der Antenne, max. nach der Antenne und in LOS Richtung (90° Elevation) nach der Antenne

einer Elevation von 90° betrachtet und mit dem entsprechenden Verhalten von Abbildung 9.4 und 9.5 verglichen. Bei Verwendung der modifizierten Zielmaske erhält man eine maximale Leistungsdichte von ca. -46 dBm/MHz, was in einem ähnlichen Bereich liegt wie der korrespondierende Maximalwert bei Kompensation mit inversem Gewinn. Ohne Kompensation werden nur -49 dBm/MHz erreicht. Betrachtet man hingegen die Minimalwerte, so schneidet die Methode mit modifizierter Zielmaske schlechter ab als die Methode des inversen Gewinns. Es ist damit zu erwarten, dass sich die Methode der modifizierten Zielmaske schlechter als die Methode des inversen Gewinns verhält, aber immer noch besser als der unkompensierte Fall. Eine Systemsimulation zeigt, dass bei Anwendung der Methode der modifizierten Zielmaske eine Verbesserung des E_b/N_0 von 2,275 dB gegenüber dem unkompensierten Fall erreicht wird. Zum Vergleich: Die Kompensation mit inversem Gewinn brachte eine Verbesserung von 3,651 dB. Die Erwartungen werden folglich bestätigt.

Schließlich wird die distanzabhängige Performance der drei Fälle untersucht. Hierzu wird für neun verschiedene Abstände zwischen Sender und Empfänger (vgl. Abbildung 5.19) eine Systemsimulation durchgeführt, wobei zusätzlich zu den Effekten Kanal, Antennen, AWGN-Rauschen und LNA eine konstante AWGN-Interferenzleistung mit einer Leistungsdichte von -46 dBm/14 GHz angenommen wird, um simulierbare Bitfehlerraten zu erhalten. Die neun Abstände decken dabei einen Bereich von 1,643 m bis 7,215 m ab. Abbildung 9.7 zeigt die jeweilige Distanzabhängigkeit

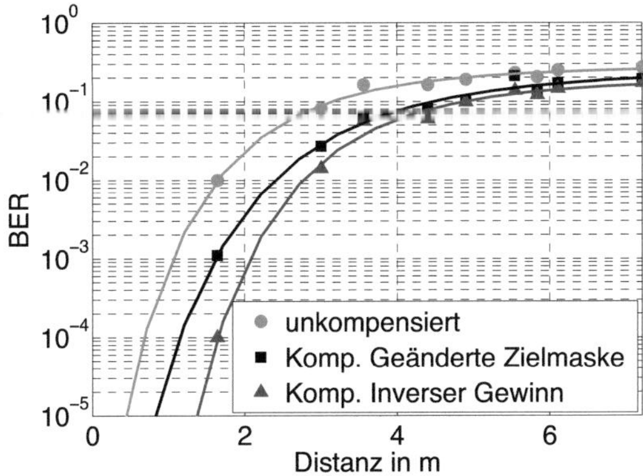

Abbildung 9.7: Bitfehlerrate über Distanz: Verbesserung der Bitfehlerrate durch Kompensation der Sendeantenne (2 Kompensationsmethoden)

der Bitfehlerrate zusammen mit einer extrapolierenden Kurve, um auch das Verhalten für Abstände kleiner als 1,643 m zu verdeutlichen. Wie man sieht, wird durch beide Kompensationen eine Verbesserung der Bitfehlerrate erreicht. Erwartungsgemäß ist die Verbesserung bei der Methode des inversen Gewinns am größten, da die Verbesserung des E_b/N_0 am größten ist. Weiterhin fällt auf, dass nur für kleine Distanzen eine wesentliche Verbesserung der Bitfehlerrate erreicht wird. Dies lässt sich wie folgt erklären: Der Gradient einer typischen Bitfehlerraten-Kurve über dem E_b/N_0 ist für hohes E_b/N_0 besonders groß. Eine durch Kompensation erzielte Verbesserung des E_b/N_0 bei hohem E_b/N_0, d.h. bei kleiner Distanz, bewirkt daher eine besonders große Verbesserung der Bitfehlerrate. Eine Kompensation ist daher bei hohem E_b/N_0 besonders effektiv. Eine weitere Forschungsarbeit zur Signaloptimierung bei Präsenz einer nicht-idealen Sendeantenne findet sich auch in [PTZ+09].

10 Zusammenfassung und Schlussfolgerungen

In den vergangenen Jahren sind eine Vielzahl von Arbeiten erschienen, welche sich mit dem Entwurf und der Optimierung einzelner Komponenten für UWB-Systeme beschäftigen. Die Interaktion verschiedener Komponenten in einem UWB-System für den unteren GHz-Bereich blieb hingegen weitgehend unerforscht. Speziell zur Impulse Radio Übertragung im unteren GHz-Bereich gibt es bis dato nur sehr wenige Arbeiten, welche das Zusammenspiel mehrerer UWB-Komponenten untersuchen. Hierbei wurden bisher entweder nur wenige Komponenten untersucht oder Systemmodelle mit vereinfachten 'behavioral models' und vereinfachten Kanalmodellen betrachtet. An dieser Stelle setzt die vorgelegte Dissertation an und erreicht einen wesentlichen Fortschritt der Systemmodellierung: In der hier vorgelegten Arbeit werden Hardwarekomponenten für UWB-Übertragung entworfen, gemessen und in ein detailliertes Systemmodell integriert. Der Ausbreitungskanal wird durch ein verifiziertes, deterministisches Kanalmodell beschrieben. Hierdurch wird es möglich, das Zusammenwirken der Komponenten und die Performance des Gesamtsystems zu untersuchen.

Die Dissertation schlägt jedoch auch die Brücke zur Nachrichtentechnik: Nicht-Idealitäten der Hardware werden bewusst akzeptiert, und es wird der Frage nachgegangen, wie man durch Optimierung im Basisband eine optimierte Performance erhält. Dieser Ansatz wurde in der Literatur bisher weitgehend ausgespart. Insbesondere führt die Dissertation jüngst erlangte Ergebnisse der Nachrichtentechnik zur Optimierung von UWB-Pulsformen fort, entwickelt neuartige hocheffiziente Pulsfamilien und testet die designten Pulse im nicht-idealen HF-System. Die hieraus resultierenden Ergebnisse sind für die weltweiten UWB-Forschungsgruppen - auch innerhalb der Nachrichtentechnik - von großer Bedeutung, da optimierte Pulsformen in der Vergangenheit meist nur in sehr vereinfachten Systemmodellen (z.B. AWGN-Kanal) getestet wurden. Die Dissertation stellt somit eine wesentliche Erweiterung des Verständnisses von nicht-idealer Ultrabreitbandübertragung dar. Im Einzelnen lassen sich die gewonnenen Ergebnisse der Arbeit wie folgt zusammenfassen:

Bei einem UWB-Systems stellt der Kanal eine der kritischsten Komponenten dar, da die Gruppenlaufzeit erheblichen Schwankungen unterworfen ist. Solange der Kanal nicht kompensiert oder geschickt ausgenutzt wird, trägt er am meisten zum nicht-idealen Systemverhalten bei. Allerdings lassen sich selbst bei einem nicht-idealen Kanal und nicht-idealer Hardware akzeptable Bitfehlerraten erreichen, solange der Antennengewinn in LOS-Richtung und damit das E_b/N_0 groß genug ist. Um kleine Antennengewinne zu vermeiden, sollten in einem Kommunikationssystem Antennen mit möglichst omnidirektionaler Richtcharakteristik eingesetzt werden.

Vergleicht man die Performance für die FCC- und ECC-Regulierung, wird bei der ECC-Regulierung eine schlechtere Performance erreicht, die nicht nur auf die kleinere Bandbreite, sondern auch auf die im Mittel höhere Dämpfung des Kanals zurückgeführt werden kann. Vergleicht man das Verhalten von optimalen und konventionellen Pulsformen bei gegebener Regulierung, tritt eine Verschlechterung des empfangenenen E_b/N_0 ein, welche direkt mit der Effizienz der verwendeten Pulse zusammenhängt. Eine wesentliche Verbesserung der Bitfehlerrate wird insbesondere bei kleinen Distanzen, d.h. bei gutem E_b/N_0 erreicht, da hier der Gradient der BER-E_b/N_0 Kurve besonders steil ist.

Untersucht man den Einfluss der Datenrate auf die Performance, treten ab einer Grenzdatenrate verstärkt Intersymbolinterferenzen auf, welche die Performance reduzieren. Bei einer Pulsdauer von ca. 1 ns, PPM-Modulation und der Präsenz nichtidealer Komponenten treten bei einer Datenrate von ca. 386 Mbit/s spürbare Verschlechterungen ein. Die Performance ist allgemein aber auch anfällig gegenüber Synchronisierungsfehlern und Jitter. Die Autokorrelation des verwendeten Pulses sollte bei kohärenter Detektion möglichst breit sein, sodass ein Versatz der Pulsform nicht zur teilweisen oder vollständigen Auslöschung mit dem Template führt. Dies bedeutet, dass der erste Nulldurchgang eines jitterrobusten Pulses weit von dessen Hauptmaximum entfernt sein sollte. Umgekehrt führt eine breite Autokorrelation jedoch zu einem schmalen Spektrum, was eine ineffiziente Nutzung der UWB-Regulierung nach sich zieht. Die Dissertation zeigt eindrucksvoll, dass ein FCC-Optimalpuls zwar die zur Verfügung stehende Leistung optimal nutzt. Andererseits bewirken die frühzeitig auftretenden Nulldurchgänge der Pulsform eine schmale Autokorrelationsfunktion und damit eine Anfälligkeit gegenüber Synchronisierungsfehlern und Jitter. Um die Performance eines Systems zu optimieren, sollte man folglich nicht alleine die Leistung eines Pulses optimieren. Man muss genauso die jeweiligen Spezifikationen bezüglich Jitter und Synchronisierungsfehlern miteinbeziehen und einen geeigneten Kompromiss finden. Je nach Systemspezifikationen führt dies zu applikationsabhängigen Pulsformen, die dann mit Hilfe des entwickelten Systemsimulators erneut getestet werden können. In einem System mit geringem Jitter ist es allerdings legitim, v.a. die Leistung zu optimieren.

Empfängerseitig kann man ein PPM-moduliertes Signal kohärent oder inkohärent detektieren. Beim AWGN-Kanalmodell schneidet kohärente Detektion besser ab als inkohärente. Die durchgeführten Systemsimulationen zeigen, dass dies auch auf den Fall nicht-idealer Übertragung zutrifft. In beiden Fällen nähert sich die Performance von kohärentem und inkohärentem Empfang für zunehmendes E_b/N_0 an. Inkohärente Detektion hat dabei den Vorteil, dass das System robuster gegenüber Synchronisierungsfehlern und Jittereffekten ist.

Weiterhin wird die Demodulation mit Orthogonalpulsen betrachtet: Durch Verwendung orthogonaler Pulsformen kann die Datenrate erhöht werden, ohne die Pulswiederholzeit zu verkleinern. Eine hohe Effizienz der orthogonalen Pulsformen im Sinne von Spektrumsausnutzung wird gefordert, um ein gutes Signal-zu-Rausch-Verhältnis und damit gute Performance zu erzielen. Die Konstruktion von Orthogonalpulsen benötigt i. Allg. einen Basispuls. Als Basispuls wird in der vorliegenden Arbeit ein durch konvexe Optimierung bestimmter Optimalpuls verwendet. Dieser Puls muss orthogonalisiert werden. Entscheidend ist, ein geeignetes Orthogonalisierungsverfahren einzusetzen, um eine hohe Effizienz der erzeugten orthogonalen Pulsformen zu erhalten. Intensive Projekt-Zusammenarbeit mit der TU Berlin zeigte, dass hierfür die 'symmetrische Löwdin-Orthogonalisierung' besonders geeignet. Vorteilhaft bei dieser Orthogonalisierung ist die Tatsache, dass die erzeugte Orthogonalbasis aufgrund der mathematischen Eigenschaften des Orthogonalisierungs-Verfahrens stets einen im Least Squares Sinn minimierten Abstand zur originären Basis aufweist, d.h. die Abweichungen der erzeugten orthogonalen Pulsformen gegenüber dem hocheffizienten Basispuls werden minimiert. Dies bedeutet: Die erzeugten Orthogonalpulse sind hocheffizient und weisen untereinander eine minimierte Leistungsschwankung auf. Ein Vergleich mit aktuellen weltweiten Forschungsarbeiten zum Thema hocheffizienter, orthogonaler Pulsformung zeigt, dass die in dieser Arbeit vorgestellten orthogonalen Pulsformen bei gleicher FIR-Filterordnung eine deutliche Steigerung der Effizienz im Sinne von Spektrumsausnutzung aufweisen. In Zahlen ausgedrückt schwankt die Effizienz bei einer Filterordnung von 31 und einem Ensemble aus 4 Orthogonalpulsen nicht mehr zwischen 49,97% und 76,51 %, sondern zwischen 88,92%, 88,36%. Insofern ist hier ein Durchbruch der optimalen orthogonalen Pulsformung gelungen. Die vorgelegte Arbeit belässt es allerdings nicht bei dem bloßen Entwurf hocheffizienter, orthogonaler Pulsformen, sondern testet sie in einem realitätsnahen Systemmodell: Bei reinen AWGN-Kanälen verbessert sich die Bitfehlerrate für gegebenes E_b/N_0, je mehr Orthogonalpulse pro Ensemble erzeugt werden. Es stellt sich allerdings die zentrale Frage, ob dies auch zutrifft, wenn nicht-ideale Systemkomponenten vorhanden sind oder ob diese die Orthogonalität zerstören. Die Ergebnisse der Dissertation zeigen, dass auch bei Präsenz nicht-idealer Systemkomponenten eine Verbesserung der Bitfehlerrate erreicht wird, sobald man eine höherwertige Orthogonal-Modulation verwendet. Dies ist ein sehr ermutigendes Ergebnis. Allerdings gibt es eine Grenze, ab welcher die Störung der Orthogonalität zu groß ist, um eine weitere Verbesserung zu erreichen. In ersten Ergebnissen zeigt sich, dass 8-OPM die beste Performance erreicht, d.h. es werden 8 Orthogonalpulse verwendet, wobei jeder Puls drei Informationsbits trägt. 8-OPM schneidet nicht nur besser als 4-OPM und 2-OPM ab, sondern auch besser als das klassische Verfahren der Pulspositionsmodulation.

Zuletzt werden Strategien entwickelt, um nicht-ideale Hardware im Sender-Frontend senderseitig zu kompensieren. Dies führt insgesamt zu einer optimierten Performance. Beispielhaft wird hierbei die nicht-ideale Sendeantenne betrachtet. Im Rahmen der Dissertation werden Möglichkeiten aufgezeigt, das frequenzabhängige Verhalten des Antennengewinns durch speziell entworfene Signalformen zu kompensieren. Die Ergebnisse zeigen, dass sich durch Kompensation eine verbessere Performance erreichen lässt, die insbesondere im Nahbereich besondere Wirkung zeigt. So kann z.B. die Bitfehlerrate bei 1,80 m Distanz um zwei Dekaden verbessert werden.

Abschließend betrachtet wird mit der vorliegenden Dissertation ein breiter Bogen gespannt, der Systemaspekte der Impulse Radio UWB Übertragung unter den verschiedensten Blickwinkeln der Hochfrequenz- und Nachrichtentechnik beleuchtet. Wesentliche Beiträge werden in drei verschiedenen Bereichen erzielt: Entwurf hocheffizienter orthogonaler Pulsformen, detaillierte Modellierung und Analyse nichtidealer UWB Übertragung, Entwicklung von Kompensationsstrategien.

A Tschebyscheff-Filterkoeffizienten

Tabelle A.1 zeigt die Tschebyscheff-Filterkoeffizienten bzw. Elementwerte g_i für verschiedene Filterordnungen N_f mit $i=0$ .. $N_\mathrm{f} + 1$ bei einer Welligkeit von 0,1 dB im Durchlassbereich [HL01].

N_f	g_0	g_1	g_2	g_3	g_4	g_5	g_6	g_7	g_8
1	1,0	0,3052	1,0						
2	1,0	0,8431	0,662	1,3554					
3	1,0	1,0316	1,1474	1,0316	1,0				
4	1,0	1,1088	1,3062	1,7704	0,8181	1,3554			
5	1,0	1,1468	1,3712	1,9750	1,3712	1,1468	1,0		
6	1,0	1,1681	1,4040	2,0562	1,5171	1,9029	0,8618	1,3554	
7	1,0	1,1812	1,4228	2,0967	1,5734	2,0967	1,4228	1,1812	1,0

Tabelle A.1: Tschebyscheff-Filterkoeffizienten für $0, 1$ dB Welligkeit im Durchlassbereich

Für eine Welligkeit von 0,5 dB ergibt sich Tabelle A.2 [Poz98].

N_f	g_0	g_1	g_2	g_3	g_4	g_5	g_6	g_7	g_8
1	1,0	0,6986	1,0						
2	1,0	1,4029	0,7071	1,9841					
3	1,0	1,5963	1,0967	1,5963	1,0				
4	1,0	1,6703	1,1926	2,3661	0,8419	1,9841			
5	1,0	1,7058	1,2296	2,5408	1,2296	1,7058	1,0		
6	1,0	1,7254	1,2479	2,6064	1,3137	2,4758	0,8696	1,9841	
7	1,0	1,7372	1,2583	2,6381	1,3444	2,6381	1,2583	1,7372	1,0

Tabelle A.2: Tschebyscheff-Filterkoeffizienten für $0, 5$ dB Welligkeit im Durchlassbereich

Literaturverzeichnis

[ACB06]   H. Arslan, Z. Chen und M.-G. Di Benedetto. *Ultra Wideband Wireless Communication*. John Wiley and Sons, ISBN 0-471-71521-2, 2006.

[Ach92]   J.-J. Achenbach. *Analoge und digitale Filter und Systeme, Band 1: Grundlagen*. BI Wissenschaftsverlag, ISBN 3-411-15341-5, 1992.

[Agi05]   *Ultra-Wideband DesignGuide*, Agilent Technologies, http://cp.literature. agilent.com/litweb/pdf/ads2005a/pdf/dguwb.pdf, August 2005.

[Alt04]   W. Alt. *Numerische Verfahren der konvexen, nichtglatten Optimierung*. Teubner Verlag, 1. Auflage, ISBN 3-519-00513-1, Oktober 2004.

[AM07]   O. Albert und C. Mecklenbräuker. An 8-bit Programmable Fine Delay Circuit with Step Size 65ps for an ultrawideband pulse position modulation testbed. In *Proceedings of 15th European Signal Processing Conference*, Poznan, Polen, September 2007.

[Apt07]   *Art Report on Ultra Wideband*, no. APT/AWF/REP-1, http://www.apt.int/Program/AWF/Approved_Recommendations/ (AWF_Rep1)Report_on_UWB.pdf, August 2007.

[AS84]   M. Abramowitz und I. Stegun. *Pocketbook of Mathematical Functions*. Verlag Harri Deutsch - Thun Frankfurt am Main, ISBN 3-87144-818-4, 1984.

[AT07]   M. Anis und R. Tielert. Design of UWB Pulse Radio Transceiver Using Statistical Correlation Technique in Frequency Domain. *Advances in Radio Science - An Open Access Journal of the U.R.S.I. Landesausschuss in der Bundesrepublik Deutschland e.V.*, 297-304, 2007.

[Azi81]   S. Azizi. *Entwurf und Realisierung digitaler Filter - Einführung in die Nachrichtentechnik*. Oldenbourg Verlag München Wien, ISBN 3-486-24561-9, 1981.

[BA07]   X. L. Bao und M. J. Ammann. Investigation on UWB Printed Monopole Antenna with Rectangular Slitted Groundplane. *Microwave and Optical Technology Letters*, 49(7):1585-1587, Juli 2007.

[Bec08]   S. Becker. *Modellierung eines UWB-Systems unter nicht-idealen Bedingungen*. Studienarbeit am Institut für Hochfrequenztechnik und Elektronik, Universität Karlsruhe (TH), März 2008.

[BEJ+06]   C. Berger, M. Eisenacher, H. Jäkel und F. Jondral. Pulseshaping in UWB Systems Using Semidefinite Programming with Non-Constant Upper Bounds. In *Proceedings of the IEEE 17th International Symposium on Personal Indoor and Mobile Radio Communications (PIMRC)*, 1-5, Helsinki, Finland, September 2006.

[BEZ+07]   C. Berger, M. Eisenacher, S. Zhou und F. Jondral. Improving the UWB Pulseshaper Design Using Nonconstant Upper Bounds in Semidefinite Programming. *IEEE Journal of Selected Topics in Signal Processing*, 1(3):396-404, Oktober 2007.

[BHV+95]   O. Beyer, H. Hackel, V. Pieper und J. Tiedge. *Wahrscheinlichkeitsrechnung und mathematische Statistik*. Teubner Verlag, Stuttgart/Leipzig, 7. Ausgabe, 1995.

[BHY+02]   H. Bing, X. Hou, X. Yang, T. Yang und C. Li. A "Two-Step" Synchronous Sliding Method of Sub-nanosecond Pulses for Ultra-wideband (UWB) Radio. In *Proceedings of the International Conference on Communications, Circuits and Systems and West Sino Expositions*, 1:142-145, Chengdu, China, Juli 2002.

[BKM+06]   M.G. Di Benedetto, T. Kaiser, A. F. Molisch, I. Oppermann, Ch. Politano und D. Porcino. *UWB Communication Systems, A Comprehensive Overview*. EURASIP Book Series on Signal Processing and Communications, ISBN 977-5945-10-0, Hindawi Publishing Corporation, 2006.

[Cai09]   S. Cain. Chinese Government Approves the WiMedia Alliance UWB Regulation, WiMedia Alliance, http://www.wimedia.org, 29. Januar 2009.

[Cal08]   H. Calvin. *Designing an Ultra Wide band (UWB) Receiver for Biomedical Applications*, Bachelor of Engineering thesis, University of Newcastle, Australia, August 2008.

[CM05]   C. Carborelli und U. Mengali. Synchronization of Energy Capture Receivers for UWB Applications. In *Proceedings of the 13th European Signal Processing Conference*. 1:10-15, Antalya, Turkey, September 2005.

[Cha05]   S.-C. Chang. *CMOS 5th Derivative Gaussian Impulse Generator for UWB Application*. Master thesis, Graduate School of University of Texas, Airlington, Dezember 2005.

[Cha06]   S.-C. Chang, S. Jung, S. Tjuatja, J. Gao, und Y. Joo. A CMOS 5th Derivative Impulse Generator for an IR-UWB. In *Proceedings of the 49th International Midwest Symposium on Circuits and Systems (MWSCAS)*, 2:376-380, San Juan, Puerto Rico, August 2006.

[CZ07]   Z. Chen und Y. Zhang. A Modified Synchronization Scheme for Impulse-Based UWB. In *Proceedings of the 6th International Conference on Information, Communications and Signal Processing*, 1-5, Singapore, Dezember 2007.

[Did00]   D. Didascalou. *Ray-Optical Wave Propagation Modelling in Arbitrary Shaped Tunnels*. Dissertation, Forschungsberichte aus dem Institut für Höchstfrequenztechnik und Elektronik der Universität Karlsruhe (TH), Band 24, Februar 2000.

[Dio05]   C. Diorio. Avoid the 'Gotchas' of Impulse UWB Design. *EE Times*, 01/10/2005.

[DLS02]   T. Davidson, Z.-Q. Luo und J. Sturm. Linear Matrix Inequality Formulation of Spectral Mask Constraints With Application to FIR Filter Design. *IEEE Transactions on Signal Processing*, 50(11):2702-2715, November 2002.

[DLW00]   T. Davidson, Z.-Q. Luo und K. M. Wong. Design of Orthogonal Pulse Shapes for Communications via Semidefinite Programming. *IEEE Transactions on Signal Processing*, 48(5):1433-1445, Mai 2000.

[DR08]   W. Dahmen und A. Reusken. *Numerik für Ingenieure und Naturwissenschaftler*, 2. korrigierte Auflage, Springer Verlag, ISBN 978-3-540-76493-9, 2008.

[DS00]   T. Davidson und J. Sturm. *A Primal Positive Real Lemma for FIR Systems, With Application to Filter Design and Spectral Factorization*. Communications Research Laboratory, McMaster Univ., Hamilton, Kanada, Februar 2000.

[Due05]   S. Duenas. *Design of a DS-UWB Transmitter*. Master of Science thesis, KTH Stockholm, März 2005.

[ECC06]   Decision ECC/DEC/(06)04, März 2006.

[Eis06]   M. Eisenacher. *Optimierung von Ultra-Wideband-Signalen (UWB)*. Dissertation, Forschungsberichte aus dem Institut für Nachrichtentechnik der Universität Karlsruhe (TH), Band 16, August 2006.

[EJW+06]   P. Erdmann, F. Jondral, W. Wiesbeck, M. Eisenacher und W. Sörgel. *Skriptum zur Vorlesung Breitbandübertragungssysteme*. 5. überarbeitete Auflage, WS 2005/2006, Universität Karlsruhe (TH), 2006.

[Ers04]   T. Erseghe. *Time-Hopping Sequences Selection in UWB-Impulse-Radio Packet Networks*. 7th International Symposium on Wireless Personal Multimedia Communications, Albano Terme, Italy, September 2004.

[Fau08]   E. Faussurier. *Spectrum Management and Ultra-Wideband (UWB)*. Agence nationales des fréquences, Cedex, http://icuwb2008.org/files/files/pdf/Article-IEUWB_EFA-12sept2008.pdf, September 2008.

[FCC02]   M. Dortch. *Revision of Part 15 of the Commission's Rule Regarding Ultra-Wideband Transmission Systems*. First Report and Order, Federal Communications Commission (FCC), Februar 2002.

[FLP+04]   G. Fettweis, M. Löhning, D. Petrovic, M. Windisch, P. Zillmann und E. Zimmermann. Dirty RF. In *Proceedings of the 11th Wireless World Research Forum (WWRF'04)*, Oslo, Norway, Juni 2004.

[FLP+05]   G. Fettweis, M. Löhning, D. Petrovic, M. Windisch, P. Zillmann und W. Rave. Dirty RF: A New Paradigm. In *Proceedings of the IEEE 16th International Symposium on Personal, Indoor and Mobile Radio Communications (PIMRC)*, 4:2347-2355, Berlin, September 2005.

[FMK+06]   T. Fügen, J. Maurer, T. Kayser und W. Wiesbeck. Capability of 3-D Ray Tracing for Defining Parameter Sets for the Specification of Future Mobile Communications Systems. *IEEE Transactions on Antennas and Propagation*, 54(11):3125-3137, part 1, November 2006.

[FPK+06]   T. Fügen, M. Porebska, S. Knörzer, J. Maurer und W. Wiesbeck. Verification of 3D Ray Tracing with Measurements in Urban Macrocellular Environments. In *The First European Conference on Antennas and Propagation (Eucap)*, Nizza, Frankreich, November 2006.

[FZM02]   A. Finger, S. Zeisberg und C. Müller. *Ultra-Wideband Kommunikationssysteme*. ITG Fachtagung 'Neue Kommunikationssysteme in modernen Netzen', Duisburg, Februar 2002.

[GS05]   I. Guvenc und Z. Sahinoglu. TOA Estimation with Different IR-UWB Transceiver Types. In *Proceedings of the IEEE International Conference on Ultra-Wideband (ICU)*, 426-431, Zürich, Switzerland, September 2005.

[GW98]   N. Geng und W. Wiesbeck. *Planungsmethoden für die Mobilkommunikation - Funknetzplanung unter realen physikalischen Ausbreitungsbedingungen*. Springer Verlag, 1998.

[Ham75]   E. Hammerstad. Equations for Microstrip Circuit Design. In *Proceedings of the 5th European Microwave Conference*, 268-272, Hamburg, Oktober 1975.

[Hey05]   P. Heydari. Design Considerations for Low-Power Ultra Wideband Receivers. In *Proceedings of the Sixth International Symposium on Quality Electronic Design (ISQED)*, 668-673, San Jose, California, März 2005.

[HHK05]   C.-L. Hsu , F.-C. Hsu und J.-T. Kuo. Microstrip Bandpass Filters for Ultra-wideband (UWB) Wireless Communications. In *Proceedings of the IEEE MTT-S International Microwave Symposium Digest (IMS)*, Long Beach, California, Juni 2005.

[HK02]   P. Hansell und S. Kirtay. *Ultra Wideband (UWB) Compatibility - Final report to the Radiocommunications Agency.* http://www.aegis-systems.co.uk/download/UWB.pdf, 2002.

[HL01]   Jia-Sheng Hong und M.J. Lancaster. *Microstrip Filters for RF/Microwave Applications.* John Wiley, New York, ISBN 0-471-38877-7, 2001.

[HL06]   X. Huang und Y. Li. Performance of Impulse-Train-Modulated Ultra-Wideband Systems. *IEEE Transactions on Communications*, 54(11):1933-1936 , November 2006.

[JBS92]   M. C. Jeruchim, P. Balaban und K. Sam Shanmugan. *Simulation of Communication Systems.* Applications of Communication Theory, Plenum Publishing Corporation, ISBN 0-306-43989-1, New York, 1992.

[JL07]   Q. Jing und T. Lv. Novel Two-Stage Synchronization for UWB System. In *Proceedings of the 3rd Advanced International Conference on Telecommunications (AIMT)*, 8-12, Peking, China, Mai 2007.

[Jun07]   P. Jung. *Weyl-Heisenberg Representations in Communication Theory*, Dissertation, Fakultät für Elektrotechnik und Informatik, Technische Universität Berlin, 2007.

[Kal09]   S. Kaleem. *Investigation of Different Receiver Structures for Non-ideal IR-UWB Transmission.* Masterarbeit am Institut für Hochfrequenztechnik und Elektronik, Universität Karlsruhe (TH), April 2009.

[KBV+04]   A. Kuthi, M. Behrend, T. Vernier und M. Gundersen. Bipolar Nanosecond Pulse Generation Using Transmission Lines for Cell Electromanipulation. In *Proceedings of the 26th International Power Modulator Symposium*, 224-227, San Francisco, California, Mai 2004.

[KDB+07]   R. Khouri, Y. Duroc, V. Beroulle und S. Tedijini. VHDL-AMS Modeling of an UWB Radio Link Including Antennas. In *Proceedings of the 14th IEEE International Conference on Electronics, Circuits and Systems*, 570-573, Marrakech, Morocco, Dezember 2007.

[Khi34]   A. Khintchine. *Korrelationstheorie der stationären Prozesse*, Mathematische Annalen Band 109, 1934.

[Kuh06]   C. Kuhnert. *Systemanalyse von Mehrantennen-Frontends (MIMO)*, Dissertation, Forschungsberichte aus dem Institut für Höchstfrequenztechnik und Elektronik, Universität Karlsruhe (TH), Band 47, Aug. 2006.

[KJ02]   U. Kiencke und H. Jäkel. *Signale und Systeme*, Oldenbourg Wissen-
            schaftsverlag Verlag München Wien, 2. Auflage, ISBN 3-486-25959-8,
            2002.

[KJP+07]   T. Kürner, M. Jacob, R. Piesiewicz und J. Schöbel. An Integrated Simu-
            lation Environment for the Investigation of Future THz Communicati-
            on Systems. In *Proceedings of the International Symposium on Performan-
            ce Evaluation of Computer and Telecommunication Systems (SPECTS)*, San
            Diego, California, USA, Juli 2007.

[Koc09]   W. Koch. *Quantenchemie und Theorie der Spektroskopie*. Skript zur Vorle-
            sung 'Quantenchemie und Molekülspektroskopie', Universität Tübin-
            gen, 2009.

[Lan36]   R. Landshoff. Quantenmechanische Berechnung des Verlaufes der Git-
            terenergie des Na-Cl Gitters in Abhängigkeit vom Gitterabstand. *Zeit-
            schrift für Physik*, A 102, no. 3-4, 201-228, 1936.

[LC03]   S.-C. Lin und T.-D. Chiueh. Performance Analysis of Impulse Radio
            Under Timing Jitter Using M-ary Bipolar Pulse Waveform and Positi-
            on Modulation. In *Proceedings of the IEEE Conference on Ultra Wideband
            Systems and Technologies*, 121-125, Reston, Virginia, November 2003.

[Lee02]   S. Lee. *Design and Analysis of Ultra-Wide Bandwidth Impulse Radio Recei-
            ver*. Dissertation, University of Southern California, 2002.

[LKJ08]   W. Lee, S. Kunaruttanapruk und S. Jitapunkul. Optimum Pulse Sha-
            pe Design for UWB Systems with Timing Jitter. *IEICE Transactions on
            Communications*, E91-B(3), 772-783, März 2008.

[LKM05]   K. Li , D. Kurita und T. Matsui. An Ultra-wideband Bandpass Fil-
            ter Using Broadside-coupled Microstrip-copanar Waveguide. In *Pro-
            ceedings of the IEEE MTT-S International Microwave Symposium Degist
            (IMS)*, Long Beach, California, Juni 2005.

[Löw50]   P. Löwdin. On the Non-Orthogonality Problem Connected with the
            Use of Atomic Wave Functions in the Theory of Molecules and Cry-
            stals. *Journal of Chemical Physics*, 18:367-370, 1950.

[Lu06]   I. S.-C. Lu. *Design and Analysis of an Integrated Low-power Ultra-wideband
            Receiver*. Dissertation, School of Computer Science and Engineering,
            The University of New South Wales, 2006.

[LW08]   Y. Liu und Q. Wan. Designing Optimal UWB Pulse Waveform Directly
            by FIR Filter. In *Proceedings of the 4th International Conference on Wire-
            less Communications, Networking and Mobile Computing (WiCOM)*, 1-4,
            Dalian, China, Oktober 2008.

[LZW08]   H. Luecken, T. Zasowski und A. Wittneben. Synchronization Scheme for Low Duty Cycle UWB Impulse Radio Receiver. In *Proceedings of the IEEE 5th International Symposium on Wireless Communication Systems (ISWCS)*, 503-507, Reykjavik, Iceland, Oktober 2008.

[Mau05]   J. Maurer. *Strahlenoptisches Kanalmodell für die Fahrzeug-Fahrzeug-Funkkommunikation*. Dissertation, Forschungsberichte aus dem Institut für Höchstfrequenztechnik und Elektronik der Universität Karlsruhe (TH), Band 43, Mai 2005.

[MBC+04]   A. Molisch, K. Balakrishnan, D. Cassioli, C.-C. Chong, S. Emami, A. Fort, J. Karedal, J. Kunisch, H. Schantz, U. Schuster und K. Siwiak. *IEEE 802.15.4a Channel Model - Final Report*. IEEE 802.15-04-0662-00-0004a, San Antonio, Texas, USA, November 2004.

[Mer09]   R. Merz. *Analysis of Low Power, Low Data Rate Ultra Wideband Impulse Radio Systems*. Dissertation an der Universität Neuchatel, Faculté des Sciences, Februar 2009.

[Mey98]   M. Meyer. *Signalverarbeitung - Analoge und digitale Signale, Systeme und Filter*. Vieweg Verlag, ISBN 3-528-06955-4, 1998.

[Mit68]   W. B. Mitchell. *Avalanche Transistors Give Fast Pulses, Electronic Design*, 6:202-209, März 1968.

[MLB06]   A. Mollfulleda, J. Leyva und L. Berenguer. Impulse Radio Transmitter using Time Hopping and Direct Sequence Spread Spectrum Codes for UWB Communications. In *Proceedings of the International Symposium on Advanced Radio Technologies (ISART)*, Boulder, USA, Juni 2006.

[MMP07]   S. Majhi, A. Madhukumar und A. Premkumar. Performance of Orthogonal Based Modulation Schemes for TH-UWB Communication Systems. *IEEE Electronics Express*, 4(8):238-244, 2007.

[MSW95]   M. Simon, S. Hinedi und W. Lindsey. *Digital Communication Techniques, Signal Design and Detection*, Englewood Cliffs, Prentice Hall, ISBN 0-13-200610-3, 1995.

[Muq03]   A. Muqaibel. *Characterization of Ultra Wideband Communication Channels*. Dissertation, Faculty of The bradley Department of Electrical and Computer Engineering, Viriginia Polytechnic Institute and State University, 2003.

[MYJ80]   G. Mattaei, L. Young und E. M. T. Jones. *Microwave Filters, Impedance-Matching Networks, and Coupling Structures*. Artech House, Norwood, MA, 1980.

[MZS+02]   C. Müller, S. Zeisberg, H. Seidel und A. Finger. Spreading Properties of Time Hopping Codes in Ultra Wideband Systems. In *Proceedings of the IEEE 7th Symposium on Spread-Spectrum Techniques and Applications*, 1:64-67, Prague, Czech Republic, September 2002.

[NS04]   A. Ramesh Naidu und V. Srivastava. Löwdin's Canonical Orthogonalization: Getting Round the Restriction of Linear Independence. *International Journal of Quantum Cheministry*, 99(6):882-888, 2004.

[OHI04]   I. Oppermann, M. Hämäläinen und J. Iinatti. *UWB - Theory and Applications*. John Wiley & Sons, ISBN 0-470-86917-8, 2004.

[Onu06]   U. Onunkwo. *Timing Jitter in Ultra Wideband (UWB) Systems*. Dissertation, School of Electrical and Computer Engineering, Georgia Institute of Technology, Mai 2006.

[OWN96]   A. Oppenheim, A. Willsky und H. Nawab. *Signals and Systems*, Prentice Hall, 2nd Edition, ISBN 978-013-651-1755, 1996.

[Ove07]   S. Overhoff. *Phasenrauschen und Jitter in Kommunikationssystemen*, Ausgabe 9/2007, http://www.subservices.de/typo3_eli/fileadmin/eli/_aktuelleausgabe/09_2007_Maxim.pdf.

[Pan09]   E. Pancera. *Strategies for Time Domain Characterization of UWB Components and Systems*. Dissertation, Karlsruher Forschungsberichte aus dem Institut für Hochfrequenztechnik und Elektronik, Band 57, Universität Karlsruhe (TH), Mai 2009.

[PAU04]   S. Paquelet, L.-M. Aubert und B. Uguen. An Impulse Radio Asynchronous Transceiver for High Data Rates. In *Proceedings of the Conference on Ultrawideband Systems and Technologies*, 1-5, Atlanta, GA, September 2004.

[PI97]   J. Proakis und V. Ingle. *Digital Signal Processing Using Matlab V.4*, PWS BookWare Companion Series, 1997.

[PKT03]   J. Padgett, J. Koshy und A. Triolo. *Physical-Layer Modeling of UWB Interference Effects*. Wireless Systems and Networks Research, Telcordia Technologies Inc., Arlington, VA, 2003.

[PKW07]   M. Porebska, T. Kayser und W. Wiesbeck. Verification of a Hybrid Ray-Tracing/FDTD Model for Indoor Ultra-Wideband Channels. In *Proceedings of the European Conference on Wireless Technologies*, 169-172, Oktober 2007.

[Pow04]   J. Powell. *Antenna Design for Ultra Wideband Radio*. Dissertation, Massachusetts Institute of Technology (MIT), 2004.

[Poz98]   D. Pozar. *Microwave Engineering*. John Wiley, second edition, ISBN 0-471-17096-8, 1998.

[PST+08]   M. Porebska, C. Sturm, J. Timmermann und W. Wiesbeck. Influence of multipath propagation on UWB Imagery. In *Proceedings of the International Conference on Ultra-Wideband*, Hannover, September 2008.

[PT04]   S. Promwong und J. Takada. Free Space Link Budget Estimation Scheme for Ultra Wideband Impulse Radio with Imperfect Antennas. *IEICE Electronics Express*, 1(7):188-192, 2004.

[PTA+08]   E. Pancera, J. Timmermann, G. Adamiuk, T. Zwick und W. Wiesbeck. Spatial Distortion of the Pulse Transmitted by UWB Antennas. In *COST 2100*, TD(08)521, Trondheim, Norwegen, Juni 2008.

[PTS+08]   M. Porebska, J. Timmermann, C. Sturm, T. Zwick und W. Wiesbeck. Impact of Non-ideal Antennas on the Performance of UWB Imaging Systems. In *Proceedings of the 17th International Conference on Microwaves, Radar and Wireless Communications*, Wroclaw, Polen, Mai 2008.

[PTZ+09]   E. Pancera, J. Timmermann, T. Zwick und W. Wiesbeck. Signal Optimization in UWB Systems. In *Proceedings of German Microwave Conference (Gemic)*, München, März 2009.

[PTZ2+10]   E. Pancera, J. Timmermann, T. Zwick und W. Wiesbeck. Quantification of the Effect of Non-Idealities in UWB Systems. Akzeptiert für die *European Conference on Antennas and Propagation*, Barcelona, Spanien, April 2010.

[Rab08]   A. Rabbachin. *Low Complexity UWB Receivers with Ranging Capabilities*. Dissertation, Faculty of Technology, Department of Electrical and Information Technology, Centre for Wireless Communications, University of Oulu, Finland, 2008.

[Ras09]   A. Ajami Rashidi. *Filterentwurf für hoch effiziente UWB-Übertragung*. Masterarbeit am Institut für Hochfrequenztechnik und Elektronik, Universität Karlsruhe (TH), Januar 2009.

[Ree05]   J. H. Reed et al. *An Introduction to Ultra Wideband Communication Systems*. Prentice Hall Communications Engineering and Emerging Technologies Series, 2005.

[Rei03]   A. Reisenzahn: *Hardwarekomponenten für Ultra-Wideband Radio*. Diplomarbeit, Institut für Nachrichtentechnik/Informationstechnik, Universität Linz, Österreich, 2003.

[Rok08]   T. A. Rokob. A Note on the Symmetry Properties of Löwdin's Orthogonalization Schemes. *Collection of Czechoslovak Chemical Communications*, 73(6):937-944, 2008.

[RMC+05]   A. Rabbachin, J.-P. Montillet, P. Cheong, G. de Abreu und I. Oppermann. Non-Coherent Energy Collection Approach for TOA Estimation in UWB Systems. In *Proceedings og the 14th IST Mobile and Wireless Communications Summit*, Dresden, Juni 2005.

[Rup08]   M. Rupf. *Digitale Signalverarbeitung 1, Kapitel 5: FIR- und IIR-Filterentwurf*, Skript zur Vorlesung, Zürcher Hochschule Winterthur, Department Technik, Informatik und Naturwissenschaften, https://home.zhaw.ch/~rur, Ausgabe 2008.

[Sch08]   G. Schmid. Ultra-Wideband: Funkkommunikation knapp über dem Rauschen. *EMVU und Technik*, Februar 2008.

[SGA05]   M. Sahin, I. Güvenc und H. Arslan. Optimization of Energy Detector Receivers for UWB Systems. In *Proceedings of the IEEE 61st Vehicular Technology Conference VTC 2005-Spring*, 2:1386-1390, Stockholm, Sweden, 2005.

[Sha49]   C. Shannon. Communication in the Presence of Noise. Reprinted from the *Proceedings of the IEEE, 36(2)*, Februar 1998; original source: *Proceedings of the IRE, 31(1)*, Januar 1949.

[Sha05]   P. Sharma. *Design of a 3.1 - 4.8 GHz RF Front-End for an Ultra-Wideband Receiver*, Master of Science thesis, Texas A&M University, 2005.

[Sit09]   Y. L. Sit. *Design and Analysis of an Ultra-Wideband Transmitter*. Masterarbeit am Institut für Hochfrequenztechnik und Elektronik, Universität Karlsruhe (TH) / KIT, November 2009.

[SK04]   S. Sato und T. Kobayashu. Path-loss Exponents of Ultra Wideband Signals in Line-of-sight Environments. In *Proceedings of the IEEE 8th International Symposium on Spread Spectrum Techniques and Applications*, 488-492, Sydney, Australia, September 2004.

[Skl00]   B. Sklar. *Digital Communications - Fundamentals and Applications*, Second Edition, Prentice Hall, ISBN 0-13-084788-7, 2000.

[SO06]   L. Stoica und I. Oppermann. Modelling and Simulation of a Non-coherent IR UWB Transceiver Architecture with TOA Estimation. In *Proceedings of the 17th IEEE International Symposium on Personal, Indoor and Mobile Radio Communications (PIMRC)*, 1-5, Helsinki, Finland, September 2006.

[SKW04]   W. Sörgel, S. Knörzer und W. Wiesbeck. System Aspects of Small and Efficient UWB Antennas. In *Meeting Proceedings of the 11th Wireless World Research Forum (WWRF)*, CD-ROM, Oslo, Juni 2004.

[Sör07]   W. Sörgel. *Charakterisierung von Antennen für die Ultra-Wideband-Technik*. Dissertation, Forschungsberichte aus dem Institut für Höchstfrequenztechnik und Elektronik der Universität Karlsruhe (TH), Band 51, Mai 2007.

[Sri00]   V. Srivastava. A Unified View of the Orthogonalization Methods. *Journal of Physics A: Mathematical and General*, 33(35):6219-6222(4), 2000.

[Sto08]   L. Stoica. *Non-coherent Energy Detection Transceivers for Ultra Wideband Impulse Radio Systems*. Dissertation, Faculty of Technology, Department of Electrical and Information Engineering, Centre for Wireless Communications, Infotec Oulu, University of Oulu, Finland, 2008.

[Stu01]   J. Sturm. *Using Sedumi 1.02, A Matlab Toolbox for Optimization Over Symmetric Cones (Updated for Version 1.05)*, Department of Econometrics, Tilburg University, Niederlande (August 1998), Update Oktober 2001.

[SW05]   W. Sörgel und W. Wiesbeck. Influence of the Antennas on the Ultra-Wideband Transmission. In *EURASIP Journal on Applied Processing*, 296-505, 2005.

[TAP+08]   J. Timmermann, G. Adamiuk, E. Pancera und T. Zwick. System Analysis of UWB Frontends. In *COST 2100*, TD(08)506, Trondheim, Norwegen, Juni 2008.

[Tes04]   R. Tesi. *Ultra Wideband System Performance in the Presence of Interference*. Licentiate thesis, Department of Electrical and Information Engineering, University of Oulu, Finland, 2004.

[Thu03]   M. Thumm. *Hoch- und Höchstfrequenz-Halbleiterschaltungen*, Skriptum zur Vorlesung, Insitut für Höchstfrequenztechnik und Elektronik, Universität Karlsruhe (TH), 2003.

[TMW07]   J. Timmermann, D. Manteuffel und W. Wiesbeck. Simulation of the Impact of Antennas and Indoor Channels on UWB Transmission by Ray Tracing and Measured Antenna Patterns. In *Proceedings of the International Conference on Ultra-Wideband*, Singapur, September 2007.

[TPA+08]   J. Timmermann, E. Pancera, G. Adamiuk, W. Wiesbeck und T. Zwick. Estimated Performance of UWB Impulse Radio Transmission Including Dirty RF Effects. In *Proceedings of the International Conference on Ultra-Wideband*, 3:205-208, Hannover, September 2008.

[TPR+09] J. Timmermann, P. Walk, A. Rashidi, W. Wiesbeck und T. Zwick. Compensation of a Non-ideal UWB Antenna Performance. *Frequenz Journal*, Special Issue on Ultra-Wideband Radio Technologies for Communications, Localisation and Sensor Applications, September/Oktober 2009.

[TPS+07] J. Timmermann, M. Porebska, C. Sturm und W. Wiesbeck. Comparing UWB Freespace Propagation and Indoor Propagation Including Non-ideal Antennas. In *Proceedings of the 10th International Conference on Electromagnetics in Advanced Applications (ICEAA)*, Turin, Italien, September 2007.

[TPS2+07] J. Timmermann, M. Porebska, C. Sturm und W. Wiesbeck. Investigating the Influence of the Antennas on UWB System Impulse Response in Indoor Environments. In *Proceedings of the 4th European Radar Conference (EuRad)*, München, Oktober 2007.

[TPW+08] J. Timmermann, E. Pancera, P. Walk, W. Wiesbeck und T. Zwick. Bit Error Rate of a Non-ideal Impulse Radio System. In *Proceedings of European Electromagnetics Symposium (EUROEM)*, Lausanne, Schweiz, Juli 2008.

[TPW2+10] J. Timmermann, E. Pancera, P. Walk, W. Wiesbeck und T. Zwick. Bit Error Rate of a Non-ideal Impulse Radio System. Erweiterte Fassung als Buchbeitrag im *Short Pulse Electromagnetics 9 Book*, angenommen zur Veröffentlichung, Druck im Frühjahr 2010.

[TRP+09] J. Timmermann, A. Ajami Rashidi, P. Walk, E. Pancera und T. Zwick. Application of Optimal Design in Non-ideal Ultra-Wideband Transmission. In *Proceedings of German Microwave Conference (Gemic)*, 1-4, München, März 2009.

[TZA+09] J. Timmermann, L. Zwirello, G. Adamiuk und T. Zwick. Performance of Conventional and Optimal Pulse Shapes in Non-ideal UWB Transmission. In *COST 2100*, TD(09)707, Braunschweig, Februar 2009.

[TZP+09] J. Timmermann, L. Zwirello, E. Pancera, M. Janson und T. Zwick. Comparing Non-ideal Ultra-wideband Transmission for European and FCC Regulation. In *Proceedings of the European Microwave Conference*, Rom, Italien, Oktober 2009.

[VB08] R. Vaughan und J. Andersen. *Channels, Propagation and Antennas for Mobile Communication*. Ebook, Institution of Engineering and Technology, ISBN-13: 9780863412547, United Kingdom, November 2008.

[WJT10] P. Walk, P. Jung und J. Timmermann. Löwdin Transform on FCC Optimized Pulses. Akzeptiert für die *IEEE Wireless Communications & Networking Conference (WCNC)*, Sydney, Australien, April 2010.

[Wan05]   S. Wang. *Design of Ultra-Wideband RF Front-End*. Dissertation, University of California, Berkeley, 2005.

[WBV97]   S.-P. Wu, S. Boyd, L. Vandenberghe. FIR Filter Design via Spectral Factorization and Convex Optimization. Kapitel 1 des Buches *Applied Computational Control, Signal and Communications*, Birkhauser, 1997.

[Wen07]   D. Wentzloff. *Pulse-Based Ultra-Wideband Transmitters for Digital Communication*. Department of Electrical Engineering and Computer Science, Massachusetts Institute of Technology (MIT), Juni 2007.

[Whe65]   H. Wheeler. Transmission Line Properties of Parallel Strips Separated by a Dielectric Sheet. *IEEE Transactions on Microwave Theory und Techniques*, 13(2):172-185, März 1965.

[Woh04]   W. Wohlers. *Mehrstufige Optimierung komplexer strukturmechanischer Probleme*. Dissertation, RWTH Aachen, Cuvillier Verlag, 2004.

[WJ06]   W. Wiesbeck und F. Jondral. *Ultra-Wide-Band Kommunikationssysteme - Skriptum zum CCG Seminar DK 2.15*. 2. Auflage, 2006.

[WSZ07]   X. Wu, X. Sha und N. Zhang. Pulse Shaping Method to Compensate for Antenna Distortion in Ultra-wideband Communications. *Science in China Series F: Information Sciences*, 50(6):878-888, Dezember 2007.

[WTD+06]   X. Wu, Z. Tian, T. Davison und G. Giannakis. Optimal Waveform Design for UWB Radios. *IEEE Transactions on Signal Processing*, 54(6):2009-2021, Juni 2006.

[YG04]   L. Yang und G. Giannakis. Ultra-Wideband Communications: An Idea Whose Time Has Come. *IEEE Signal Processing Magazine*, 21(6):26-54, Dezember 2004.

[YG05]   L. Yang und G. Giannakis. Timing Ultra-wideband Signals with Dirty Templates. *IEEE Transactions on communications*, 53(11):1952-1963, November 2005.

[Zen05]   D. Zeng. *Pulse Shaping Filter Design and Interference Analysis in UWB Communication Systems*, Faculty of the Bradley Department of Electrical and Computer Engineering, Virginia Polytechnic Institute and State University, Virginia, 2005.

[Zha07]   S. Zhao. *Pulsed Ultra-Wideband: Transmission, Detection, and Performance*. Thesis in partial fulfillment of the requirements for the degree of Doctor of Philosophy, Oregon State University, 2007.

[ZTA+09]   L. Zwirello, J. Timmermann, G. Adamiuk und Thomas Zwick. Using Periodic Template for Rapid Synchronization of UWB Correlation Receivers. In *COST 2100, TD(09)848*, Valencia, Spanien, Mai 2009.

Lebenslauf

Persönliche Daten

Name	Jens Timmermann
Geburtsdatum	11. Februar 1981
Geburtsort	Heidelberg
Nationalität	deutsch
Familienstand	verheiratet, 1 Kind

Schulausbildung

1991-2000	Hebelgymnasium (Schwetzingen), Elisabeth-von-Thadden-Gymnasium (Heidelberg); Allg. Hochschulreife mit Durchschnittsnote 1,0

Studium und Berufsweg

1998 – 2005	Diverse Praktika der Elektro- und Informationstechnik:

- Freudenberg & Co KG (Weinheim)
- HIMA GmbH + Co KG (Brühl)
- Bopp & Reuther GmbH (Mannheim)
- Pepperl + Fuchs GmbH (Mannheim)
- Marconi GmbH (Backnang)

2002 – 2003	Leitung diverser Tutorien an der Universität Karlsruhe (TH):

- Lineare Elektrische Netze
- Felder und Wellen
- Elektrophysik (Quantenmechanik und Quantenstatistik)
- Halbleiterbauelemente

10/2000 – 09/2006	Studium der Elektro- u. Informationstechnik an der Universität Karlsruhe (TH), Vertiefung: Hochfrequenztechnik; Durchschnittsnote Vordiplom: 1,7; Diplom: 1,3; Werner-von-Siemens Excellence Award
10/2006 – 12/2009	Wissenschaftlicher Mitarbeiter am Institut für Hochfrequenztechnik und Elektronik (IHE) der Universität Karlsruhe (TH); Themen: Ultrabreitband-Systeme, Radar-Technik; Mitarbeit in Forschung und Lehre
12/2009	Promotion zum Dr.-Ing. (mit Auszeichnung)
ab 01/2010	Entwicklungsingenieur bei EADS Astrium, Friedrichshafen; Laser- u. Mikrowellen-Technologic für die Internationale Raumstation ISS

Mitgliedschaften

New York Academy of Sciences, Deutsche Physikalische Gesellschaft, VDE, IEEE